国学与智慧人生系列

掌控人生主动权

孙子兵法与人生战略

增补本

汤超义 著
汤落雁 整理

上海财经大学出版社

图书在版编目(CIP)数据

掌控人生主动权:孙子兵法与人生战略(增补本)/汤超义著. —2版. —上海:上海财经大学出版社,2019.12
(国学与智慧人生系列)
ISBN 978-7-5642-3451-5/F·3451

Ⅰ.①掌… Ⅱ.①汤… Ⅲ.①《孙子兵法》-研究②人生哲学-通俗读物 Ⅳ.①E892.25②B821—49

中国版本图书馆CIP数据核字(2020)第022603号

□ 策划编辑 肖 蕾
□ 责任编辑 肖 蕾
□ 书籍设计 张克瑶
□ 责任校对 卓 妍

掌控人生主动权

——孙子兵法与人生战略

(增补本)

汤超义 著

(汤落雁 整理)

上海财经大学出版社出版发行
(上海市中山北一路369号 邮编200083)
网 址:http://www.sufep.com
电子邮箱:webmaster @ sufep.com
全国新华书店经销
上海华业装璜印刷厂有限公司印刷装订
2019年12月第2版 2025年2月第8次印刷

710mm×960mm 1/16 26.25印张(插页:2) 352千字
印数:41 501—43 500 定价:58.00元

序

从2008年在上海国家会计学院与超义结缘，迄今近十年，最让我佩服的一点是他的“精一”精神。本书就是最好的例证，这是他在《孙子兵法》、竞争战略和人生实践的交汇处，精心耕耘、潜心研究十多年的成果。

拜读本书，感受到超义广博的知识与深厚的底蕴。他融汇兵家、儒家、道家、佛家、易经等经典，再加上本身丰富的人生阅历与细致体悟，灵活、深入而独到地解读了《孙子兵法》的精髓，同时也展现了各家的智慧结晶。因此，本书不仅有助于企业战略的思考与拟定，也可以指导我们的日常决策与生活行践。

除了内容之外，超义在书中也提到，本书乃是由他讲述、他的爱女记录，可说是“一对热爱读书、热爱生活、热爱中华文化的父女的对话与碰撞”。这点让我十分感动，也体现了传承的真义。更重要的是，在他们的共同努力下，本书穿梭古今、活用经典，不仅采用了适合时下、通俗易懂的语言，大量援引紧贴生活与职场生态的生动实例，同时也穿插丰富的历史故事与文学典故。因此，本书相当容易理解，可读性甚高，读者不妨细细品味。

《孙子兵法》是中华文化的瑰宝，也是名誉海外的战略学“教科书”。我个人在20世纪80年代首创、近年来在学术界与企业界都引领风潮的动态竞争理论（Dynamic Competition Theory），其中许多重要观念就是以《孙子兵法》的“知彼知己”、曲求：“以迂为直”“避实击虚”“能因敌变化而取胜”等思想为基础，然后结合企业的实务与案例及西方的系统化知识与工具建构而成的。超义在书中尝试将《孙子兵法》与“SWOT 分析”“五力竞争模型”等西方管理框架对接，并提出“人生环线理论”“开水理论”“匹配价值理论”“环境竞争度和内部竞争度相关关系”等概念，也令人玩味、值得深思。

《孙子兵法》的核心思想是“致人而不致于人”（掌控主动权），目标是“全”“全胜”，这也是我近年来致力推动“王道”战略的原因之一。事实上，“王道”战略就是期望企业师法孙子的“不战而屈人之兵”与老子的“不争之争”“无为而无不为”，不仅尽量避免在商场上采取割喉式竞争，更要致力于事业成就与人文关怀的平衡，兼顾企业个体与社会总体的需要，追求整体的统合与长期的发展，达到孙子所说“必以全争于天下”的境界。我相信，这是中国企业在后全球化时代能够胜出、赢得尊敬的关键，也是中国企业家可以对全人类做出的最大贡献。如此，也是唐人杜牧对《孙子兵法》评语“用仁义、使机权”的具体发挥与展现。

超义有强烈的使命感，多年来默默耕耘，致力于中华文化的传播，因此，个人乐于为之作序。期许并祝福超义未来持之以恒，“知止守正”“不忘初心”，以“龙马精神”实现他的理想！

陈明哲[①]
2017 年 9 月

① 陈明哲博士，全球著名企业战略专家，美国弗吉尼亚大学达顿商学院讲座教授，动态竞争理论与文化双融视角创始人，国际管理学会暨战略管理协会终身院士。

前言

2018年初，拙著一经面世，连连加印。我深受感动、备受鼓舞：这是对“工匠精神”的认可。欣喜之余，心生惶恐：我何德何能，受此青睐？当即决定：认真修改，以报知音。一头扎了进去，又是三千小时。于是，修订版“增补本”面世。

我把握以下几个原则：(1)精炼性。读者时间宝贵，我要善待静心阅读的同道中人，反复修改、删减，用尽量少的字数表达尽量多的内容。(2)可读性。女儿小汤反复提醒，要站在普通读者的角度思考：这样表述明白吗？会不会弃读？要求语句流畅、故事精彩。(3)思想性。这是我多年对《孙子兵法》的读后感，希望朋友们通过该书不仅了解《孙子兵法》，还能有所感触、收获。(4)学术性。要有学术价值，经得起专家检验。《孙子兵法》是《武经七书》之首，我以经注经，用其他“六书”诠释“孙武兵经”，我对《十一家注孙子》和其他学者批注发表看法，参与探讨，增加学术含量。学术内容主要集中在“探秘《孙子》”。

本版新增了《孙子兵法》“老汤试译”，力争做到“信达雅”：忠实原意、让读者明白、文句优美。除此之外，还增加了不少内容，例如：百战百胜之危、孙子“不等式”、命运曲线、“任势”之和孩子讲好故事、“三顾茅庐”之“坑”、从“高垒深沟、百战百胜、一战而胜”到“不战而胜”、从伐谋到攻城的无形性及成本收益分析、“以正合、以奇胜”在本研究的运用、《孙子》反对“阶层固化”、从“选锋”悟“短板理论”“长矛理论”、“努力—满意相关性”模型研究缘起、怎样具备持续的赚钱能力、生活中的攻守、先机之悟、汤氏“财富—愉悦相关度模型”、投资族和月光族收支曲线、《易经》“坎卦”之悟、“刘耀粧人生银行理论”、“受苦”与“吃苦”、中美贸易摩擦、从“地形、地势”分析地段不可复制性、选房定量分析表，等等。有些内容是我多年的思考，有些内容是我新的感悟。

这本书，我会一直修改，正如我发愿说，我将为传播中华优秀文化而奋斗终生，直至一息尚存。如有读者因本书而喜欢《孙子兵法》，便是对我最高的褒奖。

汤超义

2019 年 9 月

目录

开篇语　人生兵法　1

第一部　航拍《孙子》　5

上　篇　高空俯瞰　6

第一章　正本清源：被误读的《孙子》名句　7

第一节　“不战而屈人之兵”　7

第二节　“知己知彼，百战百胜”之误　13

第三节　“君命有所不受”　27

第四节　“全胜”之说　32

第二章　《孙子》架构分析　36

第一节　伟哉！《孙子》　36

第二节　《孙子》的逻辑架构　40

第三节　《孙子》的思想构架　42

第四节　“形、势、胜”概览　45

下　篇　低空盘旋　52

第一章　“聚形”　53

第一节　人生“聚形”之“积”　53

第二节　人生“聚形”之“隐”　60

第三节　“积、隐”是手段，“胜”是目的　69

第四节　中华文化的进取与退隐　73

第二章　“运势”　85

第一节　人生“运势”之“识势”　85

第二节　人生“运势”之“造势”　90

第三节　人生“运势”之“任势”　96

第四节　“运势”的千古绝唱：“三顾茅庐”　102

第三章　“致胜”　109

第一节　追求“致胜”　109

第二节　“致胜”四要素　116

第三节　以史为鉴　126

第二部　探秘《孙子》　129

上　篇　战略方针　130

第一章　计篇第一　131

第一节　原文与翻译　131

第二节　概览　133

第三节　知识点　136

第四节　战略启示　141

第二章　作战篇第二　147
第一节　原文与翻译　147
第二节　概览　149
第三节　知识点　151
第四节　战略启示　153

第三章　谋攻篇第三　156
第一节　原文与翻译　156
第二节　概览　158
第三节　知识点　160
第四节　战略启示　163

第四章　形篇第四　164
第一节　原文与翻译　164
第二节　概览　166
第三节　知识点　168
第四节　战略启示　171

第五章　势篇第五　174
第一节　原文与翻译　174
第二节　概览　176
第三节　知识点　178
第四节　战略启示　181

第六章　虚实篇第六　184
第一节　原文与翻译　184
第二节　概览　187

第三节　知识点　190
第四节　战略启示　192

下　篇　战术运用　198

第一章　军争篇第七　199
第一节　原文与翻译　199
第二节　概览　202
第三节　知识点　203
第四节　战略启示　207

第二章　九变篇第八　209
第一节　原文与翻译　209
第二节　概览　211
第三节　知识点　212
第四节　战略启示　214

第三章　行军篇第九　215
第一节　原文与翻译　215
第二节　概览　218
第三节　知识点　219
第四节　战略启示　223

第四章　地形篇第十　230
第一节　原文与翻译　230
第二节　概览　232
第三节　知识点　234
第四节　战略启示　237

第五章　九地篇第十一　241

第一节　原文与翻译　241

第二节　概览　246

第三节　知识点　248

第四节　战略启示　252

第六章　火攻篇第十二　257

第一节　原文与翻译　257

第二节　概览　259

第三节　知识点　260

第四节　战略启示　262

第七章　用间篇第十三　265

第一节　原文与翻译　265

第二节　概览　267

第三节　知识点　269

第四节　战略启示　271

第三部　享用《孙子》　275

上　篇　从《孙子》悟人生“三精”　276

第一章　精　心　277

第一节　精心思考人生战略　277

第二节　重要的人　280

第三节　重要的事　288

第四节　重要的竞争对手　291

第二章　精诚　296
第一节　核心能力　297
第二节　持之以恒　303
第三节　背水一战　306
第四节　读书的“精诚”　308

第三章　精进　317
第一节　“精进”之“努力—满意相关性”模型　318
第二节　从“小敌之坚，大敌之擒”悟“精进”　322
第三节　与时俱进、抢占先机　331
第四节　“精进”与自由　335
附：“三精”案例分析：亨利八世离婚案　344

下篇　读《孙子》行人生实践　349

第一章　“汤氏开水理论”　350
第一节　理论基础　350
第二节　人生如烧水　352
第三节　“开水理论”实践　353

第二章　掌控人生主动权三重境界　357
第一节　“兵者，国之大事”：积极入世，参与竞争　357
第二节　“因敌制胜”：把握环境，做好加法　359
第三节　“我专而敌分”：宠辱不惊，做好减法　363

第三章　掌控人生主动权行践　367
第一节　人生的加减法　367
第二节　人生占优轨迹　372
第三节　我们翻越过的险峰，终将成为保护我们的屏障　377

第四章　现代城市的《孙子》“地形、地势”分析　387

第一节　“地形、地势”理论与住房　387

第二节　用“地形、地势”分析法选房——以上海为例　391

第三节　从“地形、地势”看上海的昨天、今天　395

第四节　立足“地形、地势”，展望上海的明天　398

结束语　龙马精神　401

致谢　404

参考书目　406

开篇语

人生兵法

唐初军事家李靖评价说，中国所有兵法“千章万句，不出乎‘致人而不致于人’”，这是《孙子兵法》的核心思想：掌控主动权。战争，是主动权之争，而不仅仅是“赢”，主动权在手，即使输也在我掌控之中，甚至是我实现终极目标的手段。人生亦如是。不必处处争强好胜，不能一直只进不退，走好关键几步，方成人生赢家，掌控主动是关键所在，这也是我研究《孙子兵法》的重要收获。故谨将此书取名为《掌控人生主动权》。

人生就是一场战役！

我们都是竞争的产物、胜利者，跑得快，抓住机遇才能来到世上。按理来说，我们超越那么多对手，取得那么大成功，应该欢呼、大笑，但我们却哭着降临人间。为什么哭？“哇”的一声，我们就从羊水呼吸模式切换成空气呼吸模式，实现了呼吸方式的转换，完成了人生第一次转型升级。哭，是不是因为离开熟悉环境来到陌生世界而害怕？是不是预感到一场更加艰苦的征程就要开始？我们一直在奔跑、比赛，与天斗、与地斗，不仅战胜自己，还要战胜对手，不管是主动参战，还是被动应战，我们必须战斗、奋斗！既然战斗、奋斗不可避免，何不学点章法，让竞争变得优雅，让人生从容淡定？《孙子兵法》能提供系统的指导。

《孙子兵法》令战略研究专家叹为观止。我在美国波士顿学院做访问学者时，曾为该院老师讲《孙子兵法》。课后，一位战略学教授拉着我的手激动地说："我读过五千多篇全球顶级杂志发表的论文，《孙子兵法》几乎涵盖全部思想。"

一天，美国著名战略管理学家、某商学院院长给我校 EMBA 项目讲授《战略管理》。她得知我研究《孙子兵法》，邀请我同台演讲，她讲战略管理，我用《孙子兵法》诠释。她一上来就问："读过《孙子兵法》的同学请举手"，结果，举手者寥寥无几。教授说："我在美国讲课时常说：中国人很厉害，他们人手一部《孙子兵法》，每个人都懂《孙子兵法》。看来，我错了。"听后，我心情很复杂。但我心里清楚，不仅许多中国人不懂《孙子兵法》，而且有些该懂的人也不懂。

给大家看一篇真实的报道。

×××将军重访西点军校赠《孙子兵法》

中新社××记者报道：201×年×月×日，中国×××上将即将结束6天访美之旅，最后一站是重访西点军校，并向这所有着210年历史的世界知名军校赠送一批中国书籍……"《孙子兵法》中最著名的一句话是'三十六计走为上'，就是通过走了以后再寻找战机，再打赢胜仗……"将军饶有趣味地讲解道。话音刚落，列队欢迎的西点军校学员发出一片笑声。

这篇报道有什么问题？

"三十六计"最早出现在史书上，是一千多年前《南齐书》中所述："檀公三十六策，走为上计。"直到明末清初，一群读书人把三十六个成语、俗语整在一起，按"胜战计、败战计"等层次，加上一些《易经》思想、兵家理论，就形成了今天的《三十六计》(作者不详)。

《孙子兵法》是 2 500 多年前，伟大的军事家、战略家、思想家、哲学家，还可以称之为文学家——孙武写的一部兵法，这是中国历史上乃至人类历史上最早、最优秀的兵法，被称为“兵经之首”。中华文化博大精深，兵书如林，成“经”不易，做“首”更难。

《孙子兵法》只有六千多字，而《三十六计》可以讲很多故事，如“空城计”“美人计”，为吸引眼球，将二者合在一起，就有许多《孙子兵法与三十六计》之类的书。很多人只看书名，想当然地就认为它俩是“一伙儿的”。《孙子兵法》是国之大计，相比之下，《三十六计》是雕虫小技。千万不要把两者混为一谈。《孙子兵法》真正体现中华智慧，是中华优秀文化！

这也坚定了我传播中华优秀传统文化的信心和决心，任重道远！我要孜孜不倦！

我传播《孙子兵法》的方法是“航拍与探秘相呼应”。我的《孙子兵法与人生战略》讲义有多个版本，最长的要讲一学期，同学仍然余兴未了，因为《孙子兵法》博大精深；最短的只讲半小时，听众照样回味无穷，因为《孙子兵法》处处是景；我还可以用三十秒讲《孙子兵法》。时间短，我邀请您航拍；时间长，我陪同您探秘。遇到喜欢之处，我们停下脚步，把酒临风，慢慢品味。人生，要既会探秘：脚踏实地；又懂航拍：总揽全局。

我研究《孙子兵法》的宗旨是“兵法与人生相结合”。我在《孙子兵法》、战略管理、人生实践三者间找到一个交叉领域。我没有逐字逐句考证《孙子兵法》，而是每每研究他的思想、金句时，都要问：这对人生有什么指导意义？希望把《孙子兵法》的重要知识，用喜闻乐见的方式传播给您，您再转化成得心应手的文化、升华为指引人生的智慧。

（以下将《孙子兵法》简称《孙子》）

第一部

航拍《孙子》

欢迎来到神奇的《孙子》世界，这是一个古老的世界，也是一个现代的世界。请登上我的专机，系好安全带，我们开始航拍《孙子》。

先高空俯瞰。我正本清源，讲几个常被误读的孙子名句；分析《孙子》的逻辑架构、思想架构，请记住一句话："致人而不致于人"、三个字"形、势、胜"。

再低空盘旋。我把飞机高度降一降，让您看得更清晰；详细介绍"形、势、胜"，分析怎样"聚形""运势""致胜"，运用《孙子》指导人生战略。

上篇

高空俯瞰

第一章

正本清源：被误读的《孙子》名句

第一节　“不战而屈人之兵”

一、实力加智慧才能“不战而屈人之兵”

孙子曰：“百战百胜，非善之善者也，不战而屈人之兵，善之善者也。”“不战而屈人之兵”是战争的理想状态：不使用武力、不通过战争，就可以让对方屈服或诚服，这是上上策、最高境界。全世界的军事家、战略家都讲“怎么打？”而伟大的孙子却探讨“怎么样不打？”战，成本很高；不战，成本很低。百战百胜不是最好，不战而胜才是最妙。问题是：你打都不打，敌人凭什么向你屈服或臣服？我在课堂上讲到这，会跟同学们互动。

（汤博士走近王同学。）

看看王将军：年轻、魁梧，颜值又高；再看看我汤将军：七老八十，路都走不稳，话也说不清。我拄着拐棍，摇摇晃晃地来到王将军面前，支支吾吾地说：“王，王将军，你，你向我投，投降！”王将军会投降吗？他会向我飞起一脚：“滚！”

大敌当前，没有前提条件，不做任何功课，冲上来就对敌人说：“不战而屈人之兵！”那是痴人说梦。“不战而屈”的重要前提是实力。这是强者的战略！强者才有可能对弱者不战而胜，弱者怎有资格对强者不战而胜？但是，强者就一定能让弱者屈服吗？弱者就一定会向强者认输吗？弱者在强者面前不屈不挠、视死如归的案例比比皆是，而且还有很多以小胜大、以弱胜强的故事。

实力加智慧才可做到“不战而屈人之兵”。

二、案例分析：成吉思汗的“不战而屈人之兵”

成吉思汗当时统治的蒙古，人口只有一百多万，他推行全民皆兵的国策，按照10∶1抽丁，十人中有一个兵，蒙古大军充其量也就十几万人，何以能横扫亚洲，打到欧洲？我认真研究他的“攻城之法”后，发现个中奥妙。我现场模拟成吉思汗攻城。

（与张同学互动。）

张王是某国国王，他拥有一座非常坚固的城堡，在你们这些国家中最强大。一天，我成吉思汗兵临城下，把城堡团团围住，然后派使者去和张王谈判：“张王，你看到成吉思汗大军压境了吧？黑云压城城欲摧！”

看到了。

你有两个选择：投诚或者屠城。请问，你知道什么是投诚吗？

投降。

不，投诚比投降好多了。投降是不得已，可能很屈辱，跪地求饶。投诚更主动，你只要向我俯首称臣，年年进贡、岁岁来朝，你还可以继续做国王，这就是投诚。请问，你知道什么是屠城吗？

男的杀掉，女的留下。

不，杀光！男女老少统统杀掉，连笼子里的鸡都杀掉，血流成河。请问，你要投诚，还是要屠城啊？

我想想。

是的。这时张王很矛盾、很纠结，他内心是恐惧的，但又拉不下面子。

因为，在这些大大小小的国王中，他的实力最雄厚，聚会时总是坐C位，大家簇拥着他，威风凛凛，排场很大。还有，张王的老婆们也不乐意："张王张王，你是我心目中的英雄啊！成吉思汗把城堡一围，你就投降，你还是男子汉吗？你还是英雄吗？这么多女粉丝'粉'你，你要掉粉的！"

男人有时是怎么打起来的？老公本不愿打，老婆不断扇风：这么窝囊！你还是男人吗？男人最不能接受的就是：女人质疑自己的性别。老公怒火中烧，一冲出去，就被捅倒在地。古话说得好：妻贤夫祸少。

张王被老婆们这么一激，拍案而起："打，誓与城堡共存亡！"张王这一巴掌就把自己给拍死了。

各位，我不会马上攻打张王，为什么？因为他旁边还有你们这些许许多多、大大小小的王：胡王、李王，有没有姓阎的？

（同学们哄堂大笑："阎王。"）

我会广发请帖：我将在某日某时攻城，邀请你们前来观摩。如果没空，就在家看现场直播。

蒙古士兵骁勇善战、以一当十，张王肯定打不过。打着打着，城门马上就要被攻破了，这时张王会举白旗投降。老婆们也哑口无言，张王还会发火："就是你们这些人，天天喊打！结果打成这样！"

各位，我成吉思汗会接受张王的投降吗？不！我会继续攻打，最后，冲破城门，血洗城池！连笼子里的鸡都杀掉。这就叫屠城。

（汤博士走到胡同学面前。）

胡王，下一个就你了，请问，你要投诚还是要屠城？

投诚。

（汤博士又走到李同学面前。）

李王，你呢？

投诚。

打一个就够了，这就是中华文化：擒贼先擒王。

成吉思汗的攻城之法就包含"不战而屈"的智慧。

首先，实力。蒙古大军必须能打硬仗、打胜仗。如果打到一半就丢盔弃甲、落荒而逃，也就没什么天之骄子、蒙古帝国之说了。

其次，智慧。要挑所有王国当中最强的将其打趴下，否则，难以服众。《孙子》说："伐大国，则其众不得聚；威加于敌，则其交不得合。"要讨伐最强大的敌国，使其力量不能聚集和我对抗，让我的军威震慑敌人，其他盟国就不敢合作与我为敌。

当城门马上就要被攻破时，张王投降。如果成吉思汗接受，后果会怎样？当打胡王时，胡王会说打打看；打李王时，李王也说打打看，至少打给老婆们看看，打不赢再投降嘛！常言道："杀人一万自损八千"，也有说"三千"，就算三千，也是30%的损耗率。一支十几万人的军队能打几次？所以，必须坚持打，一定要打败张王，当着大家的面屠城。要么不打，要打就让每场战争的效用最大化！

三、战略启示

"不战而屈人之兵"对人生有重大的指导意义。

(一)竞争的最高境界是"不争"

1. 要把位置站好

说到"不争"，《道德经》里说："夫唯不争，故天下莫能与之争。"这句话把老子害得很苦，他因此被贴上很多负能量标签：消极、遁世、逃避等。

如果仅从字面翻译，确实让人感到莫名其妙："我只要不跟别人争，天下就不会有人跟我争"，这不是废话吗？你都放弃、不争，谁还跟你争？这种解释让普通人无法接受。假如我三天三夜没吃饭，饥肠辘辘，家里还有嗷嗷待哺的孩子、翘首以盼的妻子，我突然发现一个馒头，我能慢慢腾腾地踱着方步，还念念叨叨"无为、不争"吗？我一定会扑上去！为什么？万一窜出条狗来怎么办？不讲前提、不看语境，仅从字面分析，会让人感觉荒唐。我什么时候才不会争这个馒头？早上吃了自助餐，家里有成千上万个馒头，不送人就要发霉了。

老子、庄子经常俯瞰地球，庄子更直接。毛泽东同志曾借用庄子《逍遥游》的思想写了一首词："鲲鹏展翅，九万里，翻动扶摇羊角，背负青天朝下看，都是人间城郭。"这首词非常有气势！读《道德经》时注意，先要把位置站好：老子主要是写给君王、既得利益者的，是给统治者的教科书。如果站到这个高度去看这句话就合情合理了：普天之下，莫非王土，天下国家都是你的，怎么还去与民争利呢？你不和老百姓争利，他们就不会起来抗争。否则，就如毛泽东同志所说："哪里有压迫，哪里就有反抗、有斗争。""夫唯不争"的"争"，是与民争利；"天下莫能与之争"的"争"，是反抗、斗争。从这个角度分析、理解，就让人恍然大悟。

2. 怎样才能不争

要做到不争，或者奋发向上，或者视野高远。同一层面很难做到不争。市长位置空缺，有五个副市长想当，不争就上不了位，身处其中，若有想法，怎能不争？

明君会和平民争吗？常人会和蚂蚁争吗？要做到不争，就要向上！当你到达一定高度，才会淡然地对下级说："不争"。同级也可做到不争：创新求变，切换领域；视野高远，提前布局。

孙子非常重视提前布局。在战略上要求提前布局："未算而庙算胜者，得算多也"，战前精心筹划，获胜概率很大；在战术上要求提前布局："凡先处战地而待敌者佚，后处战地而趋战者劳"，提前抵达战场准备充分就主动，匆忙赶到战场仓促应对会被动。人生就是一场战役，怎样把握主动？要提前谋划，不随波逐流。50 岁左右是人生的分水岭、是事业的一大坎：努力，上升空间有限；放任，衰退速度很快。如果你谋划退休大局，并付诸实施，十年后会发生什么？60 岁，对许多人而言是职业生涯的终结，而你则进入了事业的第二春。这样，你还会为蝇头小利争得头破血流吗？你清楚地知道：当同龄人因失去权力而无助，在漫漫长夜中痛苦，你成功的"烟花"却在夜空绽放！

看似不争，其实，在更高维度致胜。

孔子说:“人无远虑,必有近忧。”人为什么会忧愁?因为不懂深谋远虑。人为什么会焦虑?因为对未来的不确定性手足无措。人为什么会目光短浅?因为“不识庐山真面目,只缘身在此山中”。只有具有背负青天、俯瞰人间的能力,才会做到“不争”。正如我的一首诗中写道:“待君俯瞰群雄日,天下孰能与相争。”

(二)让对手变粉丝

人生就像乘车远行,沿途不断有人上下,儿女中途上车,父母中途下车,没有一个人能从起点陪伴到终点,但有一种人却如影随形:妒忌我们的人。你小时候长得好看,老师喜欢,都会被小伙伴们眼红。长大更甚,越是成功,越被妒忌。妒忌你的人都是些什么人呢?很多人第一反应是:小人啊!仔细分析、冷静思考会发现一个共性:他们大多能力与你接近。请记住:你比别人强一点,别人就妒忌你;你比别人强不少,别人就佩服你;你比别人强太多,别人就追随你。

要让对手变粉丝,必须具备的第一个条件是:实力。当你被人妒忌,不要第一个反应就是:小人啊!应该反躬内求:“他眼红我、妒忌我,是不是因为我不够优秀?”这时,你的思维模式就会发生变化,你就不会生气、愤怒,你要做的只有一件事:“前进,前进,前进!进!”有一天,你突然发现:对手被远远地甩在后面。这时,你登高望远,微笑着说:“夫唯不争,故天下莫能与之争。”所以,实力非常重要,若不持续努力,怎能远超对手?

第二个条件:智慧。当你把对手远远地甩在后面,他就一定会做你的粉丝吗?你功成名就、衣锦还乡,如果趾高气扬、不可一世,曾经的对手会服吗?他会说:“了不起呀?你走你的阳关道,我过我的独木桥。”

韩信小时候受过一种羞辱叫“胯下之辱”,后来他封王封侯,衣锦还乡。消息传来,那个曾经让他钻胯的人惶惶不可终日,每天倒计时:“完了!我这颗头不知还能在脖子上放多久?”韩信把小伙伴们都叫到一起喝酒,喝着喝着,就来到那小子面前:“哥们,还记得我当初钻你的胯吗?”他吓得半死,“扑通”一声跪倒在地:“将军饶命!”韩信一把将他扶起:“瞎讲,什么饶命？那是小时候的事，好玩啊！以后千万别讲这话！我们是哥们，喝酒！我干了，你随意。”理解他会追随韩信出生入死、冲锋陷阵了吧？他还做了官。

要让对手变粉丝，有一个非常重要的智慧：给失败者以尊严。抛却前嫌，原谅曾经的对手，尊重他，和他交友，他才会服你，才可能追随你。

《孙子》说：“胜敌而益强。”消灭敌人不是上策，取胜后要变得更强大。怎样“胜敌益强”？化敌为友！

第二节 “知己知彼，百战百胜”之误

一、“百战百胜”既无可能，也无必要

“知己知彼，百战百胜”是大家耳熟能详的话。作为一句口语随便说说，无可厚非。我最不能接受的是有些伪学者故弄风雅、故作高深，还要加上一句：“孙子曰，或《孙子》曰：知己知彼，百战百胜。”因为，《孙子》从未这样说过，孙子也从没这样“曰”过！

（一）“百战百胜”没有可能

战场风云突变，小概率事件改变战争进程，“百战百胜”没有可能！

布鲁塞尔广场中央有一尊铜雕：一个小男孩站在那儿撒尿，他的名字叫“小于廉”，这个铜像就记载了一场战争。有一天，正值布鲁塞尔的节日，全城狂欢，连守城的士兵都喝高了。这个情报被侵略军获取。那天晚上，月黑风高，侵略军把布鲁塞尔城团团围住，在城门下埋好炸药，连引线都点着了，顷刻之间，城门将化作灰烬，一场血腥的屠杀就要开始。就在这时，小于廉迷迷糊糊地走了过来，他一眼看到那个火星，“远程精准射击”，一泡尿就把引线浇灭了。这一幕把侵略军搞傻了，什么情况？排练时没这一出呀？一个士兵没有管理好情绪，端起枪：“呯！”枪声划破夜空，守城士兵惊醒，冲上城墙，击退了侵略军。

侵略军“知己”吗？当然，他们有备而来，已把城堡团团围住，炸药都

准备好了，连打火机都没忘；侵略军“知彼”吗？当然，情报准确，那天确实是布鲁塞尔的狂欢节、士兵确实疏于防范。最后赢了吗？没有！为什么？一泡尿嘛！一泡尿都可改变战争结局，还有什么不能改变？战场上经常发生不可预料的事情，就算“知己知彼”，未必“百战百胜”。

（二）“百战百胜”也无必要

楚汉相争，刘邦和项羽大战四十七场。前面四十六场刘邦一场都没有赢，这有什么关系呢？最后一战，汉军把楚军团团围住，十面埋伏、四面楚歌。项羽又太过英雄气概，无颜见江东父老，不肯过江东，最后，霸王别姬、自刎乌江。他前面四十六场都没输，最后一场全军覆没。有必要百战百胜吗？把最关键的战役打好就够了！

百战百胜还有巨大隐患：一直胜利，容易膨胀，就会轻敌，可能导致大败。《吴子兵法》告诫：“数胜得天下者稀，以亡者众。”老打胜仗很少能得天下，大多数会灭亡。

人生不要时时争强好胜、不必处处超过别人，胜在关键就行。别怕孩子吃亏、失败，一帆风顺、高歌猛进不是好事，尤其聪明的孩子，要多受挫折教育，增强抗压能力。

（三）宁愿吃人亏，不要吃天亏

我从小倔强，那时没学《孙子》，碰到被大孩子欺负，不知道打不赢就跑。开打时，我内心是害怕的，但嘴巴不肯服输：“动动我试试！”大孩子一拳就过来了：“试试就试试！”我经常被“试”得鼻青脸肿，回来跟妈妈哭诉，她安慰我：“崽呀！没关系，吃亏是福，宁愿吃人亏，不要吃天亏！”我就问：“妈妈，什么意思呀？”我妈妈是语文老师、小学校长，她经常用讲故事的方式教育我。

从前有两个人，一个很大方，一个很小气。一次，他俩出海回来，都贩了一批布匹绸缎。平常，小气的人什么事都不做，爱占便宜、搭便车。装船时，他突然非常积极，抢着安排。他把大方人的布匹绸缎全放在船舱底下，把自己的全放在船舱上面，为什么？因为舱底容易受潮。小气的人都比较聪明。大方的人的伙计们不干了，纷纷向老板抱怨："那人太自作聪明了！把你的货全放在船舱底下。不行！重新装货，平均分配。"大方的人说："不要！出门在外，和气生财，万一湿了，洗洗晒晒就行。出发！"船行到海中央，突然，狂风大作，暴雨倾盆，船摇啊摇啊，马上就要倾翻。船长紧急下令：把货统统扔掉！生命更加重要！大家拼命扔，扔到一半的时候，突然，风平浪静，阳光灿烂。

妈妈说："你再怎么被人欺负，吃亏受损都很有限；要是被老天捉弄，前功尽弃！"我就问妈妈："怎样才能不吃天亏呀？"妈妈回答了一个字：善。

纵观古今中外优秀文化，善良，都是其核心思想。劝善思想贯穿中华优秀文化始终。比如，儒家经典《大学》开篇就说："大学之道，在明明德，在亲民，在止于至善。"《易经》说："积善之家，必有余庆；积不善之家，必有余殃。"

但是，善也有困扰，常言道："人善被人欺，马善被人骑"，善良的人常常被人欺负。不过，中华文化还有一句总结性的话，我妈妈经常挂在嘴边："人善，人欺，天不欺。"善良是人生的占优策略，选择善良，终将得到老天保佑。历史的大数据分析证实了这点。

二、战争、竞争，知"彼"比知"己"更重要

中华文化对"位"讲究、要求严格，排前重要，排后次要。"知己知彼""知彼知己"，排序不同，意义有别，没有对错，只有因果。

（一）"常规思维"与"顺序原则"

按"常规思维"，知己在前，知彼在后："知己知彼"。夸人时常说："您很明智！"为什么是"明智"，不是"智明"？这就涉及"位"，前后不能颠倒，几千年来一直这样说，定有原因。"明智"源于《道德经》："知人者智，自知者明。"了解别人叫"智"；了解自己叫"明"。先明后智，先了解自己后了解别人，先"知己"后"知彼"。人要有自知之明，先把自己的事做好。鲜花盛开，蝴蝶自来，开好自己这朵花，什么蝴蝶来？什么时候来？随他去，蝴蝶

会来的。这叫“常规思维”，适用于平常时期、和平年代。

按“顺序原则”，也是“知己知彼”。《孙子》说：“先为不可胜，以待敌之可胜。”首先，保证我不可战胜，要“知己”：兵力强大，部署周密；然后，等待可以战胜敌人的机会，要“知彼”：了解敌情，避实击虚。《孙子》还说：“立于不败之地，而不失敌之败。”首先让自己立于不败之地，还要等待敌人防守不严、露出败相，再发起进攻。有时不是实力的对抗，而是坚持的力量，不要比谁活得强，而要比谁活得长。司马懿打不过诸葛亮，没有关系，早睡早起，锻炼身体，比诸葛亮活得久，自然就胜了。

（二）“竞争思维”与“重要原则”

按“竞争思维”：知彼在前，知己在后，即“知彼知己”。与平常时期、和平年代最大的不同是，在竞争环境、战争状态下有明确、直接的对手，对手的决策、行动影响着我，了解敌情越多越主动，《孙子》说：“能因敌变化而取胜者，谓之神”，能据敌情变化调整战术取胜的叫“战神”。怎样“因敌变化”？“知彼”！孙子说：“将者，智信仁勇严也。”将领必须具备五大素质，智，排在最前面。“智”“知彼”很重要，“明”“知己”次之。

按“重要原则”，也是“知彼知己”。《孙子》说：“不可胜在己，可胜在敌。”保证不被战胜，关键因素在我，只要防守严密，通常可以实现。但做得再好，只能立于不败之地，最好战绩是平局，离胜利还差很远。能否打败敌人，决定因素是敌不是我！两军对垒，势均力敌，硬碰硬很难打败对手，取胜关键不是我严谨，而是敌失误，找到破绽，抓住战机，才能取胜。《孙子》中有句话很重要：“守则不足，攻则有余。”再怎么高垒深沟、严防死守也不能打败敌人。夺取胜利，必须进攻！进攻，是最好的防御；进攻，是胜利的前提。但决定因素是敌人疏忽犯错，如果他一直严阵以待、无懈可击，我就无法取胜。守，要“知己”；攻，要“知彼”。这就是“重要原则”，“知彼”比“知己”更重要。

（三）“孙子不等式”

我“以经解经”，根据孙子理论，推导出“孙子不等式”。

根据“不可胜在己”，得出：不可胜＝知己；根据“可胜在敌”，得出：可胜＝知彼；根据“不可胜者，守也”，得出：不可胜＝防守；根据“可胜者，攻也”，得出：可胜＝进攻。

于是，得出等式：知彼＝可胜＝进攻；知己＝不可胜＝防守。

根据“守则不足，攻则有余”，得出不等式：进攻＞防守。

从而推出：知彼＝可胜＝进攻＞知己＝不可胜＝防守。

最终得出“孙子不等式”：知彼＞知己。结论：“知彼知己”。

(四)严谨的孙子

揭秘标准答案。孙子曰：“知彼知己，百战不殆。”不是“百战百胜”，而是“百战不殆”。历经百战，没有危险，即使输，也知道输在哪里，在输中总结经验。不是“知己知彼”，而是“知彼知己”。因为《孙子》的内容是研究战争、对抗，在这种特定情景下，“知彼”更重要，排在“知己”前面。

“百战不殆”不易犯错，因为“百战百胜”是伪命题，一讲就明白。“知彼知己”容易混淆，因为“知己知彼”不是错误，只是环境不同。《三国演义》讲到：“兵法云：知己知彼，百战不殆。”注意，它并没有说“《孙子》云”。

这也可测试一个人对《孙子》的了解程度。如果说：“知己知彼，百战百胜”，说明他没认真读《孙子》；如果说：“知己知彼，百战不殆”，说明他知道是“不殆”，接近答案；如果说：“知彼知己，百战不殆”，说“知彼”时还加重语气，他答对了。

三、不知彼，不知己，每战必殆

孙子曰：“知彼知己，百战不殆。不知彼而知己，一胜一负。不知彼，不知己，每战必殆。”（很多人认为是：每战必“败”。）孙子非常严谨，他不仅是伟大的军事家、战略家，还是伟大的哲学家。战场上有很多偶发情况不可预料，就算不知彼、不知己，也不一定每战必败，可能侥幸取胜。不过，这种胜很危险，尤其是大胜，可能会中圈套，掉进对手预先布好的局。

(一)千万别亏了房子，又丢掉善良

一位校友向我诉苦：他非常努力，先买了一套小房子，后来买了套大的。前段时间，他把大房子卖掉去炒股，结果全亏了。他很善良，常给养老院捐款。他说："我本想赚了钱后拿出一部分去做慈善，怎么善心没得到好报？"他流着泪问："我那么刻苦，工作之余还认真炒股，怎么到头来一场空？为什么有人可以不劳而获？"

我没正面回答，问他：是不是进入股市之初小赚了一把？他答：是的。我说，这叫"麻将新手效应"：新手常常运气好。我又问：是不是后来赚了笔大的？于是，开始飘飘然，以股神自居？他点头。我说："你反复回忆当初选股时英明正确、当机立断。后来，你亏了，却归咎外因：我本来要抛，就怪什么人什么事耽误了。"他不语。这是人性：人们常把成功归结于自己的努力、智慧，把失败归咎于他人的责任、干扰，或归咎于自己运气差、上天不给力。

有些人不具备炒股知识和经验，不做研究分析，虽然研究分析也是远远不够的！不知道股市是专业技术性很强的领域，有一批团队、一帮高人从早到晚琢磨多年，套路很深。既不知彼，又不知己，贸然冲进股市，亏钱是必然的，赚钱是偶然的，甚至是危险的："不知彼，不知己，每战必殆"。

我说："不能搞错因果关系，亏钱不怪善心善念，也非上天不公，而是你在这个复杂的战场既不知彼又不知己。进入股市要不断战胜贪婪和恐惧，你赚钱后起贪念，怎会不败？"我严肃地说："善良无错！善良是人的护身符。孩子，千万不能既亏了房子，又丢掉善良。亏了房子还可赚回，丢掉善良万劫不复。"他的眼泪夺眶而出。

(二)不要攀比：命运曲线感悟

为什么会有辛苦者赚钱少、轻松者赚钱多的不公现象？我用《易经》理论解释。

当父母的精气神结合并注入新生命体的刹那，生命之剧已完成脚本，

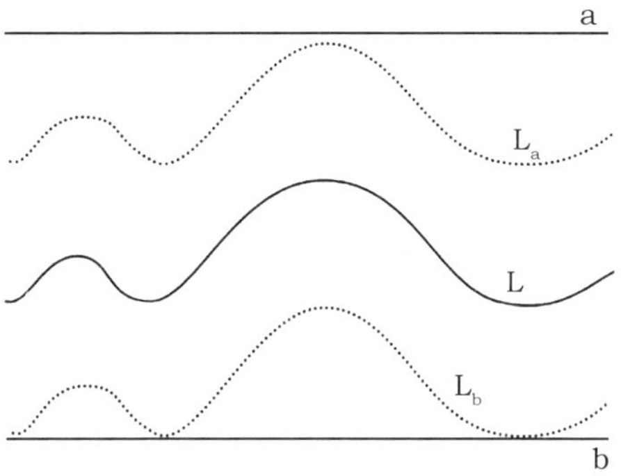

命运曲线(A)

人生轨迹已画出曲线，如上图轮廓线 L，这就是“命”。研究《易经》的高手能算命，就是算出这条轮廓线。人努力与否，可以改造这条轮廓线，这就是“运”。如果他努力，就可在曲线 L 上端波动，形成曲线 L_a，但也有极限，波峰不会超过 a；如果不努力，就会在曲线 L 下端波动，形成曲线 L_b，但也有极限，波谷不会低于下限 b。可以改造运：转运；不能改变命：注定。

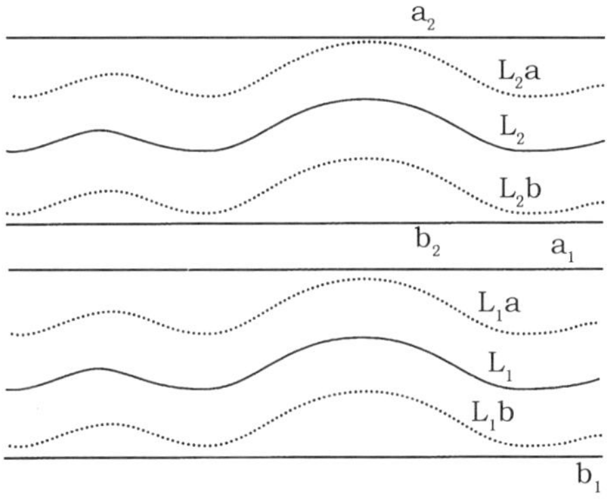

命运曲线(B)

为什么不要和他人攀比？不要问“凭什么”？如上图，因为我不知别人的命，不知他的人生轨迹是 L_2，甚至不知我自己的曲线是 L_1。我努力，只能上升到 L_1a；他不努力，也只掉落到 L_2b。尽管如此，我的 L_1a 仍然在

他的 L_2b 之下，于是，就会有“我努力奋斗，结果还不如他轻松自在”的感慨。

为什么不要与他人比较？因为我“不知彼，不知己”，会自寻烦恼、空增痛苦。我能做的就是让自己“运”的曲线在“命”的曲线上方波动。实在要比，就和我下端的人生曲线比，这样就感到欣慰：这个世界许多人比我更辛苦，我却比他们赚得多、幸福很多。

(三)天上掉馅饼，地上有陷阱

“不知彼，不知己”，却取得胜利，别盲目乐观。对轻而易举的成功要戒慎，可能是对手设下圈套；对来路不明的钱财要当心，可能旁边有个大坑。

一天，释迦牟尼和阿难看见路上有个大布袋，释迦牟尼打开一看，大叫：“毒蛇！”阿难一看也大叫：“毒蛇！”两人跑开了。喊声惊动一对父子，他俩走过来，发现是满满一袋黄金珠宝，哈哈大笑：“两个傻瓜！”欢天喜地把黄金珠宝抬回家。不一会儿，官兵们蜂拥而至，展开地毯式搜查。原来，这袋珠宝是从国王运宝车上掉下的。官兵问那对父子：“有没有窝藏一袋黄金珠宝？”父子俩说：“没有。”官兵说：“搜！”官兵们从他家柴堆里搜出布袋，人赃俱获，父子俩被关进监狱。半夜，父亲突然醒悟，大叫：“真是毒蛇！”

他俩“不知彼”，不知这袋财物的来历；“不知己”，不知自己没资格占有这袋财物，结果遭受牢狱之灾。

四、战略启示

(一)“知彼知己”的辩证思维

1. 竞争思维，平常心态

多年的实践经验，让我得出一个重要的人生感悟：“竞争思维，平常心态”，用佛家的话来说，就是：“发愿加随缘。”

在竞争过程中，要“知彼”，不仅要自己努力，而且要关注对手。和竞争者一样勤奋、追求创新，要付出更多努力，要比他做得更好才可能取胜。“谋事在人”，这叫作“竞争思维”。

纵然比对手做得更好，未必一定能胜，结果和努力有时不成正比。有一种结果不以人的意志而转移，即“成事在天”；有一种力量不为人知却操控世界，即“超自然力量”。可以吸取教训，不必在意结果，随遇而安、顺其自然、心态平衡、优雅淡定，这叫作“平常心态”。

人生的痛苦在于“平常思维，竞争心态”。

该努力竞争时，自我安慰：只要好好干，领导自然会赏识我、提拔我。这就是“平常思维”。好好干就会得到赏识、提拔吗？如果竞争者也好好干，而且干得更好呢？

过程是常规思维，却非常在意结果：“为什么没有提拔我？我这么努力、这么辛苦，对手也不比我干得好嘛！不公平！”这就是“竞争心态”。

竞争时抱着平常思维，结果却拥有竞争心态，当然会感到痛苦。

2.“知彼”要不忘初心

注意：“知彼”的目的是实现战略目标，别迷失方向，不能把“知彼”当目标。就像战争，“知彼”不是为了消灭敌人，而是掌控战争主动权。

谈恋爱，“知彼”很重要，要了解情敌，选择战术。但要牢记，战略目标是获取情人的心，要了解、分析情人。如果把精力和资源都放在对付情敌身上，结果让情人不满意，最后可能“鹬蚌相争，渔翁得利”。

争夺某个市场，要“知彼”，了解竞争对手，运用适当的战术。但让客户满意、留住价值客户才是目的，要分析客户需求、痛点。如果把全部注意力放在竞争对手上，花大量时间研究对手，费大量资源打击对手，甚至消灭对手，结果令客户不满意，新进者乘虚而入，或被替代品取代，最后和对手两败俱伤、双双出局。

(二)生活中的“知彼知己”

1. 为人处世的“知彼知己”

儒家为人处世的重要理念是“修己安人”：修养。通俗而言：自己舒服、别人舒服。

上课时，一个男生旁边坐着一位美女同学，男生累了，舒服的姿势是“葛优躺”，但他能躺吗？不能！他舒服了，旁边的女生不舒服，就算女生舒服，在场的人也会不舒服。

在一个正式晚宴上，人们盛装出席，某男穿背心，会遭众人鄙视：衣冠不整；某女穿背心，大家赏心悦目：时装，漂亮！同是背心，效果差别巨大，为什么？他随意而为，她精心打扮；他不合时宜，她符合审美。

法国妇女与某岛国妇女发生冲突。该岛有个风俗：妇女脚后跟是羞耻点，胸部反而不是。上胸可以裸露，但脚跟必须遮住，这与法国妇女着装习惯正好相反。所以，双方相互指责：不知羞耻！上面全露出来了；真不要脸！下面全露出来了。当大家明白对方的风俗、不同的审美后，各自做调整：一个遮住胸部；一个遮住脚跟。于是，两人和谐相处。

“修己、安人”：“修养”与“知己知彼”

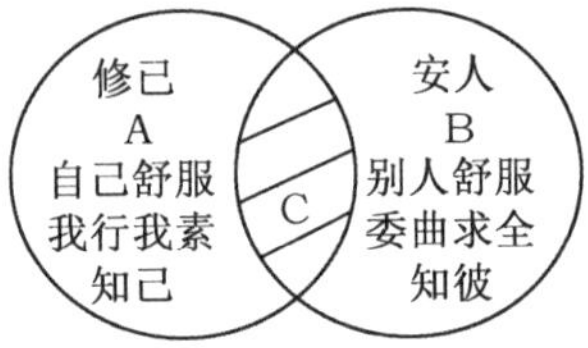

如上图所示，如果总是处在区域 A（自己舒服，别人不舒服），我行我素，不受欢迎；如果总是处在区域 B（别人舒服，自己不舒服），委曲求全，不可持续。要经常处在交集区域 C（自己舒服，别人舒服），这就是“修己安人”（修养）的“知彼知己”。

“修己安人”体现一个人的智商和情商。智商是“知己”，情商是“知彼”。智商，是自己聪不聪明？有何专长？主要取决于自己；情商，是和别人交流、交往的水平，要和他人发生联系。智商是不败的保障，情商是胜利的保障。你智商高、专业能力强，就有人团结你，你就立于不败之地；你情商高、领导能力强，就能团结他人，带领大家争取胜利。“学好数理化，走遍天下都不怕”是智商；“齐家、治国、平天下”要情商。既要有智商，有为他人、为社会服务的能力；更要有情商，善于和人交往，让人心服口服。情商比智商更难，让人舒服有时比让自己舒服更重要、更不易。根据需要把自己调整到一种最佳状态，这就是为人处世的“知彼知己”。

己所不欲，勿施于人：知己；己所欲，未必可施于人：知彼。

2.“事君之道”的“知彼知己”

在职场中，怎样才能得到领导赏识、进入领导的核心圈？很多人第一反应是：“一切行动听指挥”。不错，但这远远不够。服从，是士兵的天职，如果仅仅“听指挥”，和普通战士有何区别？我总结了八个字的“事君之道”：察其所好，尽其所能。君，就是君王、领导。

“察其所好”的“其”指“彼”，即领导。要观察、分析、研究领导，读懂潜台词，了解真需求，要“知彼”。

男同胞常有个困扰，就是为爱人买生日礼物，大多数人会这样问：“老婆，过几天就是你生日，想要什么礼物呀？”如果这样，马上被动。得到的回答通常是两个：第一，不要！爱人说“不要”是不要吗？如果“听话”，后果严重。要读懂潜台词啊！尤其她说话的语气还很冲，潜台词是：“礼物代表你的心，问我就是不用心，不要！”第二，随便。那更麻烦，天底下最难买的就是“随便”。掌控人生主动权，不一定是战胜多少困难、取得多大胜利，而是体现在生活的方方面面。怎么办？应该用点技巧：“亲爱的，我给你准备了一份生日礼物，知道是什么吗？你猜！”心理学告诉我们，当她没想法，突然被刺激，不深思熟虑，脱口而出的常常是真实需求，这就是“潜意识”。你立即变得主动了：她猜什么，你就买什么！购买难度、选择成本大大降低。

孔子重视“知彼”：“不患人之不己知，患不知人。”不要焦虑领导是否了解我？而是要操心我是否了解领导。职场上没得到重用，没进入领导视线，不要一味责怪：领导没眼力，不懂我！而是要反躬自问：他一筹莫展时我出谋划策了吗？他紧急困窘时我挺身而出了吗？

“尽其所能”的“其”指“己”，即自己。要做到：己所能为、竭尽己能。

这事能不能做？如果能，就全力以赴！要“知己”。

“己所能为”包含两层意思，要进行判断：第一，这事能不能做？自己有没有能力？如果自己没能力，及时如实报告，否则会误大事，失去领导信任，失去更适合自己大显身手的好机会；如果自己能力和领导的要求不匹配，核心竞争力与组织需求不一致，要分析思考：是不是该寻找更适合的平台和领导？第二，这事能不能做？有没有问题？如果志不同道不合，不必曲意逢迎；如果领导决策有重大失误，要及时提醒，认真执行错误决定，错误就会越搞越大。虽然“能干”，但“不能”干，是该离开还是等待？

“竭尽己能”。这事可以干，又有能力干，就竭尽全力！如果能力不够，就不断努力，提高竞争力。这就是职场中的“知己”。

既埋头苦干，又抬头看路；既察其所好，又眼观六路。这样“用心”与领导相处，还能不受欢迎？市场营销学要求了解客户需求、改进产品性能；人生职场怎可不研究领导需求、提高自身能力？

也许有人会说：老去琢磨人，看人家脸色行事，累不累？好吧！你可以随心所欲，但要有底线原则：不讨好，别冒犯。不需要知道应该做什么，一定清楚不能做什么。

(三)历史教训

1. 岳飞之死

历史记载：秦桧以“莫须有”罪名杀了岳飞。岳飞冤死风波亭，他的铁哥们韩世忠将军非常愤怒，跑到丞相府质问秦桧：“丞相，你太过分了吧！岳将军战功卓绝、忠心耿耿，凭什么把他杀了？他到底犯了什么罪？”秦桧脸上红一阵白一阵，支支吾吾吐出三个字：“莫须有？”于是，有了韩世忠名言：“‘莫须有’三字，何以服天下。”

秦桧开始想定岳飞谋反罪，但没找到证据。“莫须有”不是罪，是个问句：什么罪呢？或许有？或许没有？换言之，秦桧没有以任何罪名就把岳飞杀了。

我从这段大家熟知的历史记载中发现几个疑点：一、如果你的铁哥们被你们共同的仇敌杀了，你会不会冲到他家大声质问："凭什么把我兄弟杀了？"报仇雪恨！到敌人家里很危险。这说明当时主战派、主和派并非不共戴天，只是政见不同。二、韩世忠救过宋高宗，官位比岳飞大，后因岳飞事件心灰意冷、告老还乡。他为什么不在上朝时当着皇帝的面质问秦桧？秦桧明知老韩来砸场子，为什么还要见？还自取其辱？彼此心知肚明：老韩只是来发泄发泄，吐吐槽。三、宰相不以任何罪名就可把大将军杀了？太不严肃了吧！这说明举刀的是秦桧，但后面站着一个巨大的黑影：宋高宗赵构。

岳飞的忠诚不仅是后世景仰，当时就声名远播。他小时候背上刻有四个字："精忠报国"。谁刻的？岳飞的母亲。岳飞难道不清楚连续 12 次违抗圣命是死罪？为了国家大业，他不顾个人安危。

岳飞之死要追责，要给人民、给历史一个交代！历史是赵家人写的，总不能把先辈搞得狼狈不堪吧？于是秦桧被判全责，一人背锅。

秦桧也许死都没想到，他这一刀下去，就把自己钉在了历史的耻辱柱上。800 多年了，还跪在岳飞坟前，不仅他受辱，连子孙都为之羞愧。他的后裔，清朝著名大学者秦大士写了一副名联："人从宋后羞名桧，我到坟前愧姓秦。"自南宋以后，就没有谁会为自己、为孩子取名叫"桧"：羞于和这个奸臣为伍。我可以远离"桧"，但与"秦"脱不了干系。姓，是祖宗留下来的。我到岳坟前，羞愧万分：老秦家怎么会出这种败类啊！

秦桧要是早知这一刀的后果，还敢杀岳飞吗？女儿小汤说："他也没办法，皇帝要他干的。"怎么没办法？辞职！"辞不了，皇帝不让。"撤！跑！逃！实在不行，自杀！司马迁说："人固有一死，或重于泰山，或轻于鸿毛。"死也比遗臭万年好啊！

秦桧做了一件让人无法料想的事：没给岳飞定罪。常言道："欲加之罪，何患无辞。"找不到岳飞之罪，没辞也杀。他就在历史的幕布上面戳了一个小洞。

不知皇帝犯大错，是智商有问题；知道皇帝犯大错还投其所好，任他往深坑里跳，是人品有问题，是奸臣！

领导犯错，下属及时提出并坚持原则，他醒悟后会心存感激。1965年，法国民变，巴黎的学生、市民上街游行，要求戴高乐总统下台。戴高乐两度要求驻德法军司令出兵镇压，两次遭拒，他还劝戴高乐放弃这个想法。戴高乐当时非常愤怒：“养兵千日，用兵一时！你可是我一手提拔的好友啊！”事后他冷静下来，通过对话、和平方式化解了危机。情商极高的戴高乐没有直接表扬司令，而是写信给司令太太，感谢她培养了一位正直、优秀的丈夫：“不是他的坚持，我就成了历史罪人！”

拒绝上级，需要明辨是非的智慧，更需坚持真理的勇气。

2. 历史的哀歌

岳飞之死令人唏嘘，但从某种意义上说，岳飞自己也有一定责任，其中之一就是战略目标不同。岳飞的战略口号是：“直捣黄龙，迎回二帝。”赵构怎么当上皇帝的？他的父兄（太上皇和皇帝）都被金军抓了，赵构也被抓，逃出来后成立了南宋。就像某家公司董事长和总经理都被抓，常务副总上位，你把董事长和总经理都请回来，那位副总坐哪？迎回二帝，赵构怎么办？当然，这话赵构不能说，如果说了，就是不忠、不孝。岳飞之死原因复杂，其核心是：只埋头苦干，不抬头看路，对赵构“知彼”不够。

赵构的战略目标是什么？必须打！否则金兵天天骚扰，永无宁日。但不能如岳飞《满江红》所愿：“驾长车，踏破贺兰山缺！”应该是：打！打！打！——停。南宋常打胜仗，却老赔款。为什么？保持动态平衡：我不灭你，你也别烦。

除了岳飞事件，赵构还留下了好几个历史谜团：一、他为什么55岁就退休？有人为当皇帝连父母兄弟都杀，上位后更是不愿下来，恨不得长生不老。是身体原因吗？赵构享年81岁，55岁正是身强力壮。二、他让位给了赵昚，就是当初岳飞力挺的那个孩子，岳飞反反复复要赵构立他为太子，弄得老赵很烦。三、赵昚上任两个月就为岳飞平反。是赵构没权了吗？宋孝宗赵昚很孝顺赵构。太上皇虽已退休，影响力仍然很大，没有老爷子首肯，孝宗岂敢如此迫不及待？结论是：岳飞事件是君臣间一场大误会。而且，高宗后悔了！

赵构不应只是默许给岳飞平反，而应站出来公开道歉，给臣民一个交代。这会让一批批忠臣义士擦干眼泪、继续投入忠君行列。岳飞事件不仅严重影响君臣关系，让人质疑忠君思想，而且对中华民族伤害太大，让忠心耿耿、大义凛然的民族气节深受影响，是中华文化之殇，令人痛惜！留下一曲历史的哀歌。

小汤问：中国历史上奸臣、卖国贼不少，比如，赵高指鹿为马、吴三桂引清军入关等，问题都很严重，但为什么秦桧的名声最臭？

赵高所为，客观上摧毁了一个残暴的王朝；吴三桂“冲冠一怒为红颜”。岳飞之死严重伤害了中华气节文化、忠诚文化。有些错误可以饶恕，如此大错罪责难逃，君王不容，百姓不容。

虽然我告诉孩子别害怕犯错，但千万注意，有些错误对他人、对社会造成严重伤害，就是不可原谅。

第三节　“君命有所不受”

一、“君命有所不受”不可乱用

“将在外，君命有所不受”，这句话流传很广。说这话的人不少，懂这话的人不多，仅从字面理解，容易导致误读。孟子说：“尽信书，则不如无书。”对经典要持严谨态度。孙子的“君命有所不受”有重要前提。

(一)必须是“能将”

将领必须有才能，是“君命有所不受”的第一个重要前提。庸才、蠢才还不听指挥，岂不乱套？

能将，既有必胜的信心，还有取胜的能力。某人被外派镇守一方，不听领导的指挥，固执己见，失败了怎么办？负全责呀！《孙子》说得很清楚：“将能而君不御者胜”，将领有能力、有水平，君王放心把权力交给他，不瞎指挥，才能取胜。

不是随随便便的将领都可以“君命有所不受”。如果君王能力很强、掌握更多信息，不听君王命令，会打败仗，这个时候将领还能“君命有所不受”吗？

(二)必须是“贤将”

将领必须有贤德，是“君命有所不受”的第二个重要前提。听指挥是占优策略、安全行为，败了不是我的责任，是君王指挥失误。

“贤将”，敢于担当、有牺牲精神。赢，是君王的福分；输，是在下的责任。《孙子》说：“进不求名，退不避罪，唯人是保，而利合于主，国之宝也。”进攻，不为我个人的名声；撤退，不害怕担当责任；进退攻防都以保护军民为主要目的、以君王利益最大化为最终目标。这种不顾自己、保民利主的人才非常难得，是国家的栋梁、珍宝。只有“贤将”玩“君命有所不受”才让人放心。“发心”很重要，出发点好，即使犯错，也能接受。

(三)必须是“明君”

第三个前提很重要：明君。读《孙子》要注意，“君命有所不受”主要是说给君王听的：“君工啊！战情瞬息万变，战机稍纵即逝，来不及报告，你掌握的信息没将军多，不要乱发号施令！”君王说：“有道理！”这种场景才和谐。

什么是悲剧？孙子和君王讲这话时，将军也在身边，结果，君王没把这话听进去，将军却当回事，这就要命了。上级不以为然，下级却以为上级认同，就会导致“悲剧”。

君王要豁达大气、真正授权。没有这样的君王，将军千万别玩“君命有所不受”。否则，赢了是他的，输了是你的。

(四)必须是“有所”

第四个重要前提：把握“度”。有人把鸡毛当令箭，到处挥舞，把“君命有所不受”作为不听指挥的借口，甚至演变为“君命不受”。“有所”，就是慎之又慎，不可乱用。只有在非常时期，来不及向君王汇报，执行君王指令明显会失败等紧迫、特殊情况下，才可“不受”。

孙子怕后人断章取义，反复强调“有所”：“涂有所不由；军有所不击；城有所不攻；地有所不争，君命有所不受。”涂：途，大路；径，小路。大部队行军要走大路，安全，小径遇到伏击，人再多也施展不开，但有些大路别走，为什么？特殊情况！战争要打击敌人有生力量，但有些敌人别打，为什么？特殊情况！战争常要攻占城市，这里优质资源集中，但有些城堡别攻，为什么？特殊情况！战争常为争夺地盘，建立根据地，但有些土地别争，为什么？特殊情况！孙子苦口婆心做了这么多铺垫，才告诫：对国王要忠心耿耿，一切行动听指挥，只有万分紧急，不能贻误战机，君主不知险情，君命才可不听。

所以，“君命不受”是宝贵、特殊的资源，千万慎用、“有所”地用。每用一次，君王信任度下降一分。所以，将军要掂量自己在君王心中的总分有多少？能扣几次？当信任度为零，就要解甲归田；信任度降到负数，君王起了疑心，就有杀身之祸。

二、岳飞的“职场”悲剧

（一）事不过三

“君命有所不受”把岳飞坑惨了。赵构对岳飞有诸多不满，最后促使他痛下杀手是“十二道金牌事件”。赵构给岳飞连下十二道命令：撤！那时通信不便，没手机、微信，不能视频。那时交通不便，没飞机、高铁，一道金牌从京城送达前线要好多天。

岳将军啊！第一道金牌你可以不回，第二道还可以不回，第三道就一定要回呀！中华文化讲究事不过三。就算是小时候妈妈喊你回家吃饭，叫了十二遍，你都不睬，她能不发火、能不打你吗？三令五申不听，要十二次，赵构能不震怒、怀疑吗？何况他自信心不强、管理能力有限，更要小心翼翼，尊重他的感受，“人在矮檐下，不得不低头”。

（二）重文轻武的基因

宋朝是一个非常“有趣”的朝代，科学、文化、艺术、经济等都很发达，唯有军事不强。国家创始人决定了这个朝代的基因。

赵匡胤怎么上台的？黄袍加身，和平演变。部下做了件黄袍盖到老赵身上：大哥，你做皇帝！老赵假装为难：“别！先问问我妈。”回去问妈妈，被妹妹推出：“男子汉敢做敢当！”才做无奈之状：“好吧！”

赵匡胤江山一坐稳，就“杯酒释兵权”。有一天，他把所有高级将领叫到一起喝酒，喝着喝着，走到大将石守信面前：“石将军，听说你的士兵骁勇好战？”“报告皇上，所向披靡。”“听说你的部下忠心耿耿？”“报告皇上，言听计从。”“他们会不会也为你做件黄袍呀？”老石面如土色、连连叩头：“皇上，给条活路吧！”“石将军，喜不喜欢良田？”“喜欢。”“好！给你万亩良田。”“豪宅呢？”“喜欢。”“好！北上广深，每个地方送你百套豪宅。”“美女呢？”“喜欢。”“好！给你百名美女，够不够？”其他将军纷纷举手：“我也要！”“都有，衣锦还乡去吧！”

中国历史上很多皇帝天下一定，忌惮功臣，甚至手段残酷，很少像赵匡胤这样，用和平方式解决有功之臣的善后问题。但副作用是：留给宋朝一份遗产、一种文化——重文轻武。《杨门女将》《穆桂英挂帅》这两部戏剧是对轻武国策的极大讽刺：男人要么死了，要么无能。看着一位老太太带着一群寡妇去打仗，让我心情沉重！

赵构建立南宋不到十年，江山不稳，加上老赵家排斥、忌惮将军的基因，潜意识里对岳飞不信任。我一直不明白，岳飞为何听任别人把他的军队称为“岳家军”？品牌影响力还很大：“撼山易，撼岳家军难。”不够自信的皇帝，心里是否有疙瘩？

（三）“岳飞事件”复盘

从“君命有所不受”的四个前提分析岳飞之死。

岳飞在“能将”“贤将”两方面都是完美的：他是真正的忠臣，为了国家、为了君王，奋勇杀敌，毫无异心。但是，他后两个前提条件严重不足：没遇到“明君”，还违反“有所”。可能杀红了眼，不顾自己安危，这也情有可原。当时他非常接近胜利，马上就要把金国灭了，机会非常难得，结果却功败垂成。“天日昭昭”，问心无愧，屈死风波亭。

三、战略启示

(一)越被授权,越要沟通

当今社会科技先进、通信发达,职场只要不到商战风云变幻,还是少玩君命有所不受。如果你被总部外派某地做一方诸侯,千万注意:越被授权,越要小心。不仅听领导说什么,还要看领导做什么,他嘴上授权:“放手干,全交给你了。”却在你的管辖区发号施令,要警觉:领导信息更全面?领导意图你不懂?领导对你不满意?即使有一位非常豁达、真正放权的领导,也要保持沟通渠道畅通。他可以不听,你不能不说。不闻不问是他的风度,请示汇报是你的态度。

(二)老汤感悟:“数学人生”

“数学人生”——领导心中有本账。我试着用理工科的思维讲人生哲学。

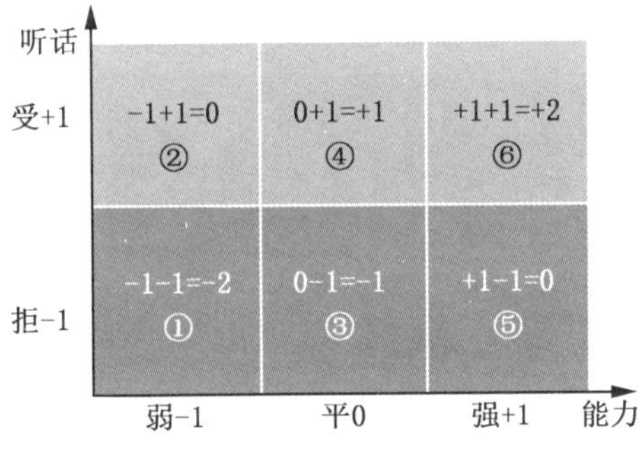

“能力—听话”象限图

“能力—听话”象限图横轴表示能力大小:能力强是+1分;能力平平是0分;能力弱是-1分。纵轴表示听话状态:听指挥是+1分;君命不受是-1分。由此,得出六个象限。

第一象限,能力弱,还君命不受:-1-1=-2。

第二象限,能力弱,但听指挥:-1+1=0。

第三象限,能力平平,还君命不受:0-1=-1。

第四象限，能力平平，但听指挥：0+1=1。

第五象限，能力强，但君命不受：1−1=0。

第六象限，不仅能力强，而且听指挥：1+1=2。

能力差，不听话，这种人很少。能力强，听指挥，这种人是极品。分析第四、第五象限，让人感慨万千。能力平平，但听指挥，得+1分；能力强，但君命不受，得0分。有些人总是抱怨：我能力很强，他能力平平，为什么领导提拔他不提拔我？看了这张图就明白几分了吧！

领导心中有本账！这就是数学人生。能力弱、平、强，但不听指挥对应的得分是：−2、−1、0；听指挥对应的得分是：0、1、2。结论是：听指挥，是占优策略。

第四节 "全胜"之说

一、"全"为上，"破"为次

《孙子》说："全国为上，破国次之；全军为上，破军次之；全旅为上，破旅次之；全卒为上，破卒次之；全伍为上，破伍次之。"

(一)两个知识点

第一个知识点是"伍"。为什么叫"队伍"？不叫"队六""队四"？中华文化源远流长，故事很多。冷兵器时期，中华民族给人类历史留下了一笔宝贵的精神财富：军队编制，以五人为基本单元——伍。《唐太宗李卫公问对》："臣尝教士，必先结伍法"，李靖练兵，"伍法"为先，以五人为一小组。伍长站中间，东南西北四方各一人，伍长就可"眼观六路、耳听八方"。六路：前后左右上下；八方：东南西北、东南、西南、东北、西北。进退安全、机动灵活。在军队古建制中：卒，100人；旅，500人；师，2 500人；军，12 500人。它们都是五的倍数。

第二个知识点是"全胜、战胜"。"全国为上，破国次之"，最好的战略是让敌人举国向我投降；用武力、战争攻破敌国是次一等的。前者是"全胜”，后者是“战胜”。

(二)孙子惜墨如金，为何在这却如此“啰嗦”？

四个“全、破”通常的翻译是：最好的战略是让敌举军投降，用武力、战争去攻破敌军是次一等的。旅、卒、伍以此类推。当我反复学习《孙子》后，产生重大疑问：孙子惜墨如金，《孙子》没有一句废话，每个字都有用。既然是类推，为什么要喋喋不休从国、军、旅、卒、伍一直讲下来？整个部队编制都罗列出来，就差“师”没讲。

小汤说：“这是排比吧？”感觉不太对劲，从“国”到“伍”，格局越来越小。要排比，应该是“全伍为上，破伍次之”到“全卒”“全旅”“全军”，直到“全国”，这才越来越有气势呀！

(三)从《巴顿将军》到《孙子》

我刚去美国留学时，看了电影《巴顿将军》。影片开头的场景让我印象深刻：一面硕大的美国国旗占满整个屏幕，巴顿将军出现在国旗下方，只有一个小点，他迈着坚定的步伐，“咚、咚、咚”，一步一步走到台前，嘹亮的军号声响起，镜头慢慢推进，聚焦在他的脸上。1 分 15 秒，没有台词和旁白，只有那面硕大的国旗和他锐利的目光。

很长时间，我脑子里就浮现两样东西：硕大的美国国旗、巴顿将军坚定的眼神。好莱坞艺术家确实厉害，拍出一部爱国电影，让我这个“老外”都触动了。他们用了一种重要的艺术手法：“全景＋特写”，对比强烈，给观众留下深刻印象。我突然悟到：《孙子》从“全国”到“全伍”，不是平行平等、以此类推。

(四)老汤意译

让敌人举国投降最好，击破敌人次之。举国投降难度巨大！任何一个朝代、国家，都有主战派、主和派。如果无法让敌人举国投降，就集中精力对付他的军队。当敌人举军投降，扛着锄头、拿着镰刀来反抗，危害就不大。击破敌军效果就差。让敌人举军投降难度也巨大！抗日战争结束，日本天皇宣布投降，一些日军还在打，有些是没接到命令，有些是接到命令不服:我们一直打胜仗,为什么投降? 无法让敌人举军投降,就把注意力集中在他的“劲旅”:主力部队、王牌军、正规军、嫡系部队,当这些部队投降了,杂牌军就翻不起浪,大局已定,再慢慢剿匪。击破敌人“劲旅”效果就差。让“劲旅”投降难度很大,如果不行就把注意力放在他的“锐卒”:尖刀连、冲锋队,他们投降就好办了。击破敌人“锐卒”效果就差。让“锐卒”投降难度也很大,如果不行就把注意力放在他的核心“队伍”:司令部,将军、参谋长等决策者,搞定他们!

孙子的“全胜”思想,不是面面俱到、平均分配力量,不是把敌人从“伍”到“国”一个个全吃掉,而是抓主要矛盾,用有限资源夺取最大胜利。

二、生活中的“全胜”

(一)事业、家庭兼顾

“家庭事业双丰收”很难两全。一定要二选一,该如何选?

有人选择家庭。当你放弃事业,全心全意照顾爱人和孩子,你的爱人就一定更爱你、孩子就一定更懂事吗? 可能他们还觉得你烦呢。我很喜欢一副对联:“夫妻是缘,善缘孽缘,无缘不聚;儿女是债,讨债还债,无债不来。”有些孩子很乖,父母散养,成绩照样很好、很有出息,这叫“还债的孩子”:上辈子他欠你的,这辈子来还债。有些孩子老添麻烦,父母呕心沥血,还惹爸妈生气,这叫“讨债的孩子”:上辈子你欠他的,这辈子来讨债。有些配偶是“讨债的”;有些配偶是“还债的”。珍视的爱情可能伤人,倾力付出的家庭未必和美。为了爱情、家庭放弃梦想、事业,当生活不尽如人意,就易成为“怨妇、怨夫”。

有人选择事业。事业比爱情可控? 不确定性更大! 如果你抛掉爱情、放下家庭,所有精力投入工作,领导就一定欣赏? 领导也有“还债”与“讨债”之分。有人说:全力以赴创业! 自己做老板。创业就一定成功? “有心栽花花不开”的现象比比皆是,成功的因变量与努力的自变量常常不正相关,一分耕耘未必有一分收获。为了事业放弃爱情、家庭,事业不顺，就容易抱怨："当初怎么为这点破事跟爱人分手？"

怨从何来？不是因为爱人对你薄情、事业待你不公，而是觉得付出太多却没得到预期结果。屈就、牺牲之后，收获的却是冷漠、失意。落差，才是怨的根源。

(二)给自己留一片心灵的绿洲

也许爱情、事业会抛弃你，生活永远不会抛弃你。当你有属于自己心灵、别人轻易进不去的领地，你在这里静思，嘈杂喧嚣渐渐远去，内心淡然，舒适幸福；当你有可以独处、饱以热情且有意义的爱好，即使孤独也不寂寞，这就是心灵的绿洲。如果爱情不顺、事业遇挫，就把本要花给他们的大量时间，去经营你的绿洲，收获你的喜悦。

老子说："不欲以静，天下将自正。"当你有绿洲，生活会慢慢发生微妙的变化。伴侣跳出生活琐事重新欣赏你，发现那个曾经爱过的人真的很可爱。孩子本来逆反，但你远远地看着他、关心他，不给他压迫感，某一天，孩子回来了，抱着你流泪。你的淡定让他们回归，使他们"自正"。

我给女儿的一封信中写道："我很高兴，你有可以独处的爱好：热爱读书、热爱写作，这就是你心灵的绿洲。你长大后会发现，世界上有太多不可控的事：恋爱不顺、创业失败、亲人离去等，生活的痛苦无法击倒你，因为绿洲能令你愉快思考，使你激情澎湃，让你感受到'存在'。"

生活中的"全胜"就是掌控人生主动权。"全"为上，"破"为下，既不随意牺牲事业更不轻易放下家庭。倘若两者皆"破"，道道防线被击溃，还有最后一个避风港；如果觉得整个世界都遗弃自己，你还有一个好好活着的理由，这就是心灵的绿洲。

第二章

《孙子》架构分析

第一节　伟哉!《孙子》

一、为什么《孙子》历经 2 500 多年仍不衰

读《孙子》,会发现一种有趣现象:《孙子》用字简单,遇到不认识的字就跳过去,没关系,不认识的字常常不重要。中华经典中,难字、偏字最少的就是《孙子》。《孙子》何以历经 2 500 多年,还朗朗上口、通俗易懂?

(一)客户导向、化繁为简

营销管理强调客户导向。历史上谁最早站在客户角度设计、制造产品?伟大的孙武!

兵法的主要读者是带兵打仗的将军。行伍之人的普遍现象是读书不多,很多草莽英雄,像张飞、李逵等,文化程度不高。书写得再好,如果内容太深奥,没人看,就无法传播,没有效用。孙子写兵法时,每写一句都站在文化程度不高之人角度问:这样讲能懂吗?如果不懂,该怎么说?反复改,慢慢悟,他就把生僻字句删掉,用简单的语言表达高深的道理。把简单问题讲复杂容易,把复杂问题讲简单很难。孙子,是客户导向理论的创

始人和实践者，是能化繁为简的高人。

早期中国共产党人善于用通俗易懂、化繁为简的方式宣传马克思主义。他们在农民中介绍马克思主义时，用的就是非常朴实的语言，农民记不住马克思的名字，他们干脆就用“大胡子”来代替：介绍马克思的名字不是关键，传播共产主义思想才是目的。

(二)简明深刻，口碑相传

《孙子》几千年来口碑相传，今天很多成语、俗语都出自其中：死生之地，存亡之道，同生共死，赏罚分明，因利制权，攻其无备、出其不意，因粮于敌，胜敌益强，百战百胜，上兵伐谋，小敌之坚、大敌之擒，知彼知己、百战不殆，守则不足、攻则有余，修道保法，以镒称铢，以铢称镒，出奇制胜，终而复始，死而复生，纷纷纭纭，浑浑沌沌，我众敌寡，以众击寡，避高趋下，避实击虚，因地制宜，因敌制胜，兵无常势、水无常形，以迂为直、以患为利，倍道兼行，以逸待劳，堂堂正正，穷寇勿迫，半进半退，令之以文、齐之以武，居高临下，爱兵如子，陈兵纵横，料敌制胜，首尾相应，兵贵神速，同舟共济，破釜沉舟，巧能成事，静如处女、动如脱兔，安国全军，明君贤将等。

即使没有读过《孙子》，很多句子也都耳熟能详：不尽知用兵之害者，则不能尽知用兵之利；兵贵胜，不贵久；不战而屈人之兵；善守者，藏于九地之下，善攻者，动于九天之上；举秋毫不为多力，见日月不为明目，闻雷霆不为聪耳；立于不败之地；胜兵先胜而后求战，败兵先战而后求胜；以正合，以奇胜；乱生于治，怯生于勇，弱生于强；致人而不致于人；无所不备则无所不寡；五行无常胜，四时无常位；后人发，先人至；君命有所不受；兵非贵益多，惟无武进；兵之情主速；投之亡地然后存，陷之死地然后生；主不可以怒而兴师，将不可以愠而致战；亡国不可以复存，死者不可以复生；等等。

(三)价值巨大，稀世经典

我让女儿研读《孙子》，主张年轻人要打开中华优秀文化的宝库，先从

《孙子》这个门进入。《孙子》雅俗共赏，真正做到了“外行看热闹，内行看门道”。不同的人有不同的解读，同一人不同时期有不同的解读，各个领域有各自的解读。这是可以一直读的书。

《孙子》价值巨大，不仅是一部战争宝典，还广泛运用到社会生活的各个方面，在许多领域堪称经典，竞争、哲学、生活、文学、逻辑、医学等领域都可以用作指导教材。

南朝文学评论家刘勰的《文心雕龙》从文学角度分析《孙子》：“孙武兵经，辞如珠玉。岂以习武而不晓文也。”《孙子》既是兵书经典，也是文学经典，每句话、每个字都像珍珠宝玉。不要以为习武之人不懂文学。《孙子》让无数文人叹为观止。

我对“国、军、旅、卒、伍”不是罗列、重复的感悟，就源于此。

（四）既是“有用之书”又是“无用之书”

有人主张“读无用之书”，我认为这种提法有些偏颇、容易产生误解。“无用之书”并非没用，而是各种人生经验的总结、提炼，这类书不一定能直接运用到工作、生活中。传播中华优秀文化，引导人们读书的顺序应该是：先读“有用之书”，再读“无用之书”，最后把“无用之书”变成“有用之书”。首先，给年轻人提供的知识要通俗易懂、能接地气，对他们“有用”，这样就能吸引他们来围观，引发他们的兴趣；其次，要让他们思考，举一反三，提炼、升华，引导他们读“无用之书”；最后从“无用之书”中发现、挖掘有用之处，与生活结合，运用于实践，将“无用”变成“有用”。读书要从“有用”到“无用”，再到“有用”，循环往复，螺旋上升。

《孙子》是一本具备从“有用”到“无用”，再到“有用”功能的书。

二、影响世界的奇书

（一）《孙子》在中华文化中的地位

《孙子》被称为兵经之首。清代学者夏振翼评价说：“按七书首《孙子》者，以行兵之法，惟《孙子》为最精，诸家皆不及。”中华宝库中兵书众多，

《武经七书》是七部最著名的兵书，包括《孙子》《吴子兵法》《六韬》《司马法》《三略》《尉缭子》《李卫公问对》。《孙子》位列武经之首。《孙子》既有很高的理论性，又有很强的操作性，内容简要、精到，其他兵书望尘莫及。

夏振翼评价《孙子》的历史地位："遂拟以《论语》《易经》大传之流。"《孙子》可与儒家第一经典《论语》、中华文化之源《易经》相提并论。研究中华文化，《孙子》是绕不开的经典，不懂《孙子》，对中华文化的了解就不完整。

（二）《孙子》在世界上的影响

世界上有很多著名的兵书，如：古罗马雷纳图斯的《罗马兵法》、日本宫本武藏的《五轮书》、德国克劳塞维茨的《战争论》等，各个国家、民族都有自己的三大兵书排序，但无论谁排、怎么排，《孙子》都位列其中。

滑铁卢战败后，拿破仑被囚圣赫勒拿岛，他在生命的最后岁月里，读到一本法文版《孙子》，他仰天长叹："我要是早几年读到这本书，法国历史必将重写。"英国著名军事家蒙哥马利元帅说："世界上所有军事院校，都应把《孙子》列为必修课。"

国外对中华文化关注最多的三本书是：《易经》《老子》《孙子》。《孙子》已被翻译成三十多种语言，其思想具有很强的普遍性，能被不同文化背景的人接受。《孙子》不仅仅属于中国，也属于世界！

《孙子》不仅是一部兵法，而且是哲学、艺术。《孙子》在西方被翻译为"*The Art of War*"：战争的艺术。西方军事战略家们对《孙子》的崇拜、陶醉由此可见一斑。

第二节 《孙子》的逻辑架构

一、《孙子》逻辑严密

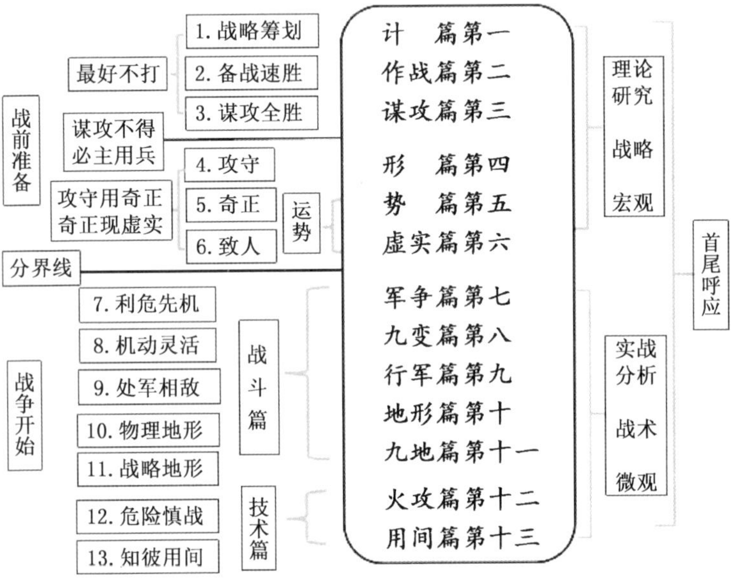

《孙子》逻辑架构图

猛一看上面这张逻辑架构图是不是有点晕啊？这张图我打磨了多年。

有一次，我和西方学者交流时遇到一件尴尬的事情。他说："中华文化博大精深，就是逻辑性不强。"他举例说："西方人看《论语》，头脑中会浮现一个场景：一个山东老爷子在墙角下晒太阳，身边围了一群学生，七嘴八舌，问一句，答一句，就形成了《论语》。"我竟无言以对，还真拿不出有力的证据反驳，《论语》确实是孔老师的课堂笔记，而且是许多学生记录的汇总，不止一个人编撰，导致部分内容重复。他还举例："老子在《道德经》开篇就说，思想无法用语言文字表达，一说出来就已不是真正的思想，那《道德经》到底是不是他的思想？"

当理出这张《孙子》逻辑架构图时，我激动不已，民族自信心倍增、民族自豪感爆棚！《孙子》层次分明地阐述了竞争战略、战略管理的全过程，逻辑缜密、结构严谨，充满智慧，令人叹为观止。以后，还有谁再跟我说“中华文化缺少逻辑性”，我就把《孙子》往他面前一扔：哥们，我们的经典有逻辑，但中华优秀传统文化更喜欢散文，形散神不散。个中逻辑关系，读者自己去找。

二、航拍《孙子》逻辑架构图

《孙子》前六篇是理论研究，讲战略方针、战略部署，时空都在战前，偏重宏观；后七篇是实证分析，讲战术运用，侧重研究战时，偏重微观。

第一篇《计篇》讲计，国之大计：战略目标、战略方针。最后一篇《用间篇》也讲用计，是具体的计。一个讲大计，一个讲小计。一个讲宏观层面、整体战略，一个讲微观层面、具体战术。首尾呼应，非常漂亮。

《计篇第一》：战略筹划，分析对手，要不要打？怎么打？

《作战篇第二》：战前要做好准备，打仗就是打钱，要速战速决。这篇对中华民族的重大影响是：我们热爱和平，但是时刻准备打仗。

《谋攻篇第三》：最好是“不战而屈人之兵”。“上兵伐谋”，在对方起念时，就把其念头给灭了。

前三篇主要讲最好不战。但战争很复杂，有很多偶发因素。打不打？除我之外，还有重要的决定因素：敌人，他还想对我“不战而屈”呢！谋攻不成，必然用兵。我想谋攻全胜，但敌人不配合、不理睬我，怎么办？打！当然，也不是抓起枪就冲锋，而要在地图、沙盘前模拟演练，思考分析：既立足自己，也站在对手的角度，该怎么打？

《形篇第四》：怎么攻？怎么守？

《势篇第五》：怎样正面交锋？怎样出奇制胜？

《虚实篇第六》：怎样避实就虚？怎样掌控战场主动权？

第四、五、六篇主要讲该怎么战，但还没有真正打，尚处于战前演练状态。

接下来是全篇的分界线。鼓角震天、喊声动地，战争正式开始。

《军争篇第七》：什么是利、危？怎样夺取先机？

《九变篇第八》：在战场上怎样权变、机动灵活？

《行军篇第九》：怎样调集军队、部署兵力？怎样观察、分析敌情？

《地形篇第十》：分析各种物理地形。

《九地篇第十一》：分析各种战略地势。

《火攻篇第十二》：前面讲用火的注意事项、该怎么火攻，突然话锋一转，谆谆教诲：战争，很危险。

《用间篇第十三》：怎么样使用间谍？所以，孙子是中国乃至人类历史上信息战、间谍战的始祖。

第三节 《孙子》的思想构架

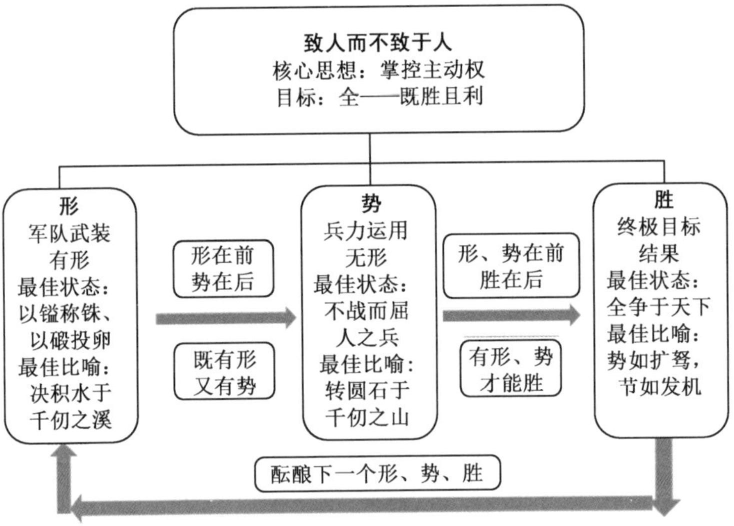

《孙子》思想架构图

《孙子》的核心思想是:“致人而不致于人”,掌控战争主动权。目标是“全”:既胜且利。支撑该核心思想的三个重要支柱是:“形、势、胜”,这是《孙子》的三条主线。

一、核心思想:“致人而不致于人”——掌控主动权

(一)电梯营销法

读书要越读越薄,我一直要求自己能用“电梯营销法”讲《孙子》。“电梯营销法”又称“30秒营销”。

王总是某家大公司的老总,我希望成为他的供应商,但影响力不够,我去找他,被门卫挡住,三个哲学问题就把我赶出来。我做了调研,得知王总在某大楼20层上班,早上七点会乘公共电梯。一天,我穿戴整齐地守在电梯口,王总进了电梯,我也跨进去,电梯从1楼到20楼约30秒,我要告诉他:我是谁?干什么的?对他有何帮助?如果30秒之内他被我吸引,我就有戏了;如果30秒到了,他还面无表情,电梯门一开,我就从他视线中消失。

有些人汇报工作,半小时过去了,领导都不清楚他想说什么。要加强这方面的训练,跟领导汇报工作、向客户介绍产品时,要在很短的时间——30秒左右,把重点表述清楚,用闪亮的观点吸引对方,富有冲击力,给对方留下好印象。

(二)用30秒讲《孙子》

《孙子》的核心思想是“致人而不致于人”,就是“掌控战场主动权”。战争,是主动权之争,是为国家争取外交主动权、军事主动权。最好不战,战之能胜!怎样掌控?立足“形、势、胜”三大支柱,“知彼知己、知天知地”原则贯穿始终。

战争目的不是置敌于死地,这是《孙子》的独特之处,别的兵法都讲怎样打,《孙子》则讲怎样最好不打,战争的最高境界是“不战而屈”;最好的谋略是“上兵伐谋”。敌人不会轻易退出历史舞台,该战还得战,而且战之

能胜。中华文化“以战止战”告诫要为和平而战。怎么战？“致人而不致于人”“形、势、胜”“全”。

竞争也是一样，尤其是商战，实质是市场主动权之争，而不是消灭对手。人生亦然，掌控主动，方成赢家。

二、三大支柱：“形、势、胜”

“形势”一词最早见于道家著作《文子》。日本人把《孙子》的“形、势”借用到他们的文化中，意思已变，我们再从日语翻译回来，又变了一次形。所以，今天的词语“形势”是出口转内销来的，不要和《孙子》的“形、势”混为一谈。

“形”，是军队武装。

人数多少？装备如何？这是有形的，看得见、摸得着的。“形”的最佳状态：“以镒称铢、以碫投卵”。1 镒等于 24 两，1 两等于 24 铢，“以镒称铢”，即 576 比 1，以绝对优势取胜，非常夸张。“以碫投卵”，用磨刀石砸鸡蛋，完美碾压。其核心思想是：避实击虚、以实击虚。孙子重视实力，不玩虚的，要求兵力足够强大。关于“形”，他用了一个很好的比喻：“决积水于千仞之溪”。

“势”，是兵力运用。

中国共产党小米加步枪的游击队打败了国民党飞机加大炮的 800 万大军，为什么？因为毛泽东同志用兵真如神！虽然人数、装备悬殊，但是毛泽东同志调兵遣将的能力比蒋介石强，会运势，这是无形的，看不到、摸不着的。有强大的军队不一定能胜，还要善于调兵遣将，把拥有的兵力效用最大化，这就是“势”，最佳状态是“不战而屈人之兵”。关于“势”，他打了一个很好的比方：“转圆石于千仞之山。”

“胜”，就是胜利。

抓住战机，既胜且利，聚形和运势是为了胜利。胜利非常重要，可以振奋士气、培养尊严。“胜”是结果，最佳状态是“全胜”“必以全争于天下”，形象的比喻是“势如扩弩，节如发机”。做好充分准备，等待机会来临，战机稍纵即逝，及时抓住，快速准确，居高临下，势如破竹，“善攻者，动于九天之上”。

三、思想架构的内在联系

总结《孙子》的思想架构，分析其内在联系：实现“致人而不致于人”的基础是“形、势、胜”。先有“形”后有“势”，先有“形、势”后有“胜”。“形、势”兼备，既要有“形”（积水，圆石），又要有“势”（千仞），缺一不可。没有“形、势”不能“胜”，有“形、势”未必“胜”。“形、势”是《孙子》的精髓。最后落实到“胜”。循环往复，与时俱进。休整、分析、总结，进入下一轮“形、势、胜”。螺旋式上升，波浪式发展，一步一步，最后夺取整场战役的胜利。

第四节 “形、势、胜”概览

“形、势、胜”是《孙子》中非常重要的关键字，是“致人而不致于人”的基础。多年来，我用工匠精神反复打磨、运用这三个字，分析人生的“形、势、胜”。

一、何为“形、势、胜”

(一)形

“形”，是军事实力、核心竞争力。《形篇》说：“胜者之战民也，若决积水于千仞之溪者，形也。”

高山顶上，一条小溪潺潺流动，越过山崖，跳入潭中，形成一道美丽的风景：瀑布。姑娘们在瀑布前摆拍，到潭水中嬉戏。如果把瀑布口堵住，慢慢在山顶上形成巨大的堰塞湖，再打开缺口，结果山洪暴发，摧枯拉朽，千斤之石像树叶一样飘起。

《孙子》用词讲究、精准。在古汉语中，“人”，是指领导人；“民”，是指老百姓。和今天的“人民”意思不一样，“战民”，是指能打胜仗的士兵。

注意关键词:“积水”,要有储备,要有蓄水,如果积水很少,打开缺口,形成不了洪水。军队也是一样,战前要勤学苦练、积累实力,否则,即使遇到机会也徒唤奈何。“形”是军队实力,在战争中非常重要,打硬仗要有训练有素的士兵、实实在在的军形。

抗日战争结束,中国共产党只用三年时间就把国民党打垮。除了国民党腐败、不得人心以外,还有一个重要原因:抗战期间,中国共产党打造了一支训练有素的百万大军,这就是“积”。当冲锋号吹响,这支部队冲出陕北,冲向全国,这就是“形”。

(二)势

“势”,就是把“形”效用最大化,把拥有的兵力发挥到极致,最大化核心竞争力。

《势篇》说:“善战人之势,如转圆石于千仞之山者,势也。”“战人”,指善于作战的指挥官;“转圆石”“千仞”,比喻把握环境,把军队的实力最大化发挥。

人生中,平台很重要,当找到了一个好位置、合适的环境,就会发展得很好,效用就会最大化。当所处的环境、位置、舞台和能力不匹配,就会感觉很憋屈,时间一长,核心竞争力甚至会被废掉。所以,努力寻找一个合适的用武之地,把自己的能力、技术发挥到极致,是人生永恒的话题。

人尽其才,物尽其用。讲个《庄子》中的故事:防冻之药的效用最大化。

南方冬天湿冷,漂染店大多关门停业,因为手会开裂,几乎没法干活。但有家店却干得热火朝天,因为他家有一种祖传秘方——防冻膏,涂手不开裂。有人出价100两黄金要买下配方。全家人用现金流折现分析法算了一笔账:仅靠冬天多染几件衣服,几辈子也赚不到100两黄金。于是,双方拍板成交。这人马上将防冻秘方献给国王。正中下怀!为什么冬不用兵?士兵手开裂,武器握不住,战斗力大减。一个冬天,国王命令士兵把药涂到手上,向敌进攻,大获全胜。国王给他封官进爵,赏良田万亩。

如果那人拿着防冻药再去做漂染生意,这笔交易就亏大了,几辈子也赚不回本。他把药送给国王，换个领域，用到军事上，军队打了大胜仗，创造了巨大收益。人的能力就像这药，用在不同地方，效果大不一样。这就是“势”。

（三）胜

中华传统文化中，兵家重胜、儒家重有、道家重无、佛家重空。胜利是战争的核心诉求，《孙子》中最多的实词是“胜”，共计使用 84 次。

谈到胜利，人们常犯一个错误：重心放在“胜”。可把胜利简称为“胜”，心中一定不忘“利”。“胜”是手段，“利”是目的，既胜且利，缺一不可。追求胜利，重心在利。为了利，大胜可以小胜，小胜可以不胜。战争中容易“胜而不利”。唐代贾林说：“战虽胜人，久则无利。”虽然战胜敌人，如不速战速决，就会劳军伤财，胜而无利。生活中容易“胜而不利”，争强好胜，得理不饶人，结果，赢了官司输了钱。

谈到失败，人们常将其简称为“败”。“败”是现象，“失”是结果。虽然是败，损失不大，不必害怕。生活中没有弯路，只有风景，就是“败而不失”。为夺取更大的胜利，甚至可以佯败。

胜而不利，胜有何用？败而不失，败又何妨？

二、生动讲解“形、势、胜”

（一）“汤氏石头”

“形”，就像一块石头；“势”，把这块石头慢慢搬到山顶；“胜”，当敌走近，突然推石，击中敌人。想起《孙子》，请记起“形、势、胜”，请联想这块石头，就都通了。

不要小看这块石头！我可是琢磨了十几年才想到，这不是一块普通的石头，而是逻辑性、关联性很强的石头，朋友调侃说，这是“汤氏石头”。

“形”，石头必须又大又圆，一片树叶、一根鹅毛从山顶飘下砸不死敌人。

“势”，石头在地面、无落差，再大再圆也没用，要搬到山顶。而且，目标要正确，要找对敌人经过的那座山，辛苦把石头搬到山上，突然发现，敌人不来，岂不白干？

“胜”，就算敌人从山脚下走过，还不一定管用：敌人还没来就推、已经过去才推都是白干，只有当敌走进打击范围，没有防备，推石才行。所以，胜的关键是战机！

人生亦然，时机未到，何以取胜？

(二)用物理学诠释“形、势、胜”

许多事物都是相互关联、相通的，“形、势、胜”贯穿生活中许多现象，我从物理、人生、学术、市场等角度诠释“形、势、胜”。首先，从物理公式分析。

重量公式：$w=mg$，w 代表重量；g 代表重力加速度，这是常量；m 代表物体的质量，这是关键参数，石头要又大又圆。w 就是“形”。

势能公式：$E=mgh$，E 代表势能；h 代表落差。m 与 h 只要其中一个为 0，E 就等于 0。树叶、鹅毛，m 约为 0；地面上的石头，h 等于 0，E 就都等于 0，都不对敌人构成威胁。h 就是“势”。

动量守恒公式：$ft=mv$，f 代表冲力，m 代表运动物体的质量，v 代表运动物体的速度，t 代表物体冲击的时间。举例说明，打篮球时，队友把球投来，手不能直直地迎上去接，这样很危险！球速很快，冲力很大，手会受伤。手触球刹那，要顺球后退，这就是“缓冲”。公式变形为：$f=mv/t$。mv 恒定，t 越大，f 越小；t 越小，f 越大。球与手接触时间 t 越长，球对手的冲力 f 越小，伤害越少。击敌时正好相反，尽量让时间 t 很小，使打击力 f 很大。t 叫战机，不给敌人准备时间、喘息机会，石头突然从天而降，敌人躲避不及，就被击中了，《孙子》说：“攻其无备，出其不意”，就“胜”了。

三、“形、势、胜”无处不在

(一)人生的“形、势、胜”

人生的“形”就是积累能力、积蓄实力，这叫“智”。

人生在世，要有专业技术、核心能力。要开天辟地，手上必须有横扫天下的宝剑；要闯荡江湖，必须有功夫、绝技等实力，这就是“形”“智”。

光有才华、能力、“智”还不够。“千里马常有”，高手在民间，有能力的人很多，“怀才不遇”“英雄无用武之地”的现象比比皆是。还要寻找到平台与智慧完美对接，才可以最大化核心竞争力。《易经》说：“圣人之大宝曰位。”位，非常重要！圣人已经很厉害、很有“形”了，但他仍然需要位，位对他来说都是“大宝”，何况普通人？要找到适合自己的舞台，这就是“势”，就是“位”。

一个人先要提高德行、训练能力。接下来，要赚钱，拥有财富；要上进，获取权力。“有钱有势，有权有势”，有了钱、权，才能扩大德行的影响，让能力最大化发挥。我一直呼吁：要让德才兼备者升官发财！当权力和财富掌握在仁德者手上，就会形成盛世；如果被无德者控制，容易出现乱世。所以，身处盛世我们要感恩，身处乱世我们有责任。

《尉缭子》记载：姜太公七十多岁还为生计奔波，在国都朝歌做屠夫，在渡口孟津卖盒饭，找过七十多份工作，干着干着就被辞退，老板都说他太狂妄。等到八十岁遇文王，终于找到好平台，有了“位”，“则提三万之众，一战而天下定”，统率三万人马一举战胜纣王几十万大军。“良马有策，远道可致；贤士有合，大道可明。”良马有了优秀骑手，道路遥远也可抵达；贤士遇到最佳平台，治世大道就很光明。

有了“智”“位”还不够！有识之士的最终目标是贡献社会，有志者的重要使命常常是“立”。中华文化有著名的“三立”。《左传》说：“太上，有立德；其次，有立功；其次，有立言。虽久不废，此之谓不朽。”立德、立功、立言，可以长存，能够不朽。这就是人生大“胜”。

“三立”按重要度排序：立德最重要、立功次重要、立言又次之。首先，要有良好的德行，这是根本；其次，对社会有重大贡献；最后，名言警句、理论体系能流传千古、青史留名。“三立”按难度排序：立言最难、立功次难、立德又次之。独善其身，自己能搞定，相对容易；建功立业要与外界发生联系，要有平台、机遇，不确定因素很多；纵观中华五千年，有几人的言论能留下来？更别说流传。名垂青史更难，这是人生大幸！能做到立德、立功就已是了不起的人生赢家了！

(二)学术等领域的“形、势、胜”

在学术领域要有研究能力，能出成果；要有表达能力，能讲好课，这叫“形”。还要有学术地位，这是“势”。如果一位名人对你说：“要做好人啊！”你是他的铁粉，一定会很激动，会自豪地在朋友圈分享：“我的偶像谆谆教诲我：要做好人！”因为他有影响力、有“位”。普通人对你说：“要做好人啊！”你会嗤之以鼻：常识。现在做老师难啊！必须有较强的学术能力、表达能力甚至表演能力，否则怎么吸引学生？五分钟内没提起他们的兴趣，头就低下一片，看电脑、手机了。所以，要不断刻苦钻研，潜心做好学问，甘心坐冷板凳；同时，要努力提高学术地位。不要投机取巧找捷径，拿片树叶到山顶，虽然轻松，可以很快，但没有分量，效果不佳。先找块大石头，再慢慢搬上山顶。

学术研究要对社会有贡献，理论、思想要有影响、能传承，这就是“胜”。朋友曾批评我：“讲课多年，又受欢迎，为何迟迟不出书？”我有一个梦想，希望能写一本有影响力的书。如果辛辛苦苦写的书没人看，好不容易发篇文章，结果只有两个半人读——自己、编辑和妈妈，妈妈也仅因为文章有孩子的名字才珍藏起来，多浪费啊！十几年来，我一直在磨这把剑，上海财经大学百年校庆之时，我才忐忑不安献出这本书，我还要继续打磨。我要用通俗易懂的语言传播优秀、高深的中华文化，我每次演讲前都认真准备，希望人们在开心之余能学习、感悟到中华优秀文化的精髓。学者辛苦研究出来的东西要对社会有所帮助，不以发文章、评职称作为终极目标。

市场营销也一样。产品、服务要为消费者解决问题，性价比高，这叫“形”；“酒香不怕巷子深”的时代早已过去，现在，顾客选择多，不仅产品要好，还要会营销，这叫“势”；产品要对社会有益，也要合法盈利，这叫“胜”。销量越大，亏损越多，就无法持续。

其他领域也类似：“形”，要有核心能力；“势”，充分运用好能力；“胜”，抓住机遇，实现目标。

以上是《孙子》的逻辑架构、思想架构、轮廓性介绍，这就是高空俯瞰。

下篇

低空盘旋

第一章

“聚形”

第一节　人生“聚形”之“积”

“聚形”的第一个要点是：“积”。勤学苦练，积累实力。要有“能力”，苦练聪明。孙子非常重视实力的打造。开篇即谈“五事”“七计”，比较敌我双方实力情况。“决积水于千仞之溪”要求实力积累，“以镒称铢”“以碫投卵”都强调实力致胜。

一、尽力、努力、潜力

人的聪明才智有两种主要来源：第一种，从小聪慧、少年天才。就像佛经上说释迦牟尼，一出生就一手指天、一手指地说：“天上天下，唯我独尊。”这种人极少。第二种，勤学苦练，大器晚成。常言道：“要想人前显贵，必先人后受罪”，这是聪明才智的主要来源，也是我的研究重点。下面，我分享三个概念。

尽力。当有人说：“我尽力而为”，他通常只会用到能力的70％左右，能挑100斤，挑70斤左右最舒服，超过就会不适，有压力感，就会觉得“尽力”了。

努力，竭尽全力，才会接近他百分之百的能力。

潜力，自己拥有但没有发现的能力。人有许多潜力，却可能一辈子都不知道，非常可惜。怎样才能发现并挖掘潜力？参与竞争是一种很好的方式。跑马拉松，参赛的成绩会比单独跑好。竞技比赛中，第一名的好成绩常常是第二名“逼”出来的。

“末位淘汰”是挖掘团队潜力的良好机制。某长跑运动队异军突起，在国际赛事上连连拿大奖。记者探营，发现秘密：总教练的宠物。宠物大多是猫狗之类，而这哥们养了一条狼；人们遛狗都会牵狗链子，可他遛狼从不牵狼链子。每天早上队员们进行体能训练，他就和狼一起跟在后面跑。通常，队员跑不动了，教练再怎么催都没用，脚步会自然而然慢下来：“我筋疲力尽了”。现在，教练什么都不用说，只和一条狼在后面跑，队员什么感觉？心里发毛，争先恐后，速度都起来了，体能大幅提高。

二、大胜，靠敌人

（一）人生无阻力

人生无阻力，要有化阻力为动力的智慧，这是“聚形”的秘诀、成功的法宝。

我的一位好友喜欢玩帆船，他说：“玩帆船很有意思，一帆风顺很开心，风呼呼地就把船吹到目的地。其实，逆风也很好，只要调整好帆叶的角度，逆风也可变成前进的动力。玩帆船最没劲的就是：没风！船一动也不动。”

人生亦然，要感谢我们的贵人、恩人！他们帮助我们成长、引领我们前进，让我们顺风顺水；也要感谢小人，甚至敌人！他们促使我们成长、逼迫我们前进，让我们逆势上扬。人生最可悲的是：既没有贵人、恩人，也没有小人、敌人——人们把我当空气。

小胜，靠小人；大胜，靠敌人！对手的层次以及怎样看待对手，决定我们的格局。

诸葛亮三气周瑜，把他给气死了。诸葛亮祭奠周瑜，在其灵前痛哭，人们说他猫哭耗子，我认为他是真哭：英雄相惜！诸葛亮的大智慧必须与周瑜这类高手过招才能充分体现出来。

老和小人纠缠，说明自己段位太低。要与高手博弈，华山论剑，不断进步，乐在其中。完美碾压对手，会有成就感吗？旗鼓相当，得胜弥足珍贵；以弱胜强，那是创造奇迹。征途越艰辛，成功越巨大；对手越高明，胜利越伟大。让艰难成就自己，让高手帮助自己，是“聚形”的重要途径。

（二）诸葛亮与司马懿成就彼此

说到“空城计”，大家都认为：司马懿兵临城下，城门大开，诸葛亮坐在城楼上弹琴，司马懿在城楼下立了很久，想想不敢进，吓跑了。

司马懿真是吓跑的吗？他为什么站那么久？他在干什么？他在听诸葛亮“乱弹琴”。琴声只有他能懂，这是高峰对话、高手之间的交流，有着常人无法破译的密码。我用个短“剧本”来诠释一下他们当时“心有灵犀”的“交流”。

亮：仲达好！欢迎光临西城。请进！

懿：孔明好！我怎么能轻易进来？有伏兵吗？

亮：先别管有没有伏兵，我用博弈论“占优策略理论”分析你该不该进来。

懿：愿闻其详。

亮：不进来，如果有伏兵，我白埋伏，我们平了；不进来，如果没伏兵，相安无事，我们也平了。你进来，如果有伏兵，中我埋伏，你输了；你进来，如果没伏兵，把我抓了，你也输了。所以，“不进来”是你的“占优策略”。

懿：有道理！不过，为什么把你抓了，我也输了？

亮：仲达，你的价值何在？就是因为有我这个强敌存在啊！想想看，要打仗，曹家才把兵权给你；仗打完，马上就把兵权收回，每次都这样，是不是？

懿：是的。曹家既要用我又不放心。曹操说我“有雄豪之志，狼顾之相”，一直防着我。曹丕将儿子曹睿托付给曹真和我，曹真的权力比我大多了，我老受他们的气。最可恨的是，曹丕啊曹丕，要走就痛痛快快地走呗！临终前还死死地盯着我，突然问：“知道我为什么一直不给你兵权吗？”“臣不知。”“如果你有了兵权，谁还能制你？”多让人心寒啊！还是你好！老刘家对你还挺信任。

亮：信任是信任，但套路也很深！先主刘备临终前哭着对我说：“你的才能是曹丕的十倍，一定能成就大业。我家阿斗值得辅佐就请你帮帮忙，实在扶不起你就取而代之吧！”话都说到这个份上，无论我怎么做，都在这哥们的套路里，我只有“鞠躬尽瘁，死而后已”。

懿：是的，我们这些职业经理人不容易啊！

亮：所以，我出兵伐魏也是让你价值最大化。

懿：你这就说得太高大上了吧？难道你是因为“学雷锋，做好事”，才来和我打仗？

亮：也不尽然。蜀国很复杂，本土势力和外来势力斗争激烈，刘备也是有意让这两股力量相互牵制，他坐收渔翁之利，托孤时，他把刘禅不仅托给我，还托给了本土势力代表人物李严，用意不是很明显吗？我只有带兵北伐才能统一思想，才能使竞争外化、缓解矛盾，否则，时间一长，蜀国就内乱了。

懿：说一千道一万，撤军是“占优策略”。不过，我还得找个借口，不让人看出破绽。

这时，司马昭在一旁早已按捺不住：“老爸，我们派一支小分队冲进去，探探虚实。”诸葛与司马的高峰对话差点被这小子捅破了窗户纸，司马懿马上厉声喝住：“放肆！诸葛亮那么谨慎，怎么可能冒这种险？怎么可能没伏兵？为什么要让小分队送死？”司马懿怕久生变故，当即命令：撤！后来得知那的确是座空城，司马懿故意连连跺脚、仰天长叹：诸葛亮太狡猾了！

卧龙、冢虎相斗，表演精彩绝伦。高手之间的巅峰对决，常人难以读懂。我仿佛听到司马懿对诸葛亮说:“你赢,是因为我想让你赢。”我猜,司马懿得知诸葛亮的死讯,一定哭了。当然,他不敢在公开场合哭,更不能到诸葛亮灵前哭,他一定是独自站在五丈原,在萧瑟的秋风中放声悲号。他每每想起诸葛亮,就想起他们之间的“乱弹琴”,就“长使英雄泪满襟”。唇亡齿寒,英雄之争,惺惺相惜。

三、发愤

“奋”“愤”读音相同,“发奋”“发愤”两词常用,有何区别?“发奋”是正常情况下的一种奋斗行为,“发愤”是竞争状态下的一种拼搏行为,“发愤”比“发奋”努力度更强、效果也更好。

(一)哀兵必胜

有一种“愤”是对敌愤怒。《道德经》说:“抗兵相若,哀者胜。”两支队伍交战,悲愤的那支更容易取胜,也叫“哀兵必胜”。《司马法》说:“不加丧,不因凶。”不趁对手举办丧事之时发起进攻、不在敌国正处灾荒之时发动战争。“爱其民”“兵礼”是堂而皇之的理由,真实原因是不激怒对方,不让敌悲愤。战国时期,燕国围攻齐国即墨,田单率军民严防死守,燕国大军久攻不下。后来,田单通过间谍假传一个消息,让燕将深信不疑:“知道即墨城为什么久攻不下吗?那是因为有城外祖宗保佑。”燕军果然中计,挖掘齐人的祖坟,焚烧先人的尸骨。即墨官兵站在城墙上望着滚滚浓烟,悲愤不已,要与敌拼命。田单一看时机成熟,突然打开城门,齐军蜂拥而出,以一当十,大败燕军。这就是历史上著名的以少胜多战例:田单五千将士守即墨。所用策略就是:哀兵必胜。

(二)棍棒下面出孝子

还有一种“愤”是懊恼、对己愤怒,处理得当可发挥巨大潜能。

中华文化有“棍棒下面出孝子”之说,“棍棒”是手段,让孩子记忆深刻,“出孝子”才是目的。以前,打孩子是一门艺术,有仪式感。处罚犯错孩子,先要把其他孩子全都叫上,孩子跪在堂前,自诉犯错经历、犯何家规，根据错误程度和认错态度，家长当场决定打多少板，还大喝一声："家法伺候！"挨打者心服口服，围观者深受教育。不像有些家长，一言不合就一巴掌。有人在外受了委屈，甚至打牌输了钱，还把气撒在孩子身上，这叫"家暴"。现在多数家庭是独生子女，没人围观，仪式感差，更关键的是许多家庭缺少家规、家训。没有标准要赶紧建立，否则，孩子挨打心里不服，棍棒相加效果不佳。

处罚孩子重在让他反思。我小时候调皮犯事，最怕爸爸那句："我会好好收拾你！"挨打不可怕，也就痛一下，难熬的是等待挨打。有一次爸爸很忙，丢下这话来不及处理，我等啊等，很晚都不敢睡，急死了，我就不断梳理反省自己的所作所为。

家法严于国法，比如"坐有坐相，站有站相"等言行规范。我爸有句口头禅："小时不在家里打，长大就被社会打。"一些叛逆、常挨打的孩子，长大后发现严格的家教对自己很有帮助，意识到父母的良苦用心，会很孝顺。尤其醒悟晚、想报答父母时，"树欲静而风不止，子欲养而亲不待"，他们会加倍努力，以报双亲在天之灵。这就是"浪子回头金不换"，是另一种"聚形"，对人生有重要促进作用。

（三）化悲痛为力量

我 1998 年闯上海，漂泊三年后，机缘巧合来到上海国家会计学院。我很喜欢这所学校、热爱这份事业，几乎奉献了全部精力，在行政岗位上也曾顺风顺水。但我有个梦想：做一个优秀的大学老师。在高校如果没有博士学位，连上讲台的资格都没有。有一次，争强好胜的我当众桌子一拍："我，一定要考博士！"这一拍麻烦了，我必须越过三座大山。

第一座大山是学校关。一位长者很心疼我，对我说："考太好的学校很辛苦，难进难出，考个一般的学校吧。"但是，我坚持要考名校。为什么？等我好不容易拿到博士学位，人家嘴角一撇：这么烂的学校。我岂不是又很郁闷？我的目标是考上海财经大学。上海财经大学考题很难，有些经济类科目比顶级大学的还难。

第二座大山是对手关。我是六零后，竞争对手都是七零后、八零后。有些哥们比我小二十多岁，平常叫我“汤叔叔”，我一次次从汤叔叔变成汤师弟。好学校的对手实力强劲且众多，十几个人争夺一个名额，有时辛辛苦苦考了 90 分都没用，第一名考 91 分。对不起，重来。

第三座大山是工作关。我热爱我的事业，不愿辞职读博，在职学习难度更大。当时，我服务的学位项目学员层次非常高，项目在国内外影响很大，其中，EMBA 项目曾在英国《金融时报》排名中跻身全球二十强。我负责招生、培养和校友服务，任务繁重。学员们很热情，经常搞活动，我有时一晚连赶三场，回到家倒头就想睡觉。这种状况怎么考博啊？遭受多次挫折，人就容易放弃。我找了个借口，想“优雅”地放弃：不读博士了吧！我已经可以了，在有钱人里面我是有文化的，在文化人里面我是有钱的。

后来，一个事件改变了我。我的父亲年事已高，不愿留在上海，一直待在老家。他一生病我就赶回去，看到小儿子很开心，病就好多了，每次都是如此。平常道别，我们就是相互挥挥手。最后一次临别，我突然下意识地跪在他的面前。他说：“我们父子一场是缘分，我很感恩。儿子呀，我很舍不得你，但是，天下没有不散的宴席，赶紧回去吧。守着父母是孝顺，光宗耀祖是大孝，好好工作、好好考博，如果考上，家祭无忘告乃翁。”我泪如雨下，长跪不起。回到上海二十天不到，老家来电：爸爸去世了。我是一个不孝之子，没能为爸爸送终！我非常自责：爸爸那么希望我成为博士，如果临终前看到我的录取通知书，该多好啊！

夜深人静，复习迎考，困得眼皮都粘在一起、想打退堂鼓的时候，我把父亲的照片放在书桌前，我凝视着他，他慈祥地看着我，我的眼泪哗啦哗啦直流。我冲进卫生间，洗把脸，擦干泪，重新坐下读书。我考了四年才考进上海财经大学，我又咬紧牙关、锲而不舍奋斗了三年，终于在 46 岁“高龄”时，成为汤博士！

哀兵必胜！化悲痛为力量，将战无不胜，攻无不克！

四、运气后面不为人知的秘密

“聚形”之“积”还有一个重要智慧：做好充分准备，力争战时达到《孙子》中“以镒称铢、以碫投卵”的效果。

有些人常把“人微言轻”挂在嘴边，为自己不好好干、不好好说找到一个看似合情合理的借口：我干得好有什么用？领导看不见；讲得好有什么用？又没人听。“人微”不是我的错，每个伟人都是从胚胎长大，每棵大树都由小苗长成，这个过程谁都无法跳跃，但“言轻”就是我的责任。

分享一位校友“运气”的故事。一天，某省委常委、宣传部部长到某县视察，省、市、县各级领导出席座谈会。巧的是，那天县委宣传部部长重病请假，就由身为副部长的她代为汇报，一个副科级干部当然坐在最后。主持人说：“请县委宣传部发言，时间三分钟。”她用“电梯营销法”，一分钟不到，发言就吸引了省委领导，领导说：“这位小同志讲得很好，来，坐到前面说。”她又讲了两分钟。领导连声说：“非常好！”并侧身对当地领导说：“这样的年轻人要重用啊！”不久，她就被提拔了。她一步一个脚印，官升至省部级。当地百姓津津乐道这事时，共同的感慨是：“这姐们运气真好啊！如果那天部长没病，就没她什么事了。”她仅仅是靠运气吗？如果不是对工作了解透彻，没有精湛的表达技巧，机会到来也徒唤奈何。

平常加强训练，即使时机没到，也要做好准备，一旦机会降临，成功非你莫属。

第二节　人生“聚形”之“隐”

“聚形”的第二个要点是“隐”，谦虚谦让，隐藏实力。要有“智慧”，管理聪明。

孙子非常重视隐藏实力，“善守者，敌不知其所攻”谈为何要隐，“善守者，藏于九地之下”讲该怎么隐。

一、隐的智慧

（一）“国之利器不可以示人”

小汤问，《道德经》说：“国之利器不可以示人。”但是，展示尖端武器，可以震慑敌人，不战而胜呀？

向敌人秀肌肉的前提是非常时期，警告他们。就像“永乐大阅兵”，明成祖朱棣举办十万人的大阅兵，持续一个月，各国使节600多人受邀全程参加，备受震撼。尤其是帖木儿国，一度对明王朝虎视眈眈，阅兵过程中，其使者前倨后恭，俯首称臣。

老子则是站在更高角度，讲求低调、平和，尤其是在和平年代，不乱秀实力，要“隐”。为什么中国这四十年持续高速发展？中国改革开放正赶上全球化浪潮，中国是主要的参与者和受益者。还有强大的美国不断遏制我们，“激励”我们前进。

纵使战争时期，大部分情况下也要藏。《孙子》多次强调“无形”，不能暴露军事实力，兵力部署、调配是战争的最高机密。

做人也一样，招摇过市，让人不屑！老子谆谆教诲：“生而不有，为而不恃，长而不宰。”生成万物不据为己有，成就万物不自恃其能，长养万物不随意干涉。他还告诫我们：“功成而不居”，不要居功自傲！有能力，不炫耀，要“隐”。

（二）聪明反被聪明误

“积”，体现实力；“隐”，体现智慧。有实力，叫打造聪明；有智慧，叫管理聪明。

聪明好不好？当然好！不过，苏东坡有一句话让很多家长哭晕在厕所：“人皆养子望聪明，我被聪明误一生。”苏东坡太聪明，但没管理好，致使人生坎坷。刀，可以切菜剁肉，也会伤人伤己；火，可以取暖煮饭，但会引火烧身。太聪明的人如果不能“隐”，管理不好聪明，“聪明反被聪明误”，可能会“误一生”，甚至连命都“误”掉。“机关算尽太聪明，反误了卿卿性命”,《红楼梦》中王熙凤太过聪明,结局很惨。

《列子》说:“察见渊鱼者不祥,智料隐匿者有殃。”视力很好可看到深渊之鱼,耗精伤神,不祥;过于聪明能参透重大秘密,易被灭口,遭殃。万一视力好、太聪明怎么办?不看、装傻,“隐”。

(三)不懂“隐”的杨修

杨修就是聪明死了!曹操在门上写个“活”,他马上下令把门修宽一点;曹操在酥上竖写“一合酥”,其他人以为领导误写“盒”为“合”,他看到,马上和随从一人一口把酥吃了。杨修最后死于“鸡肋”事件,曹操勃然大怒,说他扰乱军心。杨修为何被杀?小汤答:“卖弄呗!”

卖弄就杀?曹操豁达大气,高参众多,个个聪明,性格迥异。谋士许攸居然直呼他的小名“阿瞒”,他也只是呵呵一笑。卖弄小聪明,猜出“阔”和“一人一口”,破译“食之无味,弃之可惜”密码,罪不至死。杨修最严重的毛病是:知道领导秘密,还说出来。

有一次,曹操睡觉时被子掉下来,卫士给他盖被子,曹操为了让众人知道他睡觉时是警醒的,以震慑暗杀,翻身拔剑就把卫士砍了,然后又睡,醒来时故作惊讶:“谁杀了我的卫士?”“主公睡着了杀的。”曹操假惺惺地大哭:“我那是做梦啊!”大家惊叹主公梦中杀人,只有杨修清楚曹操装睡,给那人吊丧时还说:“主公没睡,是你在睡!”想想看,人家在台上演戏,某人老大声剧透,这戏还怎么演?

看破不说破,看清领导的小九九,说出来,没修养,这很危险!

杨修致命的是参与了曹氏集团王位之争。曹操很犹豫:长子曹丕、很聪明的儿子曹植,到底让谁接班?得知杨修是曹植的谋士,曹操痛下杀手!他知道,杨修那“剧透”病、嘚瑟劲,会把曹家王朝弄得天翻地覆。如果曹丕上位,杨修会帮助曹植夺取政权,即使不夺,也会鸡犬不宁;如果曹植上位,天下可能就成了杨家王朝,即使不会,以杨修的性格,一定到处宣扬:某某大事是我定的,某某报告是我写的,领导还怎么玩?

二、“女子无才便是德”

(一)有人选择性遗忘

千百年来,“女子无才便是德”被误读为:女子没有才华就是最好的德行。其实,这话还有重要的上句:“丈夫有德即为才”,那才是关键。中华文化重“德”,德最重要,不易培养,非常复杂,甚至涉及原生家庭;“才”,可慢慢训练。司马光《资治通鉴》对此有精辟论述。有德有才叫“圣人”,非常难得、稀缺。领导身边有德才兼备者,那是上天的礼物,一定要珍惜、用好,否则就是暴殄天物。有德无才叫“君子”,无德无才叫“愚人”,无德有才叫“小人”。先用君子,无奈要在愚人、小人中选,两害相权取其轻:宁用愚人。无德有才比无德无才对社会伤害更大:流氓不可怕,就怕流氓有文化。

中华文化讲究工整、对仗,有了上句就要下句。讲了丈夫要讲女子,下句才是:“女子无才便是德。”有些人选择性记忆,故意把上句忘了,造成很坏的后果:大家只知道下句。还把其中一个字严重误读:把“无”理解成“没有”。

(二)“无”不能理解成“没有”

对“无”字的认识,我也曾有很多困惑,经过很长时间才领悟其真意。“无”理解成“没有”,有些地方就会不通。

一个困惑就是老子的“无为”。“无”,如果解释成:不、没有,“无为”,就理解成:不为、没有为,这显然不对。很多懒人以此为借口,游手好闲,还振振有词:无为。

另一个困惑也出自《道德经》:“吾所以有大患者,为吾有身,及吾无身,吾有何患?”字面翻译:我之所以有大的病痛、祸患,是因为我有身体,一旦没有身体,那些大病大灾附在何处?我还有什么好怕的?这在逻辑上说得通:病痛、灾患,都是要附着在身体某个部位,皮囊没了,病痛、灾祸就无处可附;但在情理上说不通:我身体都没有了,还玩什么玩?这样翻译、理解，总觉得有点不顺。

还有一个困惑出自《孙子》的“无形、无声”。“形兵之极，至于无形”，字面上翻译：调度军队的极致是让军队无影无踪。在逻辑上说得通：军队无影无踪，就可随时随地袭击敌人；但在情理上说不通：雁过留声，何况一支部队？怎么可能做到“无形、无声”？难道 2 500 多年前孙子就发明了“隐身服”，让士兵们都穿上？

有一天，我读《心经》的“无眼耳鼻舌身意，无色声香味触法”，读着读着顿悟了、打通了。“无”如作“没有”解，就会不顺，让人莫名。我没有眼睛、耳朵、鼻子、舌头、身子、意识；没有颜色、声音、香气、味道、触觉、景象。“无”理解为“不被……所困”，整个句子就通了：不要被眼睛所困，不要执迷于“眼见为实”“有图有真相”，我看到的不一定是事实，眼前的图像可能是假象；不要被耳朵所困，我听到的未必就是真相；不要被鼻子、舌头、身体、意识所困，道理是一样的。

我豁然开朗，再回来翻译老子的“无为”，就柳暗花明、顺理成章：无为，是不被“为”所困。为欲而为，为“为”而为，会酿成大错。“及吾无身，吾有何患？”翻译为：“我之所以有各种灾难、祸害，是因为身体及其产生的欲望所致，一旦我不被其所困，何来灾祸？”这样理解是不是更通畅、更合情合理？

“无形、无声”也不是无影无踪、毫无声响，而是不让敌人发现我的踪影、听到我的动静。

(三)“女子无才便是德”正解

再来看“女子无才便是德”就明白了。“无才”不是“没有才”，而是“不为才所困”。女子很有才，比丈夫还有才，但看起来好像没才，默默地站在台后鼓励他、支持他，把舞台让给他，为他鼓掌、欢呼。这样，丈夫在台上表演就会很激动，会付出全部力量。男子汉的担当和激情就会喷薄而出，人类的资源效用就会最大化地发挥。妻子是导演，丈夫是演员，就算他演技不尽如人意，你也不能一把将他扯开：“下去！我来。”有些角色女子无法扮演，比如男一号。妻子是教科书、学校，丈夫是学生，不能因为他学习差就把他赶开：“出去！我来读。”妻子能做的只是培养、教育。

能否找到好演员、好学生，常常靠缘分；能否培养出好演员、好学生，主要看双方的努力。“无才女子”就是一个好导演、一本好教科书、一所好学校。

所以，“女子无才便是德”是对女性伟大的褒奖，是赞扬女性的“坤德”：大地母亲的情怀！大地养育万物，从不到处炫耀；母亲无私奉献，不向儿女索还，这就是伟大的母爱！这就是伟大的坤德！

我对女儿小汤说，如果有谁在你面前故意说：“女子无才便是德”，你不要争辩，起身，向他鞠躬、致谢：过奖，过奖！

(四)长孙皇后，没有留下名字的伟大女性

1. 幕后导演

李世民和长孙皇后是一对恩爱夫妻。长孙氏十三岁嫁给李世民，她长相、智慧、家教、背景一应俱全，虽比李世民小三岁，却无微不至地照顾他。在爱妻面前，李世民简直就像个大孩子，对她非常依恋。李世民在外英猛、果敢，一回到她身边，大事小事都问她，她对李世民坐江山贡献巨大。

李渊犹豫不决，长子李建成和二儿李世民矛盾日益加深。李世民处境非常凶险：李世民在前方浴血奋战，建成在后宫煽风点火，李渊与李世民日渐疏远。长孙氏在后宫穿梭外交，为李世民从成长壮大到绝地反击赢得了宝贵的时间。她对公公非常孝顺，弥补了父子嫌隙；她和妯娌关系很好，缓和了兄弟矛盾；她团结嫔妃，深居后宫，却消息灵通，对李建成、李元吉的动静一清二楚，收集了许多有价值的情报，真正做到“知彼”。

说起李世民“玄武门之变”的快、准、狠，人们常想到“房谋杜断”。房玄龄、杜如晦固然功不可没，其实，还有一个幕后英雄：长孙氏。我演绎一下当时的场景。

对手磨刀霍霍，李世民很纠结是否要反击，毕竟是亲兄弟，于心不忍，

对历史也无法交代。一天，李世民沮丧地说：“在外和敌人斗，回来和兄弟斗，太累了！不想斗了！”

长孙氏问：“然后呢？”李世民答：“我带兵驻守边疆，远离他们。”

长孙氏问：“然后呢？”李世民答：“然后，大哥就继位了。”

长孙氏问：“然后呢？”李世民答：“然后，他就会征讨我。”

长孙氏问：“然后呢？”李世民答：“然后，我和太子的斗争就变成与皇帝的斗争。”

长孙氏问：“然后呢？”李世民答：“然后……，就没有然后了。”

李世民如梦初醒，茅塞顿开：早动手叫事变，晚动手叫谋反。当即决定：行动！

长孙氏自始至终没说“杀”字，她用启发式教育，一直问：“然后呢？”让李世民自己做 SWOT 分析，自己得出结论。

玄武门事变真相扑朔迷离、褒贬不一。李世民做到了乱朝廷不乱天下，避免了生灵涂炭、流离失所，得到后世一致肯定。长孙氏功不可没。

2. 慎重处事

虽说斗来斗去是他们李家的事，但李世民要鼓舞士气，顺利接管李建成、李元吉的部队，则非易事。军心不稳，队伍就难带。

长孙氏率领一批宫女到军中慰问。官兵们平常根本见不到宫女，现在，不仅看到这么多美女，还见到了传说中的秦王妃。官兵们是不是相当感动、倍受鼓舞？效果是不是比李世民来做动员还好？

后来，李世民做了皇帝，秦王妃升级为长孙皇后。他们聊天的画风却变成这样：

“亲爱的，我回家了。”“亲爱的，辛苦了。”

“给你汇报一下今天的情况。”长孙皇后凝神倾听。

“亲爱的，你怎么看？”长孙皇后笑而不答。

“别那么高冷嘛，听听你的意见！”她还是笑而不答。实在烦了就批评他：“都长那么大了，还问些鸡毛蒜皮的事，自己拿主意。‘牝鸡之晨，惟家之索’，母鸡主要任务是下蛋，公鸡主要工作是叫早。母鸡打鸣，家要败了！”

为什么长孙氏做了皇后，表态就很慎重？她深知自己在唐太宗心中的地位，唐太宗掌握生杀大权，她的云淡风轻可能导致轩然大波。唐太宗经常和长孙皇后吐槽，她默默地听着，笑而不答。但他知道：老婆要开口，一定是大事。

魏征差点被李世民杀了，是长孙皇后救了他。

一天，唐太宗回到家，怒气冲天地说："魏征又当朝羞辱我！"到了卧室，长孙皇后为他宽衣解带时还在骂："我要杀了他！"听到这话，长孙皇后马上说："等等，别脱。我一会儿就来。"本来身穿睡衣的她，回来时，凤冠玉带，三叩九拜。李世民感到很诧异："亲爱的，怎么了？这是在家里！""恭喜皇上！你有如此忠实的大臣，想不成为一代明君、想不青史留名都难！"李世民哈哈大笑。

为什么长孙皇后没留下名字？我试图解开这个历史谜团。一位女生，老公姓李，别人问她名字，她总是说："叫我李太太就好。"久而久之，人们遗忘了她的名字，但历史记住了她的故事。这就是低调、智慧的长孙皇后！这就是女子"无才便是德"！

三、隐的极致："谦让"

（一）"谦让"是老子三宝之一，是大隐

老子说："我有三宝，持而保之：一曰慈，二曰俭，三曰不敢为天下先。""慈"：态度慈祥、待人慈爱；"俭"：艰苦朴素、勤俭节约；"不敢为天下先"："谦让"、低调，是"隐"的极致。

怎么隐？小隐隐于野，中隐隐于市，大隐隐于朝。

"野"，有些人觉得生活不容易，事业不如意，辞职！走人！背着包来个说走就走的旅行，到山野中去，到荒无人烟之处，隐！但这只是"小隐"，容易。

“市”，国际大都市，人头攒动、纸醉金迷。耳濡目染种种诱惑，“缊袍不耻”，穿着破棉袄和身着裘皮大衣的人在一起，不自卑、不在意。在闹市之中，你还能静下来，隐！就像陶渊明，“心远地自偏”，这就叫“中隐”，不易。

“朝”，朝廷、官场，没有硝烟的战场，听不到炮声轰鸣、看不见刀光剑影，但争斗得你死我活，动不动人头落地，人们小心翼翼、惶恐不安。在这种地方，你还能“身在朝廷之上，心在荒野之中”。怎样能做到？谦卑！隐！这就是“大隐”，很难。

（二）隐，又分“身隐”和“心隐”

“身隐”易，不玩了，不跟人打交道，与鸟兽同群，反正说什么鸟兽也不懂，不会带来麻烦；“心隐”难，与人打交道不易，你继续交往，谦虚谨慎、内心平静。

修，不一定去古庙旧观、深山老林。在纷纭复杂的尘世，你照样保持清静无为的心态、无欲无求的心境，这就是“修于红尘”。隐，不是蹉跎岁月。虽未得到重视，没脱颖而出，却在养精蓄锐、分秒必争。攀登时，不必让人们看到你刻苦努力，不需要让世界知道你拼搏奋斗。终有一天，世人因你惊讶地睁大了眼，这就是“隐于攀登”。

“心境”常与“环境”无关。苏轼问好友王巩的红颜知己柔奴：你一直陪着老王颠沛流离，苦不苦？你思念故乡吗？柔奴留下千古名句：“此心安处，便是吾乡”，不苦不苦！和心爱的人在一起，心中特别安详，他在哪，哪儿就是我的家乡。做学问也是一样：此心安处，便是书房。只要心中平静，到处都是书房。有一次，我和几个朋友出行，遭遇长时间飞机晚点。大家心急如焚，机场一片混乱，而我静静地坐在候机厅角落看书。他们问我如何能做到？答：“换个地方读书。”

（三）神奇的“谦卦”

易经64卦，每卦6爻，要么卦好爻不好，要么爻好卦不好。这就是人生，大多是好中有坏、坏中有好。只有“谦卦”是“六爻皆吉”，不仅卦好，而且每个爻都好。“谦卦”说:“天道亏盈而益谦;地道变盈而流谦;鬼神害盈而福谦;人道恶盈而好谦。”天、地、人、鬼、神都喜欢“谦”,讨厌“盈”。“盈”:骄傲自满,会被他们收拾;“谦”:谦虚谨慎,会得到他们帮助,获取各种资源。

谦卦,叫“地山谦”,上地下山。八卦和文字属于不同系统,八卦是抽象图示。读《易经》要发挥想象,最好将文字知识丢到一边,望着八卦图,信马由缰地想象。山,本在地上,崇山峻岭,巍巍高山。地下有一座山是什么场景?隐!不张扬。不说“山在地中”,而说“地中有山”。北宋程颐说:“卑下之中蕴其崇高”,看似卑下,蕴藏崇高。

(四)谦虚,要实力做后盾,要发自内心

清代刘沅说:“有而不居曰谦。”实力雄厚、功劳很大,但不恃才傲物、不居功自傲方可叫“谦”。当你被夸谦虚,欣慰之际更需戒慎,尤其不可自称“谦虚”。无能之人、狂妄之徒没资格言谦。唐代孔颖达说:“小人行谦则不能长久,惟君子有终也。”小人也想谦、藏,但是藏不住,一有动静尾巴就翘起来、马上就蹦出来,开始故作谦虚,很快露出虚伪。

有一种“谦”叫“难得糊涂”,有三重境界:第一重是“不糊涂”,聪明者才有资格“难得糊涂”。第二重是“装糊涂”,一“装”就痛苦,管理自己的聪明很难,人性有蹦出来的冲动。为什么小人不能长谦?小人常有小聪明,小聪明的痛苦是:这事他清楚,憋着很难过。第三重是最高境界“真糊涂”,不是“装”,而是发自内心的宽容。真正的谦谦君子,有修养、有智慧,不是刻意控制、逼己谦虚,而是学人之长、视己之短。谦虚发自内心,才能不断进步,才会“中隐、大隐”。

第三节　“积、隐”是手段,“胜”是目的

一、善守:潜龙;善攻:飞龙

《孙子》的“善守者藏于九地之下,善攻者动于九天之上”非常有气势,

我反复诵读，印象深刻。这两句话对应《易经》乾卦的两爻。

从“潜龙”“积隐”到“飞龙”“致胜”

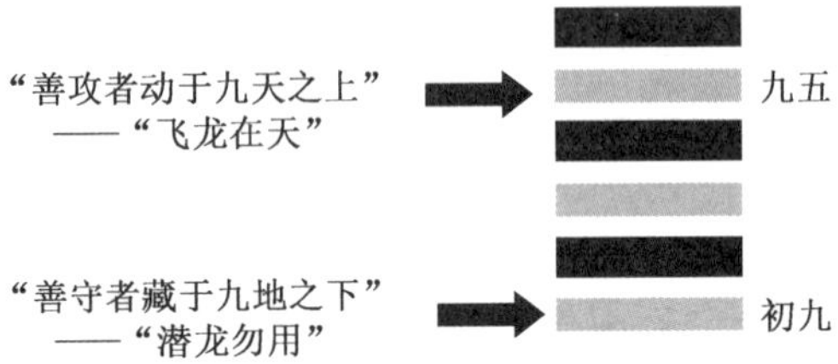

“善守者藏于九地之下”对应最下面的爻：“初九，潜龙勿用”。“初九”，位最低，势能最小；“潜”，人生处于低谷期，要伏、潜；“龙”，实力，先让自己修炼成龙，才有资格说“潜龙”；“勿用”，时机未到，虽然是龙，策略也是按兵不动，这时要“守”，养精蓄锐，“独善其身”。比如，一个基层员工即使很有本事、能说能干，也不要说总经理该说的话、做总经理该做的事。

“善攻者动于九天之上”对应从下至上的第五爻：“九五，飞龙在天”。“九五之尊”，最尊贵的位置、位高权重；“飞龙”，这个时候的龙有位、有势，可以“飞”、大展宏图；“在天”，空间广阔，君临天下，影响力大，要“平天下”，为人类做出更大的贡献。

守，“积、隐”，积累能量，隐藏锋芒；攻，迅雷之势，横空出世，快、准、稳制胜。同样是龙，甚至是同一条龙，所在的“位”不同，能做的事各异。

二、潜伏在丛林中的猛虎

《六韬》说：“鸷鸟将击，卑飞敛翼；猛兽将搏，弭耳俯伏；圣人将动，必有愚色。”鸷鸟攻击猎物，必先低空盘旋、收敛双翼；猛兽搏击猎物，必先垂耳埋伏、隐藏身体；圣人有大动作，必定大智若愚、不动声色。一只猛虎在山林中游荡，它是在捕猎？错！它是大王巡山、宣示主权，或者刚刚吃饱、消化消化，或者微信运动、占领封面。试想，一只猛虎走来走去，其他动物还敢出来吗？当它准备狩猎，一定是躲在丛林中静静等候。山鸡来了，放过，太小，扑了不够塞牙缝，反倒把其他猎物吓跑；兔子来了，咬咬牙，还放过；山羊来了，冲出去，够吃一阵子。

投资也是一样，知道哪些机会该抓，哪些不抓。假如手上只有几千万元，看到机会就匆匆而上，钱很快没了，真正合适的机会到来却没子弹。有些大项目，几千万元搞不动，扔进去泡都不冒。生活也一样，要沉得住气，别一有风吹草动就冲出来，要隐、要谦。机会没到，静静观察，“藏于九地之下”；机会到来，快速出击，“动于九天之上”。

三、君子报仇，为什么是“十年”不晚？

中国有一条著名警句：“君子报仇，十年不晚。”为什么是十年？不是五年、二十年？我思考的结果是：五年太短，二十年太长。

这条警句非常有智慧，对中华民族贡献巨大：减少了很多无谓的仇杀。是不是仇？是不是恨？多大的仇？多大的恨？让时间做个筛选。很多所谓的仇其实只是一时怒起、一股戾气，别说十年，十天甚至十秒就没事了。但对突然冒出的无名怒火不加控制，还真会一烧成仇。所以，佛家云：“小怒数到十，大怒数到千。”数数！小怒的时候，从 1 数到 10 才做决定；大怒的时候，从 1 数到 1 000 才做决定。我是这条警句的受益者。

有一天，我开车路过一条很窄的路，前面一辆车突然停下，司机下车。正值上班高峰，后面的车很快堵成长龙，原以为车出状况，谁知他居然拎着一袋油条回来！我对那人说：“买东西，车要靠边停，别堵住路呀！”那人不仅不道歉，居然走到我车前，在引擎盖上重重地拍了一巴掌，指着我恶狠狠地骂道：“堵了你又怎样？再啰嗦我就弄死你！”当时，一团怒火“腾”地从我心中直冲头顶。我推开门要扑上去，突然想起佛家教导，我扶着把手开始数数，1、2、3……数到 8 的时候，他的车开走了。晚上回家我和太太说起这事，她哈哈大笑：“亲爱的，你还年轻嘛！还有那么大火气。”她转而严肃地说：“要不是数数，你今天就上头条了：某某博士上班途中和人打架，还动了刀。”

十年了，如果还觉得是仇是恨，那就真是深仇大恨，就像《琅琊榜》里的梅长苏，忍辱负重，生命不息，报仇不止。十年还有什么好处？十年过去了，敌人认为没事了，仇家都消失了。等他放松警惕的时候，等到一个月黑风高的夜晚，突然进攻，猝不及防。越王勾践“卧薪尝胆十八年，三千越甲可吞吴”，越国只有三千名士兵，居然灭了强大的吴国、春秋霸主。隐忍、等待能极大地降低复仇成本，这就是“复仇成本最小化原则”。

四、聚形：修＋待

聚形，先“修”后“待”。《左传》讲：“修德以待。”修德，就是“积”，积聚实力；以待，就是“隐”，等待机会。隐，不是消沉遁世，而是密切关注、及时出击。就像一颗种子，蛰伏雪地之下，不是腐烂变质，而是积蓄能量，待到一声春雷，立即破土而出。

兵家重“胜”，人生战略亦然，我总结了一句话：“养精蓄锐，谦虚谦让；关键时刻，当仁不让！”平时埋头准备，打造实力，谦虚谦让；机会真正来临时，立即冲锋，当仁不让。

无论养精蓄锐还是横空出世，都不能迷失方向。《易经》讲：“知进退存亡而不失其正。”要知道什么时候前进、后退、生存、消亡，不要一直冲锋陷阵、动辄英勇就义。当死亡没有意义时，保存实力别拼命，如果壮烈牺牲可以鼓舞士气、激励人民，就要视死如归。一切“进退存亡”，都以“正”为目的，要做到理想崇高、不忘初心、不偏航向。

五、“能耐”之悟

小人按捺不住自己，一有动静很快暴露；而君子是：能耐。

“能耐”常被理解成“能”，有本事、有能力。这是对祖先智慧的巨大浪费！“能耐”的重心在“耐”。关键字、核心思想是“耐”，有时为突出“耐”，甚至可把“能”当副词，比如，“你真能耐”，是夸你“特别能够忍耐”。

“能耐”应理解为“能＋耐”，就是兵法中说的“积＋隐”，既会“积累实力”又能“隐而不露”，才有资格称“能耐”。当别人表扬你有“能耐”，还着重强调“耐”时，值得你感动不已、泪流满面：知音啊！人生，易能，难耐，越有能力，越不容易按捺大显身手的冲动，“忍耐”最难！忍字心头，一把尖刀：刃。

柳宗元的《江雪》人们耳熟能详：“千山鸟飞绝，万径人踪灭，孤舟蓑笠翁，独钓寒江雪。”画面风景壮美，视觉冲击强烈：茫茫的群山，浩浩的江面，漫漫的大雪，淡淡的老翁。如果仅将它当风景诗读，非常浪费，这还是一首了不起的哲理诗、励志诗，也是一首藏头诗：千万孤独。你想成为英雄吗？首先，忍受孤独；然后，享受孤独。孤独是英雄的标配，自古英雄孤独。孤独炼出英雄，忍耐成就宏图。

忍得了孤独，才能成为英雄；耐得住寂寞，方可成就辉煌！

第四节　中华文化的进取与退隐

中华优秀传统文化中，兵、儒、道、佛诸家都讲进退，没有哪个学说是只进不退，或只退不进。但是，进退过程和特点各不一样。

一、兵家进退，出其不意

（一）“隐己显人”

兵家进退的核心是“出其不意，攻其无备”，《孙子》说：“兵者，诡道也。能而示之不能，用而示之不用。”我能打硬仗、准备用兵，但是要让敌人感觉我不能打、不会用。

兵家之隐是“隐己显人”，隐蔽自己，暴露对手。光隐还不够，还要密切关注对手的动向，《孙子》讲：“形人而我无形”，让敌人显示军形，暴露部署；但敌人发现不了我的兵力情况及部署。“形兵之极至于无形”，调兵遣将的极致是“无形”：敌人了解不到我的情况、发现不了我的行踪。下句更震撼：“无形，则深间不能窥，智者不能谋。”当做到“无形”，深藏不露的间谍也偷看不到，智慧超群的高手都揣测不了。

(二)以史为鉴:刘邦之隐

中国历史上,兵家之“隐”做得最好的是刘邦。

1.“鸿门宴”

刘邦可以不出席“鸿门宴”,他本可以逃跑。项羽的叔叔项伯已经向他透露:“不能去!赶紧逃!楚霸王要杀你。”这就是伟大的刘邦!隐,不是躲进深山老林、人迹罕至、与世隔绝之地,那叫逃。如果刘邦得到这个消息,逃!后果怎样?楚霸王一定会追杀他:“我请客你不来,你小子还真是心中有鬼,想跟我争天下!”

有的饭不好吃,但是不得不吃。“鸿门宴”在中华文化中成了“居心叵测的饭局”、危险的代名词。明知危机四伏,却还坦然赴会,刘邦这是大隐!智慧之隐!隐藏他的野心,他要对项羽表白:“我应邀出席,用行动表忠心:我没野心,不想与你争霸,对你没有威胁。”这正是刘邦的高明之处,很从容,有胆略,了不起!

杀不杀刘邦,项羽很纠结。一派说要杀,一派说不要,各有道理。后来项羽决定:设个局,请他吃饭。人来了,说明没事,就不能杀;人不来,心中有鬼,就灭了他。刘邦出席了,项羽就为难。杀,项羽在江湖上就没法混:无信之人!天下没稳定,项羽要民心。所以,请站在项羽当时的情境分析,不能老是“事后诸葛亮”,惋惜、责怪项羽:当时杀掉刘邦就好了。

2. 被封汉王

“鸿门宴”后,项羽猜忌虽减,但戒心未除,封刘邦为汉王,刘邦国号为“汉”就源于此。常人觉得:封王很开心啊!其实,此举具有羞辱性。首先,限兵3万,把刘邦80%以上军队收编或遣散回家,这可是刘邦多年辛苦积累的老本啊!还在刘邦的封地汉中另封三个王牵制他,那三个王曾是秦国将领、刘邦的手下败将。领导要解除某人权力的方法很多,一种是简单粗暴法:把他撤了;另一种是钝刀割肉法:把他的地盘一分为三或四,让他看不起的人甚至是对手与他平起平坐。

什么是“能耐”?打掉牙齿往肚里吞!刘邦乐呵呵地去了汉中,干的第一件事就是：把通往外界的栈道都烧掉。

栈道，是在悬崖峭壁上搭的架子、修的路。那时科技落后，修栈道要很久，烧起来却很快。这是对项羽表达：我不玩了，就缩在汉中。项羽这才放心，集中兵力“解放全中国”。刘邦火烧栈道，一箭双雕，表“忠心”的同时，也切断了与外界的联系。他厉兵秣马，很快收拾了身边的三个王。栈道被烧，封路断网，里面的人出不去，外面的人进不来。他把整块地方占了，外面都不知道。低调！

3. 楚汉之争

楚霸王越来越“霸”，越来越膨胀，觉得天下已在囊中，就把义帝杀了。虽然义帝只是一面旗帜，纯属虚名，但项羽要百分之百控股，连虚旗都砍了。这就激起全国的反对，“得道多助，失道寡助”，时机成熟，刘邦带领军队冲出汉中。楚汉相争，历时四年，最后，项羽霸王别姬、自刎乌江。一支很小的队伍，藏得严严实实，不断养精蓄锐，机会一到，突然爆发，夺了天下。

两千多年后，国共两党合作抗日，国民党限制共产党的军队，毛泽东同志带着八路军在陕北大练兵、大生产，自己动手、丰衣足食，队伍不断壮大，最终赢得胜利。

二、儒家进退，用行舍藏

（一）纠结的孔子

儒家讲进退是“用行舍藏”，《论语》曰：“用之则行，舍之则藏，惟我与尔有是夫！”孔子夸自己和颜回：领导用我时要冲出去，不用时就藏起来。不过，孔老师“藏”的成功案例不多，就别说颜回了。

《论语》七谈“邦有道、邦无道”，儒家是入世学说，关于“邦有道”怎样做有一系列理论，一到“邦无道”就傻了。孔子说：“邦有道则知，邦无道则愚。”注意，这里“知、愚”都是动词：“充分发挥聪明才智”“装愚卖傻”的意思。如果是形容词、名词就不合逻辑：邦有道时我聪明，邦无道时我傻了。

聪明和愚笨又不是按钮，怎能说开就开、说关就关？

孔子让无数读书人感慨得怆然涕下："其知，可及也；其愚，不可及也。"发挥聪明才智容易，装傻装蠢很难，痛苦啊！我突然明白历代知识分子人格分裂的原因："愚，不可及！"成语"愚不可及"就来自这里，是讲某个人蠢到极点，愚到没人可比。这与孔子的意思完全相反，几千年传来传去完全变样。

孔子还说："邦有道，则仕；邦无道，则可卷而怀之。"邦有道，就出来做官；邦无道，就像卷起一幅画夹在怀里，走人！孔子身处邦无道，却没能做到"愚""卷而怀之"。他周游列国，营销自己的思想，即使不被接受，还是孜孜以求，明知不可为而为之。

(二)"用行舍藏"的典范——郭子仪

"用之则行，舍之则藏"做得最好的是郭子仪。

1. 郭子仪小日子过得太滋润了

课堂上，我常做调研："认识郭子仪的同学请举手"，举手的人寥寥无几。我接着调侃："不知岳飞、文天祥的请举手"，大家哄堂大笑，没人举手。其实，郭子仪对唐朝的贡献不亚于岳飞、文天祥对南宋的贡献，他平定了安史之乱，拯救了国家、民族。

郭子仪不够知名是因为他低调？不！他"八子七婿，八五而终，颐养天年"。他有八个儿子七个女儿，老婆很多；人生七十古来稀，郭子仪活了八十五年；动荡年代、战争岁月，人民流离失所，他却颐养天年，小日子过得很惬意。民间有出戏叫《满床笏》。大臣上朝时，要手拿笏板向皇帝报告。笏板就成了地位、权力的象征。下班后，郭子仪家满床摆的都是笏。这说明高调得很嘛！

为什么郭子仪贡献巨大但被人们忘却？因为他过得太舒服了；为什么岳飞、文天祥被人们牢记？因为他们是悲剧式英雄。为什么梁山伯与祝英台、罗密欧与朱丽叶的故事令人落泪，让人惦念？悲剧让人印象深刻，人们喜欢悲剧，尤其是别人的悲剧。君不见有人调侃："哥们，最近有什么不开心的事？说出来，让大家开心开心。”

2.“用行舍藏”：需要就出征、不需要就回家

安史叛军把长安团团围住，京城危难，皇帝急诏：郭子仪进京勤王。郭子仪带兵日夜兼程，一上来就把叛军打得丢盔弃甲、落荒而逃，很快解了京城之围。郭子仪乘胜追击，把叛军赶到边疆，即将剿灭。奸臣进谗言：“皇上，不能打了！老郭平叛凯旋，我们开城迎接，他们突然掩杀，我们束手就擒。前面驱狼，后面迎虎啊！”皇帝一听有道理，下令解除郭子仪的兵权。郭子仪可能有心腹在皇帝身边潜伏，诏书到达之前，他已挂印而去。差别何在？诏书到达叫撤职；提前离开叫辞职，性质大不一样。领导身边有卧底真好，假如被撤，赶紧先辞。

郭子仪在外不发脾气，回家发发牢骚总可以吧。郭子仪一句怨言都没有，天天灯红酒绿。

由于没有斩草除根，叛军卷土重来，把京城团团围住，皇帝又连夜下诏书，请郭将军救驾。一般人会冷嘲热讽：“看！这是免掉我的后果。”郭子仪接到诏书二话不说，带着几个仆人直奔京城而去。

读史到此，让人泪奔！这是真正的“用之则行，舍之则藏”，这才是忠诚啊！郭将军去干吗？打仗？不！赴死！他已无一兵一卒。接到命令立即出发，毫不犹豫，没有借口，不谈条件，不顾生死，更别说发牢骚、看笑话。

奇迹发生了，郭子仪在奔向京城途中，他的旧部、沿途百姓很好奇：“郭将军急匆匆的要去哪？”“进京勤王！”“我们也去！”郭子仪居然聚集了一支部队杀来。叛军傻了：“郭子仪不是解除兵权了吗？怎么又来了？”于是，落荒而逃，又解京城之围，郭将军又追到边疆，小人又进谗言，皇帝又解除兵权，他又跑回家。几番下来，皇帝终于明白：郭将军才是真正的忠臣。他拔剑把案几砍成两段：“谁还讲郭将军坏话，我就砍了他。”于是，没人敢进谗言，郭子仪最终平定了安史之乱。

(三)“隐”的三要点

官场很复杂,光忠诚、能干不够,还要注意“隐”,这个度很难把握,所以说“大隐隐于朝”。

1. 忠不得过职——包拯、岳飞的前鉴

册立太子在中国庙堂文化中很微妙,立不立太子?立谁?这是皇帝的家事,大臣不可发表意见。岳飞事件三大起因:战略目标、早立太子、十二道金牌。岳飞建议皇上早立太子,忠心耿耿、政治立场正确:“中原逐鹿,未知鹿死谁手”,储君空缺,无主之鹿,众人就会争抢,影响安定团结。太子册封,鹿有其主,大家安心干活。

然而,这是赵构心头之痛,他被俘出逃时受到惊吓,可能伤了某个器官,一直生不出孩子,越急越生不出。况且赵构才三十几岁,你怎么知道他以后不生?万一碰到一个老军医呢?早立太子就是立他兄弟的孩子,这个忌讳更大。

有一次,夜深人静,我在书房与岳飞不期而遇,我批评他:“岳将军啊!立太子之事是禁区呀!您不记得黑脸包公犯的忌吗?”包公建议早立太子,宋仁宗冷冷地问:“包爱卿看中我哪个儿子了?”吓得包公立即跪下:“臣知罪,我多管闲事。我年已六十,又无儿子,不为自己,只为朝廷,我忠心耿耿,请皇上恕罪。”看到没?皇帝一句玩笑,把包公吓成那样,说明这是何等的禁区!忠不得过职,虽然忠诚,但不能超过职责范围。包公老哥们只是监察御史,铡驸马陈世美可以,谈立太子就过职了。

2. 职不得过官——接地气的孔子

《长短经》记载:昔,仲由为郈宰,季氏以五月起长沟,当此之时,子路以其私秩粟为浆饭,以饷沟者。孔子闻之,使子贡往,覆其饭,击毁其器。子路曰:“夫子嫉由之为仁义乎?”孔子曰:“夫礼,天子爱天下,诸侯爱境内,大夫爱官职,士爱其家。过其所爱,是曰侵官。”

仲由,就是性格暴躁、经常跟孔老师顶嘴的学生子路。季氏是一位高官,他命令老百姓修一条很长的沟渠,时间紧,任务重。子路在郈县任职,体恤民工辛苦，自掏腰包买稀饭给他们吃。本想老师知道他做好事会表扬，但老师得知后立即让子贡赶来，掀掉饭盆、砸碎器皿。子路感到诧异，责问老师：您不是主张仁义吗？我全心全意为人民服务，您却派人来砸场子；我言必行，行必果，不是光说仁义，而是采取行动，错了吗？

孔子深刻地阐述道：乱施仁义反而失礼！国君，爱所管辖的天下；省长、市长，服务好省、市；大机构领导，服务好大机构；部门负责人，服务好部门。超出职责，让人难堪！你出钱慰问民工，他们对你感恩戴德，同时心生怨恨："季氏太不人道了，让我们饿着肚子干活。子路才是人民的好领导！"季氏知道后会怎么想？下属爱戴你是好事，与此同时，却批评你的上级，问题就严重了！

不要因为上级发钱少，就自己给下属发奖金，实在手痒，发发微信红包，大家抢抢玩玩就算了。队伍太团结，容易变成"独立王国"，甚至形成腐败"温床"。所以，政府机关、国企会定期轮岗，让团队相互监督、制约。

释迦牟尼的故事流传400多年，慢慢演变成佛教的佛祖。"佛"者，弗人，非人。人，就没法神化，神是造出来的，神话是传说的。老子身世成谜，他丢下洋洋五千言的《道德经》不知所终，留下很多传说，700多年后演变成道教道祖。孔子太真实了！儒家没变成儒教，孔子没成神要拜《论语》所赐，《论语》把孔子描述得活灵活现，仿佛触手可及，他的理论实操性强，有关他的故事也都亲切、生动。孔子是圣人，也是人，不是神。

3. 功不得震主——刘德的哀歌、安全的郭子仪

《长短经》记载：河间献王来朝，造次必于仁义。武帝色然难之，谓曰："汤以七十里，文王以百里，王其勉之。"王知其意，归即纵酒听乐，因以终。

河间献王刘德是汉武帝刘彻同父异母的哥哥，是一位仁义之王，深得民心，对中华文化贡献巨大。他收集整理、抢救了很多珍贵的历史文籍，比如，对后世影响很大的《毛诗》《左传》等。他不愿卷入政治，专心搞文化建设，居然还被猜忌。

献王朝拜武帝。刘德天天和古圣人打交道，深受仁义道德沁润，言谈

举止自然流露。刘彻脸色难看，冷嘲热讽："商汤方圆七十里，最后灭掉夏朝；文王方圆仅百里，可以颠覆商朝。仁义之师好啊！能以小博大、以弱胜强。你深谙仁义，哪天也整出个仁义之师来，河间地盘可比商汤、文王的大多了，你自勉吧！"刘德当即汗流浃背，连连磕头。回去后酗酒，听靡靡之音，不久就过世，年仅四十一岁。看似酒色之祸，实因郁郁而终。令人扼腕愤慨！让人欲哭无泪。

历史对郭子仪的评价："功盖天下而主不疑；位极人臣而众不嫉；穷奢极欲而人不非。"郭子仪功盖天下，因懂得进退，皇帝不疑；位极人臣，但和大家关系融洽，没人嫉妒；穷奢极欲，但人们表示理解，一封举报信都没有。郭子仪因为有那么些小缺点，就很可爱、很真实，是非不多。

太完美、高大上、聪明能干的人，有篡位之嫌就很危险，这是血淋淋的官场史。功不得震主，一不小心功高，要么赶紧撤离，要么整点毛病。老子说："挫其锐，解其纷，和其光，同其尘。"消磨锐利的棱角，不伤人伤己；要和光同尘，收敛耀眼的光芒，与群众打成一片。庄子说："有人之形，故群于人；无人之情，故是非不得于身。"与常人的形态相似，就被人接受，能够合群；没常人的庸俗情绪，就超然物外，摆脱是非。

三、道家进退，功成身退

（一）进退的总体原则：无欲

道家是知"进退存亡"的高手，有一整套功成身退的理论。"无欲"是道家处世宗旨，是能功成身退的原因，也是老子反复强调的思想。《道德经》说："故常无欲，以观其妙。"经常保持"无欲"状态，就能发现万事万物的奥秘。"我无欲，而民自朴"，领导"无欲"，以身作则，百姓自然"朴实"。"常使民无知无欲"，让民众经常处于"无欲"状态。

为什么儒家常常痛苦？欲望使然。儒家的处世原则是："邦有道则仕，邦无道则隐"，然而，"仕"的诱惑太大。权力是春药，邦有道时粘上，难抵御；邦无道时撤隐，难脱身。

道家进退的最佳实践是老子倡导的“功遂身退”，用经济学解释：在边际效益开始递减时就退。人生顶峰过后，每走一步都是下坡路，赶紧撤！行动早才主动。

(二)老子，功成身退的践行者

老子非常了不起，他倡导“功成身退”，自己也践行。

一天，函谷关的关长尹喜起了个大早，那时，没有雾霾，PM2.5很低，空气质量优。他抬头一看，紫气东来，哇！有贵人要到。于是，他端个小板凳在关口等着。果然，一位老者骑着青牛来了。尹喜马上拦住：停！护照？打开一看：“啊！李部长！”

当时老子李聃在国家图书馆、档案馆担任要职，是省部级干部。尹喜很困惑：“您辞掉高官，西出函谷关移民，为什么呀？”老子说：“中原即将爆发大规模的战争，我要撤。”

尹喜急了：“您怎么能走？智者都走了，留下愚恶之人互相残杀，太不人道了吧？您要留下来，设法制止战争。”老子摇摇头：“没办法，积怨已久，非我力所能及。”

尹喜着急上火又无计可施。明白老子为什么骑青牛了吧？按级别，他本可坐四匹马拉的车，“一言既出，驷马难追”的那种。至少也该骑一匹快马，但他只骑一头牛。明明可坐法拉利，实在不行开吉利，他偏骑一辆助动车。低调！好处立现，如果他坐着驷马拉车，尹喜就能以人民的名义扣押他：国有资产外流。而现在却无计可施。

尹喜只有求他：“李部长，帮帮忙！实在要走，请留下您的思想体系、名言警句，教教我们如何解决未来的问题吧？”老子说：“道可道，非常道；名可名，非常名。”不行不行，文字、语言无法表达我的思想。

尹喜苦苦哀求：“不需要完整、准确地把您的思想留下来，能写多少写多少，留点临别赠言吧。”老子没法拒绝，住了几天，写下了《道德经》。

读史到此，我直冒冷汗：中华文明命悬一线，要是尹喜那哥们前一天晚上喝高了、睡懒觉、脱岗了，就错过老子，错失《道德经》，中华民族损失巨大！老汤由此感悟："早睡早起，准点上班，不要错过身边的老子。"那么神圣的故事，被我戏说一把。

老子践行"功成、名遂、身退"。等到国家一乱就跑不掉了。

(三)善于进退的典范：范蠡

伟大的道家人物陶朱公范蠡最懂进取与退隐，审时度势，该进则进，该退则退。

越国兵败，范蠡陪越王勾践在吴国受辱，又帮他图谋翻盘。用"机制设计"让他卧薪尝胆，终于抓住机遇，把强大的吴国灭了。吴国一灭，范蠡就跟丞相文种讲："哥们，咱们走吧！你看勾践这小子嘴巴长、脖子长，只能共苦不能同甘。"文种恋恋不舍："国家刚刚平定，我们吃了这么多苦，没享一天福。要不，就享受两天，行吗?"范蠡一看，道不同不与为谋。不管他，撤！庆功晚宴上，大家喝得烂醉，老范早准备好一艘船停在护城河，带着西施，泛舟五湖。文种有贪念，舍不得离开，不久就被勾践借故干掉。

范蠡还有个"三散家财"的故事，他赚了大钱散掉，散掉又来，来了又散，赚三次，散三把。赚钱不易，散掉更难。其实，钱是阴性的，你越大气、越阳刚，它就越贴紧你。财富具有流动性，你是中转站，它就纷至沓来；你是终点站，它就掉头拐弯。拥有正确的财富观，是致富的重要前提。

四、佛家进退，云淡风轻

(一)德诚之进："渡"人、钓"鱼"

佛家进退思想有点复杂，不易理解。我试着讲一个公案：德诚用生命诠释进退。

唐朝德诚禅师和他的同修在一位高僧那学成毕业，大部分同学都到各地去建庙、讲道、做住持，唯有德诚什么庙都不建，哪儿都不去，谁叫他做住持都不干，而是来到松江府的华亭。那时，沪东汪洋一片，松江水系发达，遍布河流湖泊，通行很不方便。德诚就做了一个船夫，划艘小船，在那渡人，所以，他别称为"船子"。"渡人"在佛家有"度化人"之意。德诚天天渡人，遇到有佛缘的就多聊聊，没佛缘的也不废话，在华亭一待就是三十年，天天划船，渡人无数。

他渡人的同时，还悄悄地干了一件非同寻常的事：寻觅传人。我到处讲课，除了传播中华优秀文化，也想寻找志同道合者。传承非常重要，从一个家族到一个学派，优秀的继承人是家族和学派得以发扬光大的关键。孔子有学生曾子；曾子有学生子思，也是孔子的孙子；子思有学生的学生孟子，孔门学派才搭建完成。

德诚除了做“船子”“渡人”，还做“渔翁”“钓鱼”。每天钓，不仅白天钓，晚上还钓：“夜深水静鱼不食，满船空载月明归”。可是，“钓尽江波”也没钓到他想要的“鱼”，难觅满意的传人。终于，“金鳞始遇”遇到一个好学生：夹山。

夹山善会禅师道行高深，口才很好，跟梁武帝时期云光法师的“天花乱坠”有得一拼，讲得树上的花都纷纷掉下！有一天，有位僧人来听课，几个问题就把夹山难倒。山外有山，天外有天，夹山说：“这位高僧，请收我为徒”，高僧大笑：“你拜错师了，我有一位师兄比我高明得多。”“您水平这么高，您师兄那还了得！他在哪？我去拜师。”“他在华亭朱泾，每天划船渡人。”高僧还交代：千万别开豪车哈！最好骑共享单车，打扮要朴素，否则，他话都不会多说。夹山遵嘱寻访到德诚，一对话，各自两眼放光：遇到知音了。高手思想碰撞，绽放出许多绚丽的佛家火花。一天，德诚说：你要去找更高明的老师。

(二)德诚之退：超越生死

夹山不肯走，要留下来继续学习。德诚“啪”一桨把他打到水里：“什么是佛法?”夹山爬上船，跪下，准备回答，又被德诚一桨打下水；爬上来，又问，准备回答，又被一桨打到水里。三次落水，夹山顿悟，德诚再问，他不开口，跪下磕头。

夹山知道，他必须走了。夹山跳上岸，行到拐弯处，就要看不到师父了，夹山回头，依依惜别，又跪下来。难得遇到这么好的老师，还没听够呢，怎么下课铃就响了？这时，惊心动魄的一幕出现了：德诚在船上使劲摇动，把船弄翻，消失在茫茫江中。这就是禅宗著名的公案："覆船入水而逝"。夹山泪流满面，转身踏上新的求学之路。

德诚应该没死，他有三十多年的船子经验，水性一定很好，在下面憋一会，等夹山走后才冒出来，当然，这也是猜测。从此，德诚在江湖上销声匿迹，他的使命已经完成，真"藏"、真"逝"了。德诚教夹山退隐："藏身处没踪迹"，无影无踪、无人知晓，才叫真正的藏。就像《孙子》说的："微乎微乎，至于无形，神乎神乎，至于无声。"德诚还对夹山提出进取的要求："没踪迹处莫藏身"，不要为藏而藏，把意志消磨掉；不能故步自封，把自己圈起来。夹山谨遵师嘱，隐居修行，潜心研习，三十年后才出山，与当初"天花乱坠"的他不可同日而语。他成为一代高僧，一举成名。

伟大人物的成长过程都伴随着高明的老师。修炼途中，如果能得到良师指引，太幸运了！

五、各家进退，各有异同

各家进退的共性。兵家、儒家、道家、佛家的进取大多一样，都是要前进，要有所贡献；退隐也有相似之处，都为养精蓄锐，修功、修己、修行。

兵家、道家进退的差异：时长与要不要冲的差异。兵家和道家都讲"隐"，但兵家之隐时间更短，一发现战机立即冲出来；道家可以长时间隐，甚至一直隐。"太公八十遇文王"，姜太公等文王等到八十岁，实在等不到，也就没故事了。姜太公是幸运的！芸芸众生，能留下故事的很少。

儒家、道家进退的差异：时代的差异。读中国历史常令人感慨，天下无道，艰难创业，拨乱反正者大多是道家人物，如范蠡、张良等。活由他们干、苦是他们吃，江山打下来，他们就撤了。儒家人物接盘，坐而论道，享受成果，治国平天下。所以，儒家人物常常人格分裂合情合理：既要享福也要吃苦，既然占了天下有道的好处，也该承受天下无道的磨难。风光无限，颐养天年，这不公平！

第二章

“运势”

第一节　人生“运势”之“识势”

一、“识势”的多角度分析

从物理学视角分析：“识势”就是寻找目标、选定目标。

从《孙子》的视角分析：“转圆石于千仞之山”，首先要方向正确，关键是搞清楚把石头搬到哪座山？如果搬到敌人不经过的山头，那就白干。

从哲学视角分析：先要认识世界，才能改造世界。

投资，要发现黑马，学会抄底。人不能只守着一亩三分地，要像静伏的猛虎，不断扫视、搜寻机会。人生，目标很重要，定位没做好，常常白费力；目标错了，南辕北辙，跑得越快，损失越大。要找到最适合自己的平台，让自己的能力最大限度地发挥。

识势、定好自己的位、找到合适的平台，是人生重要的智慧。

二、“识势”的案例分析

我喜欢用四大名著作为案例，大家耳熟能详，比较亲切。但这样做难度大、要求高：既要讲解公开资料，又要品出不同味道。

(一)诸葛亮为何选刘备

如果刘表、曹操、孙权也三顾茅庐，诸葛亮会不会出山？

从情理上说，诸葛亮应该选择刘表，他俩最近，不仅物理距离近，而且两人关系近。刘表是诸葛太太的姨夫，关系很亲。诸葛亮太明白了：刘表水平太差，后继无人，守不住基业，到那干不了几天就被俘，何苦去受辱？

曹操那他会不会去？避开意识形态不谈，什么曹操篡国，是奸臣；刘备正统，是皇叔，那是贬曹褒刘之说。曹操是五零后，出道很久，已有很多谋士、各类人才，诸葛亮是八零后，那么晚才过去，曹操把他往哪儿摆？所以，他不太可能选曹操。

孙权的天下是父兄移交给他的，还把一大批文臣武将留给了他。加上哥哥诸葛瑾已在东吴官居要职，两兄弟同朝为官，有诸多不便。

他清楚地知道：刘备是最佳选择、一匹黑马，股价最低，他去抄底，一起成长。

不是每个人都能像诸葛亮那么高大上，建功立业，去做丞相，普通人该怎么做？

大人物有大人物的定位，小人物有小人物的定位，都需要找到适合自己的位置。具有“识势”智慧，是人的“大宝”，不管地位高低、能力大小。

(二)袭人的定位

《红楼梦》描写的人物有三百多个，谁最幸福？很多男生认为是宝玉，美女环绕，艳福不浅。其实不然。是袭人！我举例佐证。如有冒犯，敬请原谅。宝玉的第一次给了谁？袭人。宝钗、黛玉，争风吃醋，斗来斗去，有什么用？晴雯更冤，唯一的安慰是穿着宝玉从身上脱下的内衣离开人间，她说：“在棺材内独自躺着，也就像还在怡红院一样了。”凄美得让人揪心。而袭人出奇制胜，抢占先机，收获颇丰。

也许有人说：老土！什么第一次、第二次？好吧！我们聊聊工资收入。我分析过“贾氏集团公司”月薪标准。王夫人:二十两银子;姨太太、公子(宝玉也一样)、小姐:二两;最高级别的丫头(贾母身边的丫头):一两;公子、小姐身边的大丫头(如晴雯):一吊;普通丫头:五百钱。一两银子约合一吊半,一吊是一千钱。袭人的工资却是二两一吊,因为王夫人要拉拢她,自己出资贴补她。袭人跟晴雯级别一样、干活同样,收入却是晴雯的四倍。难怪晴雯心理不平衡,风言风语。

为什么王夫人看中袭人?袭人定位准确,不多事、没野心,没想过上位。她的目标是做一个小妾,所以王夫人对她很放心。组织中也一样,你老老实实、规规矩矩,定好自己的位、做好自己的事,领导们都想团结你。袭人曾是贾母的丫鬟,既得贾母喜欢,又得王夫人信任,是贾母和王夫人两派共同争取的对象。卷入派系斗争的人,大多两败俱伤,而袭人左右逢源,非常不易。

贾家最后树倒猢狲散,覆巢之下,岂有完卵?许多人,尤其是核心人物,结局都很惨,王熙凤最惨。在这场大震荡中,袭人损失却不大,她离开贾家,嫁给艺术家,做了蒋太太。乱世固然不好,但智者定位准确,照样独善其身;抓住机遇,甚至成为英雄。

三、“识势”之悟——“匹配价值理论”

(一)“匹配价值”之思

跟大家分享我的“匹配价值理论”。什么是匹配价值?站在供方的角度:你需要的我能提供、可持续,且成本不高;站在需方的角度:你提供的我很需要、颇稀缺,且价值很大。因为匹配,所以增值,叫匹配价值。

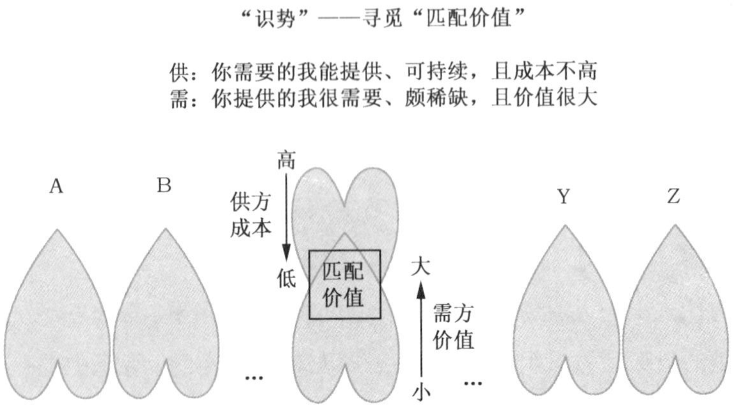

匹配价值理论示意图

(二)郭靖与黄蓉的匹配价值

讲个《射雕英雄传》中的故事。一天，郭靖和师父离天山、下江南，准备报家仇、国仇。他背着包，拿个馒头，一边走一边啃。突然，一个小叫花子冲过来，把他的馒头抢跑了。试想，你在吃馒头，一个小叫花子冲过来抢馒头，你的第一反应是什么？跺脚大骂？追过去？抢回来？打一架？如果郭靖追打，小说就要改名叫《一个馒头引发的血案》。

郭靖没骂、更没打，而是大声喊：“小兄弟，别跑，小心摔跤！馒头是给你的，慢慢吃。”郭靖关心的不是馒头，而是小叫花子。

过了一会，小叫花子又冲过来，把他的包袱抢走了。郭靖这次应该生气、应该追，包里有很多重要东西：身份证、手机、钥匙、钱包。出人意料，郭同学关心的仍然是小叫花子：小兄弟，别跑，小心摔跤，包里就几件衣服，你拿去穿，“身、手、钥、钱”全在口袋里。

这体现了郭靖什么品德？关爱、善良！小叫花子是谁？黄蓉。郭靖知道这是个富二代、美丽的姑娘、未来的老婆吗？他不知道。他对小叫花子的态度是他善良的真实流露，发自内心，真诚，也就可持续。

我常说：真诚的成本是最低的。人不要装，一装就累，被人看穿，遭人嫌弃。所以，做真实的自己！有女同学问我，怎样才能成为淑女？我答：淑女是长期修炼而成，注意，千万不要装淑女，哪天忘装了，前功尽弃，成本很高。长期交往、重复博弈，真诚是占优策略。不再见面、一次博弈，装来干吗？

黄蓉是谁的女儿？黄药师，桃花岛岛主，搞房地产开发，坐拥海景房。黄蓉什么都不缺，就缺关爱！妈妈死得早，缺母爱；爸爸专注练武，对她关心不够，父爱有点粗糙。她赌气跑出来扮小叫花子就是让老爸难堪："你有钱、武功高、是网红，了不起呀？我是叫花子，你就是叫花子他爹。"标准的孩子逆反心理，怎么让大人不开心就怎么来。

关爱和善良，郭靖能提供、可持续，且成本不高；黄蓉很需要、颇稀缺，且价值很大。郭靖的真诚、善良在黄蓉那效用最大化，他的价值就成了她的匹配价值。

这个故事的男二号叫欧阳克，欧阳锋的侄子，实际上是私生子，因特殊原因不能认。他在一个虚伪的环境中长大，其他不缺，就缺真诚、善良和关爱。欧阳克也喜欢黄蓉，黄蓉从不正眼瞧他。他死都想不通：郭靖你这臭小子，家境没我好、武功没我强、颜值没我高，黄蓉为什么喜欢你不喜欢我？

欧阳克如果听了我的课、看了这张匹配价值图就能明白：欧阳同学，你有的金钱和武功黄蓉不缺，她要的关心和善良你却没有，在她这里，你哪有匹配价值啊？

（三）寻觅人生的匹配价值

讲一个关于情诗的故事。一天，几位男生起哄："老师，听说您年轻时一无所有，却用兵法追到了漂亮的师母。教教我们呗！"

我那时虽然物质上一无所有，但有核心竞争力，我会写情诗，有时诗兴大发，一天能写三首。情诗，我能提供、可持续，且成本不高。我拿着诗到处扫啊、扫啊！一开始扫到 A 女，A 女说："情诗能卖钱吗？""哦！不能。"我瞬间明白，一个缺钱男，就别去追缺钱女：我缺的也是她缺的。没关系，继续扫，就扫到我的女朋友，她是文艺青年，也好这口，我用情诗拨动她的心弦，我写诗的能力在她这就成了匹配价值。

(四)“英雄无用武之地”的解读

事业也如此。有人抱怨：“英雄无用武之地。”出现这种情况主要责任人是谁？英雄！英雄可动，地不能动，可动的英雄怎么去责怪不能动的地呢？当有类似感慨，一定要问自己四个问题：一、我是不是英雄？有些庸才还感慨“英雄无用武之地”，太自恋了；二、我是什么类型的英雄？要对自己的能力进行梳理，打磨出有价值且与众不同的能力；三、我这类英雄适合什么地？有些平台适合我，有些不适合；四、这个地在何方？然后，带着核心能力、带着宝剑闯荡江湖，找到适合的舞台，最大化自己的能力，抓住机会，贡献社会。打磨核心能力就是“聚形”，找到合适平台就是“运势”，做出最大贡献就是“致胜”。

人生，不求最好，而求匹配。

第二节　人生“运势”之“造势”

一、“造势”的多角度分析

站在物理学视角，对物体做功，把石头搬上山顶，形成落差，增加石头的势能。

站在兵法视角，《孙子》说：“转圆石于千仞之山。”注意两个关键词：第一个是“转”，把又大又圆的石头搬到山顶，然后推下去；第二个是“千仞”，要有落差。

站在哲学视角，就是发挥主观能动性。

二、造不造势差别很大

(一)“卧龙、凤雏”的“借东风”与“连环计”

《三国演义》中，司马徽对刘备说：“卧龙凤雏，得一可安天下。”“龙凤呈祥”在中华文化中是大吉兆，龙和凤属同一数量级。卧龙是指诸葛亮，凤雏是指庞统。一个会造势，一个不会，差别很大。

“火烧赤壁”大家耳熟能详，当中有两个重要计策：“连环计”“借东风”。“借东风”名气很大，且知识产权归属明确：“孔明借东风”。“连环计”知名度没那么高，知道“连环计”知识产权归属的就更少，没人说“庞统连环计”。

冷静分析，连环计比借东风更重要。曹军不把船连在一起，别说刮东风，刮台风也没用。最多烧掉几艘船，不至于连片地烧。所以，火烧赤壁的关键是“连环计”。

(二)先说说“连环计”

连环计非常危险，是庞统用生命换来的。他假装投降曹操，并得到信任。曹操有一事很伤脑筋，北方没有大江大河，曹操就挖了个水塘练习水军，这怎么行？就像让孩子在浴缸里练游泳，怎么练得出游泳健将？而且，北方士兵不服南方水土，尤其是晕船，船一晃他们就吐得一塌糊涂，战斗力基本丧失。

曹操向庞统求教，他漫不经心地说：“简单嘛，用铁链子把船连在一起，铺上木板，怎么会晃？不晃，士兵就不吐了嘛！”曹操大腿一拍：“太妙啦！”立即下令：执行！这条“毒计”还是被发现了。庞统设计离开曹营时，被人一把揪住：“你小子献的好计，要把我们都烧死啊！”庞统吓坏了，定神一看是徐庶：“哥们，吓死宝宝了！”

多险啊！好在徐庶与曹操有仇，万一其他谋士看出问题、曹操突然清醒或者某个环节出状况，庞统小命就没了。

(三)再看看“借东风”

东风是孔明借来的吗？不是。东风本来就在那儿。当然，诸葛亮很有本事，他精通天文，是个天文学家，能预测到何时会刮东风。

如果诸葛亮通过“新闻联播”，用“小喇叭开始广播”的方式：“根据气象局预报，某月某日会刮东风，天气转暖，打仗时不要穿棉衣。”他的功劳就会很小。诸葛亮怎么造势？他垒起七星台，穿着八卦衣，赤着脚，“呜呜呜”，装神弄鬼。过了一会儿，东风真的来了。大家都很诧异、很钦佩：“哇！东风真是孔明借来的。”其实，孔明不“呜呜呜”，东风照样会来，他通过制造神秘感，为自己造势。这件事太神奇了！人们津津乐道、口碑相传，“孔明借东风”妇孺皆知。庞统用生命换来的“连环计”反倒影响力不大。

(四)一个做“总理”，一个做县长

刘备“三顾茅庐”，诸葛亮都不肯出山，越不出，别人就越想请。这是“饥饿营销”，顺乎人性：越得不到越宝贵。最后，诸葛亮半推半就，一出山就做“总理”。

反观庞统，先投靠孙权，没得到重视，一生气跳槽到刘备那，由于他长得丑，也没受到关注，唉！颜值啊！在哪个时代都很重要。庞统自命清高，不肯出示专家推荐信，非要直接去应聘，“裸面”。刘备就只让他做了一个县长，于是，民间有了歇后语：庞统做知县——大材小用。好在后来庞统想明白了，也自我造势，才没被埋没。

结论一：干得好，也要“吹”得好。结论二：高管跳槽不能自投简历，先要造势，再去面试，要有高人推荐，通过猎头。

三、战略启示：从胡克定律悟半推半就的造势

分享我大学时代感悟的“汤氏弹簧理论”：胡克定律在恋爱中的运用，半推半就的造势。

(一)心和心之间的那根皮筋

科技发达让“思念”变成了一种稀缺体验，你正想思念，对方来电：“在干啥？视频吧！”人们不知何为思念，无法进入这种境界。

大学时代，我曾写过一首温情的小诗：《思念》。夜深人静，天各一方，遥望星空，思念对方：

夜已经很深

望着我，脉脉
是你窗前那颗星星
我，化了
化入你的柔情

我的心和你的心
有一根皮筋
柔软而坚韧
离得越远
牵得越紧

理工男写诗都忘不了物理公式。这首诗结尾的灵感就来自“胡克定律”：$f=-k\Delta x$，其中，f 代表弹力；k 代表弹性系数；Δx 代表弹性形变；“—”代表弹力和形变方向相反。把一根固定在墙上的弹簧往外拉，它会产生一股相反的往里的拉力；往里挤，会产生一股相反的往外的推力。弹簧被拉得越远或挤得越紧，产生的弹力越大。前提是不能超过弹性系数：弹簧不可拉断或挤得恢复不了原状。

(二)半推半就

我离开情场多年，不懂现在的行情，不知该定律对现在的年轻人是否有效？

我经常跟女生讲：你和男生两情相悦，也不可马上扑过去：“亲爱的，我爱你！”这样会把他吓跑，即使不跑，你的身价也会降价、打折。你应该设置些障碍，当然不要太大，不能飞起一脚：“滚！”把人吓跑，超过弹性系数，弹簧就断了。障碍要模棱两可、似是而非，通过努力能够逾越。比如：“人家还小嘛！”小不是问题，可以在爱中长大；“爸爸妈妈不同意嘛！”只要坚持，亲情终将向爱情让步；“我们先搞事业嘛！”不矛盾，事业和爱情双丰收。你稍加拒绝，他越想得到你；你越贴上去，他会把你推开，烦你，甚至逃婚。

四、“造势”包括“借势”

（一）“因”，借力使力

“造势”包括“借势”，指运用工具、环境。孟子说：“为高必因丘陵，为下必因川泽。”要懂得“因”，就是“借势”。那时，技术落后，建房不易，建高楼更难。高楼要建到山坡上，不是楼高，而是所处地形高，要借地势。在平地，尤其在高坡上挖沟很辛苦，效率很低。要顺着小河小溪往下挖，高效省力，又可挖深，要顺地势。

人生要“借势”。借力使力，寻求帮助，团结一切可以团结的力量。

父子俩在院子里面玩，父亲指着一块大石头对孩子说：“使尽全部力量，把石头搬动一下。”儿子把吃奶的力气都用上了，石头纹丝不动。儿子沮丧地放弃：“推不动。”“我要你使尽‘全部’力量。”“我使尽了，你都看到了呀！”父亲语重心长地说：“没有。你只用了个人的力量。爸爸就在旁边，为什么不求助呢？”

（二）陈子昂摔琴，一掷千金

陈子昂，唐代四川人，富二代，诗写得很好，在当地享有盛名。初到京城，人生地疏，没人搭理。一天，子昂小有郁闷，出去散心，看到大街上围了一群人：一个老头在卖一把古琴，叫价黄金千两。大家纷纷摇摇头：“太贵啦！”子昂抱琴端详良久：“老人家，这琴我要了！”围观者都很惊诧，议论纷纷：这么贵的琴被一个毛头小伙拿下，什么来头？有人问：“你的琴弹得很好吧？”“是的。”“给我们弹一曲呗！”“某日某时，我沐浴更衣、焚香弹琴，请大家光临寒舍观摩指导。”并留下手机二维码，人们纷纷扫码。消息传开，转帖不断，瞬间刷屏。那天，陈家大院里三层外三层被围得水泄不通。大家都来看热闹，想听听价值千金的古琴弹出怎样的曲子。时辰已到，子昂亮相，他抱着琴站上台阶：“各位是来听我弹琴吧？虽然我的琴弹得不错，但我的诗写得更好，你们怎能只关注我的琴，不了解我的诗呢？”他举起琴，“嘭！”的一声砸在台阶上，琴摔得粉碎。然后，他拿出早已备好的个人诗集发给大家，人手一册。一夜之间，陈子昂名满京城，“前不见古人，后不见来者”等名句让人津津乐道。

这就是“子昂摔琴，一掷千金”的“借势”故事。不过，我有点疑惑：那老头是不是“托”？价值千金的古琴就这么摔了？太可惜了吧！这一摔，摔成了经典营销案例，摔出个著名造势高手。

(三)艺术地求人

王熙凤非常泼辣，娘家有人，老公贾琏是“妻管严”晚期患者。她曾鄙视贾家：哼！我们王家的角落随便都能扫出你们这么点东西来。凤姐把贾琏和鲍二家的捉奸在床，按理，她应该狠狠收拾一下，把淫妇吊打一顿，那是小菜一碟。然而她没有，为什么？她要给贾琏台阶下，日子还要过，面子还得给；万一鲍二家的羞愧难当吊死在贾家，贾琏要吃官司，凤姐也脱不了干系。凤姐一闪开，鲍二家的第一时间逃离现场，回到家上吊自杀，贾家就没责任了。凤姐反应很快，客观上运用了《孙子》的“围师遗阙，穷寇勿迫”理论，她大脑高速运转三秒，果断决定，哭喊着转身往外跑。这个戏精，东不跑西不跑，直奔贾母那。本来贾琏吓得手脚无措，看到她一哭一跑，反而把“男子汉大豆腐”的豪情给激发了，他居然抓把剑追出去。凤姐一见贾母就扑到她怀里：老祖宗救我！贾母连声问：怎么了？凤姐泣不成声报告了概况。贾琏怒气冲冲过来了。贾母大声喝道：小兔崽子！有这么好的老婆，还和乱七八糟的女人搞七搞八。

故事还没完，《红楼梦》总是耐人寻味。凤姐三番五次在各种场合说：“老祖宗是我的救命恩人。”老祖宗做了什么？不就抱了她一下、骂了贾琏几句吗？怎么就成救命恩人了！凤姐反复强调贾母的救命之恩，贾母感觉怎样？每感激一次，贾母就开心一回。凤姐以后有事相求，贾母还会出手相救。

艺术地“求”领导，就是“王熙凤法则”。很多人不愿求助于领导，怕添麻烦，影响“钱”途、仕途。其实，艺术地麻烦领导、偶尔请他帮帮忙是职场的重要技巧。领导也希望认可、需要感激，不让领导有成就感，怎能得到领导重视?

富兰克林有一个政敌老跟他过不去,富兰克林很想团结他,一直无从下手。有一次,他终于发现机会,听说那人有本很棒的书,富兰克林就去向他借。官场虽然争斗,但还得有绅士风度。那人同意了。富兰克林认真阅读,表现出兴趣浓厚,经常夸这本书,感叹他如何受益,在各种场合感谢书的主人,经常和他探讨书的内容,慢慢地,他俩成了朋友。

艺术地"求"对手,就是"富兰克林法则"。要团结一个人,不是你去为他做点什么,而是想办法请他为你做点什么。

求人之前,先做评估:不会为难对方,而是举手之劳;虽非轻而易举,也不让人困扰。事成之后,要让他知道这事对你很重要,要经常提及、自然流露,并找机会表达感恩之情,他会很开心,还会继续帮,用投资学理论解释:回报率很高,还会继续投。这就是求人之妙,会收到意想不到的效果。

我闯上海时把父母接来住,但两老宁愿两地奔波,不肯长住上海,因为没熟人。一回老家到处听到热情招呼,街坊四邻东家长西家短,婆媳不和、夫妻吵架,常请两老去评评理。他俩省吃俭用,资助亲朋好友,别人请求帮忙,几乎有求必应。搞不定就找我,我也尽力而为,因为我非常理解爸妈被人"求"的愉悦。

第三节　人生"运势"之"任势"

一、多角度分析"任势"

"任势"就是顺势而为。《六韬》中,文王请教何时可攻纣王,姜太公答:"天道无殃,不可先倡;人道无灾,不可先谋。"商朝无天灾人祸别进攻,纣王没众叛亲离不讨伐。文王没等到,直到儿子武王在位时才时机成熟,如《中庸》所说"壹戎衣而有天下",一战定天下,把商朝灭了。

从物理学视角看"任势":将势能转化成动能,要有落差。根据万有引力定律，石头是从上往下滚。应该站在山上朝下扔石头，从下往上扔，不仅击不到敌人，还会搬起石头砸自己的脚。

《孙子》通过水这个比喻精辟地阐述了“任势”：“兵形象水，水之形避高而趋下，兵之形避实而击虚；水因地而制流，兵因敌而制胜。”水往低处流，往下冲。水流是避高趋下，用兵要避实击虚。

站在哲学视角看“任势”：尊重客观规律，顺应规律就会省力、省事；否则，吃力不讨好，不能取胜。

二、以史为鉴：刘备伐吴

怎样才能“三国鼎立”？前提是：老二、老三联合起来对付老大。老大和任何一方联手，另一方必败无疑，接下来就各个击破，把剩下的干掉。蒙古人就是这样，先联宋灭金，再反过来灭宋。

关羽“大意失荆州”被吴军所杀，张飞怒不可遏、迁怒下属也被杀，刘备悲愤万千、起兵伐吴。魏国最强，吴国第二，蜀国第三。吴蜀必须联盟才能生存，不可魏吴联盟或魏蜀联盟。老二、老三不仅不联合，反而干起来，岂不荒唐？吃瓜群众都知道刘备错了，诸葛亮会不知道？既然知道，为何不全力制止？当然，诸葛亮进谏过，反对出兵，刘备不听。可是，诸葛亮啊！你不是“鞠躬尽瘁，死而后已”吗？明知蜀国要出大事，你应该死谏！躺在大军开拔的路前高声叫喊：“皇上，不能去呀！如果要去，就从我身上踏过去吧！”

没有用啊！诸葛亮评估：这仗非打不可。回想一下，刘关张桃园三结义发过什么誓？“不求同年同月同日生，但求同年同月同日死。”所以，刘备必须死，只是怎么个死法。否则，就会失信于江湖、失信于天下。刘备必须报仇，输赢已不重要！

诸葛亮深谙“任势”，挡不住就不硬挡。利剑从天而降，不能伸手去接，应该避开，等剑掉下再捡起来。诸葛亮不能制止刘备，只有等他输了再收拾残局。于是，就有“火烧连营八百里”“白帝城托孤”。从此，吴蜀再也没有发生大规模冲突。

三、“任势”之人生思考

(一)“虎落平阳被犬欺”该骂谁?

“虎落平阳被犬欺”是骂犬、骂小人,为老虎、英雄鸣不平:山中大王沦落平原,却被土狗欺负!盖世英雄陷入困境,竟被小人戏弄!

“虎落平阳被犬欺”,老虎要负主要责任。造物主很公平,物有所短,必有其长。老虎爆发力很强,狗的耐力很棒。五十米之内,狗被老虎盯上,基本跑不掉;两三百米后,狗可匀速跑,老虎跑不动。一个擅长短跑,一个善于长跑。狗属于群居动物,老虎是独居动物。“一山不容二虎”,尤其容不下两只母老虎。崇山峻岭很少有一两百米的平地,猛虎下山,百发百中。到了平原老虎就傻了!狗知道它的特性,会在百米开外狂吠,老虎追不上。而且是一群狗围着,这里对它“汪汪”,追上去,跑啦;那边对它“汪汪”,追过去,又跑了,搞得筋疲力尽,老虎就这样被戏弄了。

老虎啊!山中才是你的家园,没事跑去平原干吗?旅游可以,看看就走,不该长待,不是你的主场。既来之,则安之,“强龙不压地头蛇”,受点委屈就算了!不纠结,不生气,让狗叫,别去追。

朋友啊!如果你有“虎落平原被犬欺”的感慨,去寻觅属于你的家园,找一个可以最大化核心能力的地方,去那里“任势”。还没找到,就“聚形”,就忍!

(二)既不失去朋友,也不对牛弹琴

《论语》中,子曰:“可与言而不与之言,失人;不可与言而与之言,失言。知者不失人,亦不失言。”如果某人懂道理、是可教之才,他只不过一时糊涂,你玩深沉、拈花一笑,不指出他的错误,让他去顿悟,这不够意思、不负责任,会失去朋友,叫“失人”;如果某人愚笨,不懂你,或者自以为是,不睬你,你还跟他啰嗦,那叫“对牛弹琴”,叫“失言”。智慧的人,既不失去朋友,也不对牛弹琴。

既不失人、又不失言，就是顺势而为，就是“任势”。

四、“任势”之家庭教育

(一)启发式教育就是“任势”

“启发”一词来自《论语》，孔子是“启发式教育”的鼻祖：“不愤不启，不悱不发。”不是发愤图强、没有非常努力，我不引导；没有深入思考、不是苦寻答案，我不点破。你愤悱，我才启发。

我很喜欢同学们提问，即使问题让人尴尬，我也开心。你发问，说明有过思考；我回答，你会印象深刻。

禅宗的“棒喝”“顿悟”让常人不可思议：师父拿根棒子敲一下、喊一声，徒弟就通了、悟了。注意！“棒喝”“顿悟”有其前提：徒弟不但疑惑，而且思考很久，只是一直找不到突破点。师父敲一棒子、大喝一声只是表象，其实是通过某句话、某个行为打通他、点破他。他醒悟了，突然间就明白了。如果没有思考，或思考不到位，乱棍打死也没用。所以，“棒喝”是一种“任势”，是将山顶上的石头朝山下轻轻一推。

(二)父母怎样一步步扼杀孩子的创造力

每年高考前夕，我会接到很多类似的电话：“汤老师，我孩子该读什么专业？”我问：“你孩子喜欢什么专业？”通常的回答是：“孩子也不知道喜欢什么。”为什么孩子不知道？因为从小就没给他机会。

登月第一人阿姆斯特朗，踏上月球刹那，留下名言：“我的一小步，是人类一大步。”阿姆斯特朗小时候跟妈妈说：“我想到月球上去。”我们的孩子这样问，通常会得到什么回答？“天方夜谭”“不要瞎想”“作业写完了没？”妈妈这样回答：“好的！宝贝。但千万要记得回来哦！”既让孩子的想象充分发挥，又将母亲的关爱真切表达。

(三)从“散养”“牧马人”到“发动机”

我对女儿的“任势”经历了二个过程：从“散养”到“牧马人”再到“发动机”。

我对小汤的教育号称是“散养”。“散养”并非不管，而是远远看着。小汤读小学时，周末要去少年宫学跳舞，离家公交四站路。第一次送我就告诉她：“我就接送你一次，第二次你必须自己去，所以，要记住沿途怎么走。”她不开心：“爸爸，我怕。”我说：“那就别去了吧?”她喜欢跳舞，嘟着小嘴很不情愿地同意了。第二次，我真的让她一个人去。我推着自行车悄悄地跟在后面，她一上公交，我就拼命骑，远远地看着她下车、进教室。等到她下课，我又悄悄地跟回来。

“散养”要有底线。有一个牧马人将一群马散养在一望无际的草原上，有一匹马动了歪脑子：“主人好像不管我们，只有一匹头马领我们进出，我悄悄溜走，也不知不觉吧?”第一天，它离开马群一段距离，牧马人没有反应；第二天，又离得更远，牧马人还没反应；第三天，它慢慢离开，越来越远，突然狂奔。牧马人沉着冷静地端起枪，“砰!”的一声，马应声倒下。故事讲到这，小汤心领神会：“哈哈，老爸看似散养，实则边界管理，我要是出格，你立即出手。”

后来，她长大了，我说：“女儿，以后，我只是你的发动机、前进的动力。你要驾驶好人生的航船，记住，舵手是你！如果你驾着船朝冰山开，我也会加大马力让你往上撞。”这话对她触动很大，增强了她的责任感。

(四)顺其自然更省力

小汤从纽约大学毕业，意气风发地留在美国创业。我和太太希望她回国，因有“发动机”的约定，不好强求，还给她提供了创业基金。一次，她回国，我让她见一位在上海创业很成功的朋友，她陪小汤参观公司，谈得很投机。小汤感慨：“中国市场机会比美国多太多了。”我顺水推舟：“回来吧!”她很为难：“投了那么多钱。”我赶紧说：“止损!”于是她回国了。做“发动机”很贵的，不容易！如果强行拉她回来，她就会排斥：我在美国干得好好的，你们非要我回国。现在，这个决定是她自己做的，一切“顺其自然”。

不要设计孩子的未来，不要越俎代庖做决定。可以帮忙铺路，也可搞点“套路”，但重要环节应该让孩子主导，关键决策必须让孩子决断，孩子就会对自己的决定负责，就会发挥主观能动性，遇到艰难险阻，不会怨天尤人，而会努力克服，不断前进。

朱熹的诗《泛舟》是“任势”最好的描述：“昨夜江边春水生，艨艟巨舰一毛轻；向来枉费推移力，此日中流自在行。”昨晚春雨，江水大涨，一艘大船像鹅毛般轻便自如，漂浮在茫茫江心；这曾是一艘搁浅的巨船，怎么推移都纹丝不动、枉费气力，现在，它可以在水中自由航行。

顺其自然就是“任势”，就更省力。

《六韬》说：“太上因之。”顺应天道人心是上上策。“天无为而成事，民无为而自富。”天道无为而万事皆成，不要干涉民众，他们自知如何致富。这可能是最早的市场经济理论吧？“因”“无为”都是“任势”。

五、怎样让孩子“不要”——“任势”之讲好故事

和孩子交流要懂得“任势”。父母会发现一个问题：“不要……”这种句式对孩子常常无效。越不让孩子做什么，反而激发孩子的好奇心和探索欲，他就越有兴趣“要”做这事。所以，不能简单命令孩子“不要”，尤其不能反人性地让他“不要”。要讲好故事。

(一)寺庙如何教孩子不要踩门槛

寺庙门槛都很高，寺庙大多建在交通不便的僻静之处，踩在门槛上进出很容易扭伤、摔伤，一旦出事，非常麻烦。如果叫孩子不要踩在门槛上，不安全，他听得进去吗？会不踩吗？于是，寺庙就编了一个故事：寺庙门槛是菩萨的脊梁骨。当他踩在寺庙门槛上，会毛骨悚然，比对他讲一百遍“不要踩门槛，不安全”效果还好。

(二)荒郊野岭见到女子不吉利

我老家有个风俗：男子在荒野看到女子，不吉利，要赶紧回避。我一直不明白该习俗的来历和缘由，甚至觉得这是对女性的歧视、羞辱。我长大了，有一天突然明白：老祖宗太智慧了！这不是歧视女性，而是保护女

性！试想，在四下无人的荒野，一个小伙遇到一位美丽的女子，很容易发生什么不测？如果只是教条地警告小伙子：在没人处遇到单身女子不要迎上去，要马上回避，很容易冲动、出事，小伙会吃这一套吗？有了这个风俗，遇到这种情况，男子会内心厌恶，自动回避。

(三)教孩子不要剩饭

孩子剩饭是一个令家长头疼、难解决的问题。如果一味苦口婆心地对孩子说：不要浪费粮食，“谁知盘中餐，粒粒皆辛苦”，浪费是可耻行为，效果常常不大。我妈轻松搞定了这个问题，小时候她给我讲故事：人一辈子能吃多少食物是有定数的，倒掉、浪费，同样会减少口粮。能理解我剩饭时惶恐的心情吧？只要浪费一口粮食，就仿佛看到我未来某天会饿肚子。我长大后虽然对妈妈这个故事存疑，但既无法验证也无法反驳。不过，我已养成习惯，在任何场合吃饭，我碗里最后都是干干净净的，像洗了一样。

听了上面的故事，是不是觉得有点“扯”？那是因为站在成年人视角想问题。对孩子而言，讲故事的效果往往比说教好得多。故事本身有没有科学根据甚至都不那么重要。当他长大之后，反应过来“故事是编的”，也不要紧，因为好习惯已经养成。曹操告诉士兵：“前面有一大片结满梅子的梅林。”虽然是编的，但帮助军队渡过难关。圣诞老人的传说是大人编的，但是，令孩子充满期待，度过了一个个美好的圣诞夜。

第四节　“运势”的千古绝唱：“三顾茅庐”

“三顾茅庐”常将人带入两个误区：(1)让读书人心存幻想，不自我营销，苦等某个明君突然三顾茅庐，结果就没有结果了；(2)把所有功劳都归于刘备求贤若渴。其实，刘备“三顾”的背后，有诸葛亮整套巧妙的运作，并非如人们想象那样，他只是被动等待。我们来梳理“三顾茅庐”的全过程，解读诸葛亮的“运势”，看他怎样“识势、造势、任势”。

一、前奏

(一)自我“造势”

诸葛亮在业内并不低调,会自我造势:“每常自比管仲、乐毅。”他经常跟小伙伴们吹牛:“你们只能做县长、市长。”别人问他:“那你能做什么官呢?”他回答:“我是将相之才,而且是像管仲这样的名相,乐毅这样的名将。”

管仲是春秋时代伟大的政治家、管理学家、经济学家,他发明了很多经济方法和管理方法,至今还让人眼睛为之一亮。历史上的官妓制度、贸易战等就是他的首创。乐毅是战国时期伟大的军事家、燕国的将军,创造了许多以小胜大、以弱胜强的著名战例。

(二)他人“造势”

如果只是自己吹牛,大家可能不以为然,还要他人帮忙造势。很多人都帮诸葛亮“造势”:徐庶等四大“闺蜜”、农夫、岳父、弟弟等。

刘备请诸葛亮出山的缘起:徐庶被曹操骗走,刘备依依不舍,十里长亭相送,徐庶深受感动,向刘备推荐诸葛亮。刘备问:“诸葛亮和你,谁更厉害?”徐庶军事能力很强,在刘备心中的形象非常高大上。徐庶回答:“驽马并麒麟;寒鸦配鸾凤。”我是劣马,他是麒麟;我是乌鸦,他是鸾凤,相差可不止一个数量级!这叫对比“造势”。常言道:“没有对比就没有伤害!”

还有一位很有影响力的人也在帮他吹:司马徽。他说:“诸葛亮可以和兴周八百年的姜子牙、旺汉四百年的张子房媲美。”本来人们还以为诸葛亮自比管仲、乐毅是吹牛,但没想到,这是谦虚,他与姜太公、张良是同一层级。

所以,人际关系很重要,要广交朋友,更要交牛友。光自吹不够,要旁人抬轿、高人帮衬。什么是高级吹牛?自吹不要太过,中等偏上即可,名人为你站台,将你往上一抬,效果出奇的好!老汤感慨:该吹还得吹,名人再助吹。

(三)司马徽“造势”“识势”

司马徽为诸葛亮“造势”不遗余力。他是怎么与刘备“顺便”谈及诸葛亮的？徐庶刚走，司马徽就到刘备处找徐庶，得知徐庶到曹操那去了，他跺脚拍腿：徐庶上当啦！

这事我心有存疑。徐庶在刘备那待了那么久、打了那么多仗，司马徽从没来过，怎么徐庶一走他就来了？那么巧？有没有套路？我估计司马徽是借看徐庶之名特来为诸葛亮“造势”。他们的话题马上就转到诸葛亮，司马徽夸诸葛亮多么厉害，走时还哈哈大笑，撂下一句：“虽得其主，不得其时”，卧龙啊！虽然刘备是个不错的主，可惜你生不逢时，如果在太平盛世，你会做出更大的贡献，你是个平天下的人物啊！

这也借司马徽之口表达了诸葛亮的“识势”：所有领导中，刘备是最合适的人选，是“黑马”。要么不出山，要出山就选刘备这个“主”，把“圆石”搬到这个山头。这话也为诸葛亮“儒道纠结”的“造势”做了铺垫：“如得其主”，有好领导，就用儒家思想，鞠躬尽瘁，忠；“不得其时”，时局不好，就用道家思想，淡泊明志，隐。

刘备早想去见诸葛亮，这事重要但不紧急，一直没成行。司马徽一说把刘备搞急了，这事立马变成既重要又紧急，于是第二天就启程去拜访诸葛亮。

二、一顾

(一)农夫道家思想“造势”

刘备一进入隆中，就听到农夫一边耕地一边唱歌：“荣者自安安，辱者定碌碌”：安详平静、隐居山林，能享受大自然的荣光；忙忙碌碌、追求名利，会遭受人世间的屈辱。这体现出浓厚的道家思想。小时候，妈妈随“五七大军”下放，我在农村待了好几年，从没见过农夫一边耕地一边唱歌。要唱也是偶尔哼哼。怎么会正好刘备一来他们就唱？歌词还充满哲理，一问是诸葛亮写的。大家发现排练的痕迹了吧？

(二)崔州平道家思想“造势”

刘备“偶遇”诸葛亮好友崔州平，崔州平说：“自古治乱无常”“顺天逸，逆天劳”。要顺从天意，这也是道家思想。经过一番交谈，刘备的崇拜之心油然而生，请他出山，他不去。我又诧异：刘备专程跑了三次才见到诸葛亮，诸葛亮四大密友之一徐庶走了，而其他三位在刘备一顾、二顾过程中，“依次”“随意”出场，无一缺席，有那么巧吗？

(三)犹豫“造势”

如果刘备“一顾”，孔明马上出山，其价值大打折扣。

小汤有顾虑：诸葛亮太“作”了吧？让刘备三番五次地跑，万一生气不来，岂不傻了？

这种疑问、担心很正常。我来分析犹豫的“造势”。犹豫，可以对人产生强大的冲击力。诸葛亮想出又不想出，犹豫发自内心，不是作，更不是装：“刘备诚心，我就出山；如果不诚，我俩没缘。”诸葛亮为什么有这样的定力和能耐？底蕴！他融道家和儒家思想于一体，还精通兵家、易学。他的道家思想集中体现在《诫子书》，“宁静致远，淡泊明志”已成千古名句；他的儒家精神集中体现在《出师表》，“鞠躬尽瘁，死而后已”大家耳熟能详。诸葛亮留下文章很少，但每篇都是经典。这再次证明：作品不在多，传世最重要。儒道思想在他心中斗争。儒家说要出山，将才华服务明君、造福大众；道家说要隐居，时局不好，危险很大，才华无法施展。他既想忠，又想隐，纠结的心情导致纠结的行动。于是，让刘备连跑三次，欲罢不能，紧紧锁定。

三、二顾

(一)爽约“造势”

刘备二顾时我也发现疑点。初次未见，刘备和童子交代：我还要来。那时交通不便，不像现在村村通公路。刘备很慎重，去之前还派人打探，得知诸葛亮在家才启程。等刘备过去，又说他不在、出远门了。诸葛亮这就不对了！人家已经跟你预约，爽约嘛！张飞发火：把他捆了，放火把茅屋烧了。关羽、张飞不满情有可原。连老汤都有些怀疑：大雪天能游到哪？我猜，诸葛亮根本没出游，就在后山蹲着，乐滋滋、默默地看着山下发生的一切。

（二）石、孟道家思想“造势”

刘备又“偶遇”诸葛亮的另外两位好友石广元、孟公威，他俩在那高谈阔论：“古今英雄事，都付笑谈中”，这是道家的思想，吸引刘备来围观。刘备请他们出山，也是一个个死活不肯。这说明诸葛亮的圈子里都是道家人物。搞得刘备着急上火：比诸葛亮差的都不愿出山，请诸葛亮出山肯定很悬。

（三）儒道纠结“造势”

出来混，老吓人也不对，万一吓跑了人家怎么办？还要“勾引”他一下。于是，安排弟弟诸葛均在那念诗：“非主不依，以待天时”，我哥有儒家思想，如果遇到好领导，等到好时机，还是会出山。

接着，诸葛亮的岳父黄承彦念着《梁父吟》出场。介绍《梁父吟》诗中“两桃杀三士”的背景材料。齐景公有三个很厉害的武将，战功累累，但狂妄自大，对齐景公构成威胁。晏婴使用计谋，让他们三人争两个桃子，最后一个个羞愧万分，自杀身亡。《梁父吟》有儒家、道家思想，对晏婴持反对态度。《论语》中孔子曰：“政者，正也。”一个领导最重要的是“正”，应该仁义当头，要有仁德、有气度；《老子》中更是旗帜鲜明、立场坚定反对领导对下属玩智谋、弄手段：“以智治国，国之贼；不以智治国，国之福。”

《梁父吟》中的“长空雪乱飘”“独叹梅花瘦”表明了一种儒家精神：大雪纷飞，万木凋零，只有梅花独自傲然开放。这也是孔子的执着精神：明知不可为而为之。这含蓄地告诉刘备：诸葛亮具有很强的儒家情怀。

四、三顾

(一)我"识势"很久了

诸葛亮在榻上仰卧,刘备在一旁恭立,这个场面不太和谐:27 岁的小伙仰面朝天在床上躺着;47 岁的大叔毕恭毕敬在旁边站着。关羽、张飞很生气,后果差点很严重。

诸葛亮睡醒了,一醒就吟诗:"大梦谁先觉?平生我自知,草堂春睡足,窗外日迟迟。"世人沉沉入睡,唯我清醒独察。我是"识势"之人,了解时局。我已经养精蓄锐、准备充分。刘皇叔,你终于来了!我等你很久了!

我们睡醒后第一个动作是什么?"伸懒腰,打哈欠。"一醒就念诗的人有没有?看到我们与诸葛亮的差别了吧?有没有安排的成分?不得而知。

(二)亮剑"造势"

日常生活中,为何有些老公很服老婆?很多人以为是女人会"作"。作,只是表象,对丈夫关心、关爱、无微不至才是秘密武器!这样"作"人家才买账;对人不好还"作",终遭嫌弃。

诸葛亮仅会"作"是不够的,还必须展现实力,拿出干货能亮剑。他有一把重要的"宝剑",就是兵家战略思想。接下来就进入诸葛亮亮剑的精彩阶段:著名的"隆中对"。诸葛亮取出作战地图,向刘备分析了未来的世界格局:曹操打不动,孙权不能打,有块地方可以——西川,天府之国,管理者无能,拿下就三足鼎立。他为刘备提供了战略目标和战术路线,充分体现了诸葛亮的兵家实力。刘备瞬间就被镇住,茅塞顿开,醍醐灌顶。刘备当时是到处流窜的"三无"人员:无地盘、无兵马、无靠山,这种宏图从未见过,如此愿景没敢想过。

(三)适可而止"任势"

刘备信心倍增,非常诚恳、急迫地请诸葛亮出山,一起打天下,建功立业！诸葛亮不肯，继续“作”：“不去不去，我在这挺好的。”又求，还不去，还在“造势”。刘备就哭：“先生不出，如苍生何？”您不出山，劳动人民怎么翻身得解放？中华文化讲究事不过三，诸葛亮不能再推辞，要适可而止。于是，“任势”，顺水推舟、半推半就：好吧！愿效犬马之劳。离开时，他还不忘“造势”，回头叮嘱弟弟：好好看家，我去帮刘皇叔抓鹿，抓到就回来。重回儒家思想、道家思想主旋律。不过，诸葛亮再也没能回来，为了刘家天下，他耗尽全部心血，留下千古美谈。

第三章

“致胜”

第一节　追求“致胜”

一、“致胜”还是“制胜”，这是一个问题

（一）“致胜”“制胜”

制和致，两个字发音一样，但意思差别很大。

“制”：管控、规定、依照标准做，希望产生一个主观结果。“制胜”，努力使这个胜利的结果出现。“制胜”要点：掌控危机、寻找机会、夺取胜利。危机：机会常常隐藏在危难之中。日本侵华是中华民族的危难，但日本人把中国人打醒了，让一盘散沙的中国人重新振作、团结起来，这就是危难中出现机会。蒋介石抓住了机会，但好景不长，抗战胜利后，国民党“劫”收大员大肆腐败，民心尽失。共产党抓住机会，夺取最终胜利。

“致”：招引、导致。“致胜”：通过全过程、一系列奋战，最后达到目标。《孙子》中说：“善战者之胜也，无智名，无勇功，故其战胜不忒。不忒者，其所措必胜，胜已败者也。”善于打仗的将领，似乎没什么智慧的名气、勇猛的功劳。他的每个细节步骤都不犯错，采取一系列正确措施，还没开打，

胜券在握，两军一交锋，对手就败了，他妥妥地战胜了已经失败的敌人。伟大的人物、伟大的功劳，看起来稀疏平常，原因就在这里。这就是“致胜”。商界亦如此，把产品的每个细节都做好，把服务的每个环节都完善，最后，会让客户满意，获得客户认可。

（二）没有对错

“制”比“致”更主动。制，主观能动，偏刚性；致，顺势而为，偏柔性。“制胜”重结果，“致胜”重过程。战术讲究“制胜”，局部成功，想方设法，战胜对手，步步为营；战略讲究“致胜”，大局观念，考虑后果，既胜且利，管控全局。“制胜”，分析客观环境，关注敌情变化，根据具体情况，及时调整方案；“致胜”，追求全胜境界，重视战后重建，为了整体战略，牺牲局部利益。

兵家重“制胜”。《孙子》中三谈“制胜”：“人皆知我所以胜之形，而莫知吾所以制胜之形。”常人都是只知过去，不知未来。等我“制胜”了，他们才恍然大悟。“水因地而制流，兵因敌而制胜”，带兵打仗要抓住战机，一发现破绽，马上克敌“制胜”。“料敌制胜，计险厄远近，上将之道也”，了解敌人、争取“制胜”，是上将之道。运用具体战术，通过主观努力，夺取战场胜利。短兵相接，当制则制。

儒家、道家都重“致胜”：儒家“赞天地之化育”，重春风化雨式的“教化”；道家“治大国若烹小鲜”，治理国家如文火烧小鱼，慢慢来。

有一门课程叫《服务致胜》，通过服务提高企业和个人的价值。很多企业取胜不是靠产品，也不是靠硬实力，常常是通过软实力：服务　现代社会，服务尤为重要，“致胜”还是“制胜”？一字之差，不是名称改变，而是理念变化。服务要先重过程，后重结果，二者并重，水到渠成，道法自然。所以，“服务致胜”比“服务制胜”的思想内涵更加丰富。

我的研究叫“孙子兵法与人生战略”，侧重战略，探讨人生，因此，我用“致胜”。

二、“致胜”三部曲：战前、战中、战后

（一）战前：主孰有道

战前，重点关注：“主孰有道”。首先要问：在这场战争中，我是“正义之师”吗？

正义之师的重要标准是“道”。《孙子》用兵“五事”，“道”排在第一；“七计”首问：“主孰有道？”什么是道？“道者，令民与上同意也，可与之死，可与之生，而不畏危。”道就是君王有道，民众和国君诉求一致，上下同心，团结战斗，同生共死，毫不畏惧。孙子非常重视“君主之道”，君道合乎正义，君主道德高尚，远奸亲贤，恩信使民，才能深得人心。无道之人，暂时取胜，终将失败。拥有正义思想，确保方向正确，方向错了，停下来就是前进。战前，要分析我是否正义，正义之师才能心往一处想，劲往一处使。

《尉缭子》说：“凡兵，不攻无过之城，不杀无罪之人。”“诛暴乱、禁不义。”“王者，伐暴乱、本仁义。”兵道，不滥杀无辜；王道，以仁义为本。都是讨伐暴乱之徒，制止不义之行。《六韬》说：“君不肖，则国危而民乱；君贤圣，则国安而民治。祸福在君，不在天时。”君主昏庸，则国家危难，社会动乱；君主圣贤，则国家太平，人民安定。是祸是福，取决于君主是否圣贤，不在于天时变化。所以，中华文化有个重要特征：明君文化——人民都盼望明君。“主孰有道”非常关键。

上司、领导、领袖，差别何在？上司是级别，我听不听、服不服？不一定；领导，是我愿意为他工作；领袖，是我愿意为他献身！领袖都有人格魅力，目标崇高远大与百姓息息相关、得到认同，百姓才“可与之死，可与之生，而不畏危”。

《文子》说：“义兵王，应兵胜，忿兵败，贪兵死，骄兵灭，此天道也。”正义的军队有王道；自卫的军队会取胜；愤懑的军队会失败；贪婪的军队会横死；骄傲的军队会灭亡，这是天道，更是兵道。《孙膑兵法》说：“知道，胜；不知道，不胜。”通晓兵道，才能胜利；不懂兵道，无法取胜。道，非常重

要。

(二)战中:修道保法

战争过程中,要“修道而保法”:既有道义支持,也有致胜法宝。

正义非常重要,就是“修道”。正义之师是最终胜利的重要前提、有力保证,必须“修道”。孟子说:“域民不以封疆之界,固国不以山溪之险,威天下不以兵革之利。得道者多助,失道者寡助。寡助之至,亲戚畔之。多助之至,天下顺之。以天下之所顺,攻亲戚之所畔,故君子有不战,战必胜矣。”成语“得道多助,失道寡助”“战无不胜”就出自这里。有人对这段话不做详细分析,得出口号:“正义之师,战无不胜。”

“修道而保法”的匡世警醒:正义之师一定战无不胜吗?正义很重要,但光有“道”、正义之师不够,离胜利还有很大距离,还要有善于指挥的将领、训练有素的队伍、取得胜利的方法,要“保法”。“修道”加“保法”,是致胜的两个重要保证,缺一不可。孙子不仅是军事家,还是哲学家,思维缜密、合情合理。

我用“修道保法”理论对孟子这段金句做完整解读:“域民、固国、威天下”,光有“封疆之界、山溪之险、兵革之利”这些手法是不行的,还要有重要的条件——“得道”。“域民、固国、威天下”光靠“修道”不够,还必须有“封疆之界、山溪之险、兵革之利”才能实现。

毛泽东同志说:“凡是反动的东西,你不打,他就不倒。正如地上的灰尘,扫帚不到,灰尘不会自己跑掉。”不抗日,日本不会投降。共产党虽然代表正义,但如果不战斗、没有正确的战略战术,国民党不会自动垮台。共产党早期因放弃武装而遭国民党屠杀,后来因遵循毛泽东同志的“枪杆子里面出政权”理论,才能取得胜利。这是中国革命的“修道保法”。

美国管理学家德鲁克的名言“做正确的事,正确地做事”(Do right things,Do things right)和“修道保法”异曲同工。管理学中很多经典名句都能从中华文化宝库中找到完全匹配的句子。

唐代诗人、《孙子》研究专家杜牧说:“用仁义,使机权。”必须守护“仁义”，这是为人之本；还要使用“机权”，掌握权变、运用计谋。这就是“修道保法”。

（三）战后：胜敌益强

取得胜利，不一定要把敌人彻底消灭，重要的是胜敌益强、战后重建。没有永远的敌人，只有永远的利益，今天的敌人可能变成明天的朋友，把敌人赶尽杀绝，说不定把未来的朋友也灭掉了。竞争更是这样，对于竞争者，常常要与之同生共存。人生在世不必过于爱憎分明，要讲王道，让对手输得心服口服，最好化敌为友。

不要羞辱失败者，不要动不动就斩草除根，万一没有除净呢？万一“野火烧不尽，春风吹又生”呢？死灰复燃，卷土重来，冤冤相报，没完没了。给失败者以尊严，才能获得长治久安的胜利。

美国内战以北方胜利、南方失败而告终。北军由格兰特将军带领，南军是李将军指挥。战争结束，南北方签订和平协议，说和平协议是客气，其实是北方接受南方的投降书。签字那天，一个让人诧异的场景出现了：李骑着高头大马，一身戎装，腰佩宝剑，威风凛凛；格兰特却穿着便服，鞋子粘泥，猛一看，还以为南胜北败。仪式结束后，格兰特牵着李的马，陪李走了很远，他俩很感慨：这是一场兄弟间的自相残杀，死伤都是自己人，没有胜利者。两人谈得很投机。分手了，李跨上战马绝尘而去，格兰特站在原地目送，久久不肯离去。李出生贵族，既是战将，也是绅士，受到格兰特如此尊重，他还会纠集部队杀个回马枪吗？李心服口服！

三、“致胜”的战略启示

（一）对“仇富”现象的反思

当今社会有一个严重的现象：“仇富”。仇富，仅仅是因为贫富差距太大吗？不！为富不仁才是仇富之源。中国有仇富传统吗？没有！中国历史上富人常常受到尊重。富人赚钱后，对穷人尊重、关心，还带领人家一起致富，怎么会有人仇视？

一个大家庭中，兄弟姐妹大多穷，个别的富。富的人嘚瑟，不帮家人，甚至鄙视家人，大家会群起而攻之；富的人提携其他兄弟姐妹，家人会因他而感到自豪。炫富仇富不是中华传统文化，闷声大发财、“一人得道，鸡犬升天”才是。儒家讲求“修身、齐家”，“齐家”很重要，大家庭要齐头并进，落后学先进，先进帮后进；否则，一人向隅，举座不欢。

中国刚刚富裕起来的时候，很多暴富者还不知怎么做富人，不知道怎么“修功”，更不知怎么“修德”，把成功都归结于自己能干。跑得快可以，只顾自己跑，不管老百姓，会出问题、摔跟头。更大的错误是炫富，这是对穷人不尊重，是仇富的主因。我经常用吃饭打比方：有钱没钱，无关对错。你有钱，吃山珍海味；我没钱，吃萝卜白菜，两不相碍，但请到一边吃。我本吃得坦然，看你大吃海喝，心里会不舒服。实在没办法，必须一起吃，没关系，闷头吃、悄悄吃，别“吧唧吧唧”作响，好吗？

两个富人，一个说，我有的是钱，自己赚的钱想怎么花就怎么花；另一个说，我能赚这么多钱，得益于改革开放，我只是个保管员，为祖国和人民保管一下财富而已。试问，谁更受欢迎？袁隆平被媒体称为“亿万富翁”，但他经常穿一件十几块钱的衬衣，戴个草帽，踏双胶鞋，在田间，风里来雨里去，为民造福。人们会去仇视这样一位道德高尚、衣着朴素的老者吗？

老子教导：“胜而不美。而美之者，是乐杀人。夫乐杀人者，则不可得志于天下矣。”战争取胜后不能自夸、炫耀，夸耀就是以杀人为乐，杀人为乐者会遭到唾弃，不能长久胜利，无法立身天下。竞争取胜也一样，不要炫富！有钱财去做慈善，最好！实在不愿分享，藏起来！别到处嘚瑟！

（二）从“征服”到“诚服”：从霸道到王道

1. 霸道与王道之别

几千年来，人们一直在思考、探讨霸道和王道：王霸之分，义利之辨。“重义还是重利，我赢还是多赢”是王霸的差别。

霸道是以力服人。我赢、我胜就行，别人赢不赢我不管。有人不服？打！杀！让他屈服。高压制服的后果是：反抗，杀；再反抗，再杀。很多人虽然被打服、杀服，会出现短暂的平和，但口服心不服。王道是以德服人。不仅仅是我赢，而是多赢。为团结大家，我宁肯牺牲自己的利益，“全心全意为人民服务”，大家就会诚服、心服口服。

兵家重霸道，儒家重王道。胜利是兵家的终极目标；大同是儒家的最高理想。兵家讲究“智信仁勇严”，“智”在前，只要取胜，兵不厌诈；儒家讲究“仁义礼智信”，“仁”为首，王道必正，要讲仁义。

儒家重视长治久安，主张“王道”，反对以力取胜。《论语》说：“羿善射，奡荡舟，俱不得其死然，禹、稷躬稼而有天下。”天上本有十个太阳，晒得地上寸草不生，“后羿射日”射下九个。后羿只通箭法，只会霸道，不懂王道，他曾有过辉煌的成功，最终却是人生败者。他的老婆——嫦娥，宁愿去月球忍受孤独，也不想跟他享受荣华。后羿居然被下属杀死，善射有什么用？通过霸道得胜不能长久。奡是大力士，就是杀死后羿那人的儿子，奡的力气大到可将一艘大船轻松地甩起来，力大有什么用？也被他的下属干掉了。因果，就这么迫不及待吗？很快就报应在儿子身上了。这两人的结局有个共性：只懂霸道，功夫超群，但结局都不好。大禹、后稷做了国王，亲自下地耕种，居然拥有和平安定的天下，因为他们实行“王道”。仁义道德才能最后安天下。

当今世界，“某国优先”是霸道，“人类命运共同体”是王道。两句口号，同时喊出，高下立判。谁会最后胜利？我们拭目以待。

2. 先霸后王

霸道和王道有一个共同目标，都是为了国家、追求和平。《孙子》讲最好不打，但该打时还要能打。天下不会自动就交到你手上，要武装夺取政权，没有霸道，得不到天下。得到了天下，也不能掉以轻心，热爱和平，但要备战。《黄石公三略》说：“有甲兵之备，无斗战之患。”有军事准备，无战争祸患。国家的和平安定需要实力做后盾，要随时反击敌对势力的侵略和颠覆。

先霸后王。先用霸道打天下，江山坐稳后，实施王道。长用霸道，会失天下。《论语》中，孔子告诫："知及之，仁不能守之，虽得之，必失之。"通过智力、技巧获取了成果，没有仁德守护，虽然得到还是会失去。中国历史上无数次重复着血的教训，印证了孔子的忠告：通过霸道夺取了政权后，如果不实施王道，江山到手也会丢失。项羽就是这样，当时天下基本到手，竟被刘邦抢掉，因为他是楚"霸王"！刘邦得了天下，开始有点犯浑，陆贾立即警示他："马背上可以得天下，马背上不能治天下"，圣贤治国"逆取而以顺守之"，武力可夺政权，不可治国。即使运用诡道获取天下，也要实施王道才能守护。

孔子说："为政以德，譬如北辰，居其所而众星共之。"管理国家，不需后羿的箭术会射日，无需奡的力气能荡舟，只需像大禹、后稷那样施行仁德，庄重地坐北朝南，就会众望所归、国家安定，这才是王道。

霸后必王。得天下，需要兵家；守天下，则需儒家。

第二节 "致胜"四要素

一、"知"

致胜的第一个要素是"知"。掌握信息，全面分析。

《孙子》说："知彼知己，知天知地""知战之地，知战之日""知可以战与不可以战者胜，识众寡之用者胜，上下同欲者胜，以虞待不虞者胜，将能而君不御者胜。"

(一)掌握信息，准备预案

《计篇》首提"知彼知己"；《行军篇》讲"相敌"，观察敌情；《九变篇》《地形篇》《九地篇》多次谈到"知地"；《用间篇》重在"知彼"。

掌握信息，准备预案。《孙子》说："百战百胜非善之善者也，不战而屈人之兵善之善者也。"这句话信息量很大，包含一系列战况。最好的是"不战而胜"，实力加智慧，"不战而屈人之兵"；较好的是"一战而胜"，用强大的兵力打赢关键战役，"擒贼先擒王"；次等的结果是"百战百胜"，抓住各种进攻机会打击敌人;最后是“高垒深沟”,严防死守。理想状况是不战而屈;准备工作要从守开始,守是基本功。

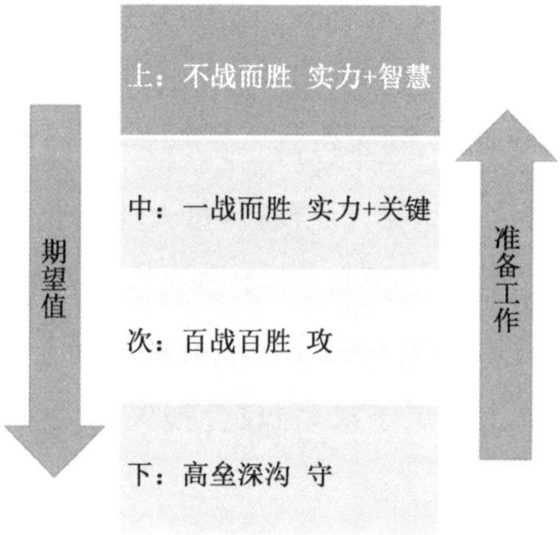

(二)了解对手,上兵伐谋

《孙子》对“知”提出一系列要求:“上兵伐谋,其次伐交,其次伐兵,其下攻城。攻城之法为不得已。”伐谋是最高阶的手段,伐谋高于伐交,伐交高于伐兵,伐兵高于攻城,层次分明。从“有形无形”角度分析:越无形,越厉害。最厉害的是智慧、谋略。

伐谋,最重要!深入了解对手的谋略,并予以挫败,把其计谋、战争念头扼杀在萌芽中,效果最佳。一有火星就灭了,不让它燃成燎原之势。谋略是智慧,无形。《六韬》说:“善战者,不待张军;善除患者,理于未生;善胜敌者,胜于无形。上战无战。”善战之将,还没排兵布阵就搞定敌人;善除祸患,会防患于未然;善于胜敌的将领,无形中就取得了胜利。最好的战果是不战而胜。

伐交,运用外交手段。我说什么对手可能听不进,让邻国、对手的友国去劝他,效果更好。把注意力放在国际关系上,关系也是无形的。

伐兵,打击敌人的军队。把注意力放在敌军的人员、装备等上,这些是有形的。

攻城,攻打敌人的城堡。关注、分析城堡什么地方坚固、什么地方薄弱。姜太公说:“必胜之道,器械为宝。”攻城,器械很重要。攻城更是有形的,而且太实。

这还包含清晰的成本收益理论。伐谋:使用智慧、运用计谋,成本最低,收益率最高。伐交:外交需要经济手段、利益输送,成本还算低,收益率还不错。伐兵:只要用兵,成本就高。兵马未动,粮草先行。《孙子》说:“日费千金,然后十万之师举矣。”还没打,每天耗资千金,十万大军才能开拔。就算“战胜”,收益较低。攻城:成本最高,收益最低,硬碰硬攻城,两败俱伤。《传》曰:“一女乘城,可敌十夫。”有些城堡非常坚固,地形险要,一个弱女子就可抵抗十个男子汉,强攻会损失巨大。万不得已,不要攻城。

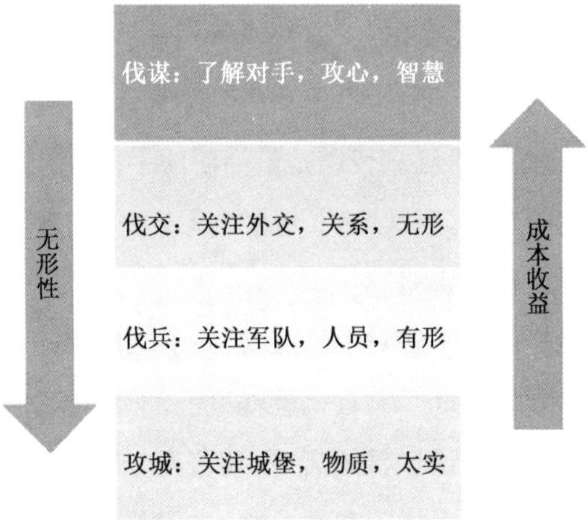

(三)婚姻生活的“伐谋”

1. 一块手帕筑起的篱笆

那是一个用手帕的年代。女孩爱上有妇之夫,很纠结要不要继续。一天,她终于下定决心分手,闺蜜很诧异:“你不是很喜欢他吗?怎么说分就分?”女孩讲了缘由:“我俩一起谈论未来,说着说着我就哭了,他掏出一块手帕,整整齐齐、方方正正,还有淡淡的香水味,我问手帕谁准备的?他说是老婆。我如梦初醒,当即决定分手。他有一位井井有条、关怀备至的老婆，我根本不是对手，等这男人一清醒，我就自取其辱了。”

怎样保护婚姻成果？不是老公一回来就闻他身上有没有香水味、查他衣服上有没有长发，那人不用香水、剪短发怎么办？防不胜防。最牢固的篱笆是“关爱”，处处关心爱护，对方就不容易开小差，第三者也插不进来。

2.“回来就好”

有一位校友生活在某海滨城市，发现当地有句口头禅：“回来就好”，并形成一种“宽容文化”。追根溯源：该地区临海，以前交通闭塞，经济落后，打渔为生，海上气候恶劣、捉摸不定，有时出海就回不来了。所以，家人的期望值很低：鱼打多点、少点没关系，“回来就好”。夫妻之间也要形成“宽容文化”。宽容，是婚姻的定海神针，也是维系家庭的重要手段。

(四)家庭生活中的“伐交”：与对方的亲人相处好

妻子对丈夫的爸妈好，会有意想不到的收获。要是老公开小差、犯错，老婆发脾气，拍着胸脯骂：“你这死家伙，放着这么好的老婆不珍惜，到外面搞七搞八！”结果如何？他可能逆反，嘴巴不说，心里鄙视：“哼！自吹自擂，你有什么好？”如果他是孝子，他爸妈用同样的话骂他，哪个效果更好？丈夫亦然。对她的家人好，事半功倍。夫妻之间难免有矛盾，太太偶尔吐槽，她的家人会说：“你有这么好的老公，还挑剔什么？”先生乐呵呵地赔个礼、道个歉就过关了。如果她的家人评头论足：“这种老公太差了！”结果不就惨了吗？

我太太对我父母很孝顺，妈妈临终前托付我：“彩兰和我情同母女，你要对她好，除了尽丈夫的责任，还要尽兄长的责任。”每每想起，潸然泪下。

不仅对爱人好，还对爱人的父母、家人、朋友好，他们会帮助我们在人生的海洋中乘风破浪。这就是婚姻、家庭中重要的“外交”，是生活中的“伐交”。

有些年轻人结婚随意，离婚更随意。既没“伐谋”，花心思经营；也没尝试“伐交”，与配偶的亲朋好友搞好关系；却开始“伐兵”，一言不合就离婚；甚至“攻城”，调动家人大打出手。各种方法都试过，无效，实在不行才离婚：“其次伐兵”。离婚也要好聚好散，打来打去是不得已而为之，是下下策，双输：“其下攻城，攻城之法为不得已。”

二、“奇”

致胜的第二个要素是“奇”。不断创新，与时俱进。

《孙子》有很多关于“奇正”的论述：“其战胜不复，而应形于无穷”“因利而制权”“践墨随敌”“奇正之变，不可胜穷”“凡战者，以正合以奇胜，善出奇者，无穷如天地，不竭如江河”“五行无常胜，四时无常位，日有短长，月有死生”等。

（一）我为什么主张“奇”的读音为“qí”

“以正合，以奇胜”的“奇”，大多读“qí”，也可读“jī”，通过发音体现出对“奇”的理解。有些学者纠缠“奇”的读音，做了很多考证，甚至纠正通俗读法，这就大可不必。我不主张把“奇”的读音从“qí”改为“jī”，把“以奇胜”的“奇”仅仅理解为“奇数”的“奇（jī）”很偏颇，埋伏另一支兵力，突袭取胜，只是“以奇胜”的一种，而非全部；“以奇胜”应该包括所有的出人意料，是孙子“攻其无备，出其不意”思想的另一种表述；而且，成语“出奇制胜”已为人们耳熟能详，大家约定俗成读“qí”。因此，我主张“奇”读“qí”，理解为：所有不按常理出牌的行动、差异化竞争。

（二）“以正合”，选好领域

“以正合”给我的启示：要取得成果，一定要打好基础，找好领域，选定学科。

为什么要多读经典？经典是千百年来被大家认可，历经岁月冲刷还能流传下来的著作。学习经典是掌握知识高效、安全的方法。自己从茫茫书海中挑选出经典之作非常辛苦、效率极低，能不能成为经典还要经受时间的考验。当今社会，知识半衰期短得让人瞠目结舌，比如，金融、管理、营销等知识半衰期约为3～5年，计算机知识的半衰期只有18个月，现在掌握的知识,18 个月后一半就过时了。我是学计算机的,由于知识没及时更新,几年下来就“半衰”完了。

“老庄孙子”(老子、庄子、孙子、孔子)到现在还管用。当然,也有过时的内容,比如《孙子》“相敌三十二法”,现在有卫星、无人侦察机,战情也发生巨变,虽然观察敌情的理念还可用,但原来有一些具体方法就不适用了。术,半衰期短;道,半衰期长。

选定某个领域耕耘,认真研读该领域的经典之作,精读、反复读,这就是研究领域的“以正合”。

(三)“以奇胜”,跨界,紧跟时代

生活中的“以奇胜”就是要学会跨界,边缘学科容易出成果。中国历史上伟大的跨界者是诸葛亮,他精通儒家、道家、兵家、易经,还是天文学家,留下千古佳话。

明朝王阳明何以成为大师、伟大的跨界者?他描述其心路历程:“守仁早岁业举”“茫无可入,因求诸老、释,欣然有会于心,以为圣人之学在此矣!然于孔子之教,间相出入,而措之日用,往往缺漏无归;依违往返,且信且疑。其后谪官龙场,居夷处困,动心忍性之余,恍若有悟,体验探求,再更寒暑,证诸五经、四子,沛然若决江河而放诸海也。然后叹圣人之道坦如大路。”他精通儒家、佛家、道家、兵家,最后,立足儒家,并创立“阳明心学”。“龙场悟道”把儒释道有机结合,“知行合一”“破山中贼易,破心中贼难”融入兵家智慧。

跨界,让我受益巨大。我读过两个本科、两个硕士、一个博士,所学专业分别是:工业自动化、统计学、美国 MBA、企业管理、市场营销,我现在主攻中华文化,感触颇多。我在上海财经大学商学院 MBA 上课,一开始讲“竞争战略”“战略管理”,后来发现讲的人太多,我便开了选修课:“孙子兵法和人生战略”“儒家文化与关系管理”,这两门课程更受欢迎。在几个研究领域都成为专家很难,把它们结合,成为一个新领域的专家相对容易。这就是研究领域的“以奇胜”。我的研究“孙子兵法与人生战略”就运

用了“以正合，以奇胜”：在孙子兵法、战略管理、人生实践中找到一个结合部。

本研究的“以正合，以奇胜”
孙子兵法、战略管理与人生实践的交集

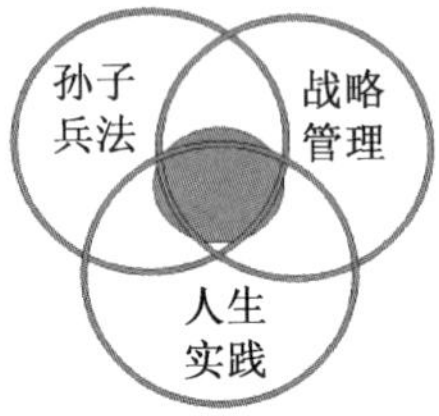

“以奇胜”，时代发展日新月异，要紧跟时代，研究的内容对时代、对未来要有裨益。与此同时，不能迷失自己。心中有“定海神针”，你就会发现：万变不离其宗。

(四)“正奇”结合

“正奇”与“经权”之悟：经主常，权主变。经、常：常道，人人皆知；权、变：机智，反经合道。

创新、差异化要合道，不能违背正道。懂经方能用权，有正才能出奇。先有实力，才能出奇制胜。边缘学科容易出成果有个重要前提：必须功底扎实，先对相关学科有比较深入的研究，然后才能去交叉领域发现机会。对其中任何一个学科了解不深、浅尝辄止，就跨不了界，在两者的边缘也出不了成果。多个学科、行业的跨界道理是一样的。有人功夫不到就玩创新，想以革新掩饰功夫不足，走不远。

该用正兵还是奇兵？视环境和条件而定，结果也不一样。夏振翼说：“正兵主于自固，奇兵所以致胜。”正兵主要用于防御型战略，不易取胜，但能立于不败之地；奇兵主要用于进攻型战略，诱敌上当，发现破绽，乘虚而入，出奇制胜。正奇结合，既要有正又要有奇。没有正，奇是无源之水；没有奇，正是一潭死水。正奇变幻，正兵、奇兵交叉使用。老用正，就不正；老出奇，就不奇。

三、"节"

致胜的第三个要素是"节"。抓住战机,快速反应。

《孙子》说:"攻其无备,出其不意""出其所不趋,趋其所不意""兵贵胜,不贵久""激水之疾,至于漂石者,势也;鸷鸟之疾,至于毁折者,节也。是故善战者,其势险、其节短,势如扩弩,节如发机""始如处女,敌人开户,后如脱兔,敌不及拒"。

(一)人生有七次大的机会

胜的关键是战机。机不可失,时不再来。

机会对每个人都至关重要。人生能遇到大的机会不多。我采访过很多长者,发现一个普遍现象,在我身上也得到验证:人生约能遇到七次大机会,平均十年左右出现一次。第一次抓不住,太年轻,不知道这是机会,错失;最后一次也抓不住,年纪大,知道是机会也抓不动,无奈。剩下的五次能抓住三四次就是人生赢家。

每个人经历的机会不一样,对机会的认可度不尽相同。接下来,我分析老汤与中国这几十年来相遇的造富机会。回眸之后,再做预测。

(二)老汤邂逅中国造富机会回眸

20 世纪 80 年代初,我遇到过一次机会:改革春风!"1979 年,那是一个春天,有一位老人在中国的南海边画了一个圈。"一开始,大多数人都没反应过来,过了好几年才慢慢意识到:一个巨大的变革在中国出现。于是,有识之士纷纷涌向深圳。马明哲、任正非、王石等都是那个时代的弄潮儿。这个机会我抓不住,1981 年我上大学时不到 17 岁;1985 年大学毕业,我仍然没抓住。那时还是计划经济,大学生都是国家分配,不用、也不能自己去找工作,户口、编制等都无法解决。毕业前夕,我们几位同学还在寝室夜谈,要不要去南方看看,最终都下不了决心。那时南下,胜算很大。

1992 年有一次机会:邓小平南方讲话,浦东开发。这次又造就了一批富翁，这个时候投身经济建设，也容易致富。我赶上了这波，乘邓公南方讲话东风下海，挖到人生第一桶金，然后闯上海。

2002年前后有一波机会：房地产造富。这个时候进入房地产，也比较容易发财。这是一个全民造富的机会，持续时间特别长，尤其是一线城市。我参与其中，动作幅度不大，但也受益匪浅。

2012年前后出现一波机会："互联网+"。这是中国又一轮造富机会，马云、马化腾等佼佼者应运而生(老马家咋都那么厉害呢?)，如果抓住，就会成为新一代富翁，这个机会还在持续。我是工学学士，是很早一批玩计算机的，这个领域变化实在太快！我老早被甩出去了。虽然我知道这是机会，但是抓不住，错失。

了解《孙子》，就认识"阶层固化"之说的荒谬。战场风云变幻，随时可能"转势"。历史车轮滚滚向前，阶层时刻发生变化。不会安安稳稳总在上层，故步自封，上去了也会被挤下来。不能随随便便进入上层，努力不一定能上去。如果不努力就一直在下面，这才是可怕的"阶层固化"。

(三)未来造富机会预测

过去的就让它过去吧！我们来预测未来中国将出现什么机会？致富点何在？

21世纪初，有一位高人预测中国走势时占出三卦：坤卦、离卦、坎卦。十几年过去，兑现了一卦半。第一卦：坤卦，坤是地，造富点跟地有关，得到验证：房地产；第二卦：离卦，离是火，跟火有关，部分得到验证：电子技术、互联网、人工智能等；第三卦：坎卦，坎是水，下一次致富点跟水有关。未来请关注跟水相关的产业：农业、休闲产业、海洋业、大健康、教育等。

第三卦与我博士论文的预测不谋而合。我博士论文的研究方向是闲暇消费，核心思想是：闲暇创造价值。人类消费走向是：从物质消费到高质量物质消费再到精神消费。2009年我预测：中国未来最宝贵的将是"清新的空气、纯净的水源和宁静的心灵"，这就是下一次的机会，尤其是打造"宁静的心灵"。教育，特别是中华优秀文化的教育、传承和发展商机无限。我们需要用中华优秀文化的清泉浇灌心灵。

老汤经历过中国的造富机会十年左右出现一次，每次持续时间都很长。机会属于大家，未来还会出现，就在我们身边，能否抓住，各显神通。

以上机会与世界经济周期的复苏期神同步，我谈中美贸易冲突时还会详细分析。

四、“全”

致胜的第四个要素是“全”。全，是胜的最高境界。

“全胜”是战争的理想状态，也是孙子追求的终极目标，孙子强调：“必以全争于天下，故兵不顿而利可全”，必须首先追求“谋攻、全胜”，最好是挫败对手的谋略，要以全局的、长远的视野，让代价最小、效益最大、后遗症最少。孙子“全胜”理论还有一句精辟的表述：“胜敌而益强”，少做“杀敌一万，自损八千”的事。《六韬》说：“全胜不斗，大兵无创。”全胜是不战而屈，兵强是没有损伤，不得已才“战胜、兵攻”。

孙子对“全胜”思想有一系列阐述。“全国为上，破国次之；全军为上，破军次之；全旅为上，破旅次之；全卒为上，破卒次之；全伍为上，破伍次之”，层层递进；“百战百胜，非善之善者也；不战而屈人之兵，善之善者也”，对比强烈。

“不战而屈”是孙子的重要思想，其方法有：强大的经济实力和军事实力；成功的外交手段让对手孤立无援；联合敌人内部反对势力颠覆当政者等。敌还要打，我必能打，“先战后屈”，所以，一定要有战备、有实力。生活也是一样，防火比救火重要，真烧起来还得救火；刀伤药再好也不如不受伤，但刀伤神药一定要备。

怎样获得长治久安的胜利？孙子指明了方向：“战胜攻取，而不修其功者，凶，命曰费留。”“修功”，让对手心服口服，变成真正的朋友，否则，即使战胜也是“费留”：白费力！辛苦获取的成果可能付诸东流。暂时胜利，不必得意，战争没有真正结束，对手还会卷土重来。生意还在做，盈亏不确定，今天赢，明天可能输。人世间无休止的争斗都源于此。伟大的孙子！寥寥几句，淋漓尽致。

第三节　以史为鉴

一、袁世凯的哀歌

历史曾经赋予袁世凯巨大的机会，但最后他却错失。袁世凯是一个非常特殊的人物，对他的评价是：独夫民贼、窃国大盗。我本着庄子“不谴是非”的指导思想进行分析，先不忙着下结论，历史自会给出公平、公正的评价。说他“盗”也好、“雄”也好，袁世凯注定是一个无法忽略、难以跳过的重要历史人物。我用《孙子》“形、势、胜”研究法，分析他的胜败得失。

历史演变进程中，起关键作用的人和事一定会被记住，袁世凯就是例证。朝代更替很少用和平方式完成，但是从清朝到中华民国基本上是和平过渡，最大限度地减少了人民生命财产的损失，袁世凯起了重要作用。但他晚节不保，让人唏嘘。

二、袁世凯的“形”

袁世凯虽然“高考”失利，但他勤奋精进。他发迹于朝鲜，一手创立北洋新军并牢牢掌控，北洋势力迅速扩张，成了大清无人匹敌的军事力量，造就了他的“形”，这也为当政者所忌惮。末代皇帝溥仪上台后，其生父摄政王载沣非常担心宣统皇帝孤儿寡母会被袁世凯干掉，于是，解除了袁世凯一切职务。权倾朝野的他，突然什么职务都没有了，这本应是人生重大打击、处于非常深的低谷，居然壮大了他的“形”。

正在他解甲归田，准备终老山中时，武昌起义爆发。中国历史记下了这个重要事件：武昌起义第一枪。这一枪是谁打响的？新军。公正、准确的记载会是这样：袁世凯创立的新军打响了辛亥革命第一枪，翻开了中国历史新的一页。

朝廷镇压，这时傻了：北洋军队只听袁世凯指挥，八旗军已是纨绔子弟，不堪一击。朝廷只好放下身段，请袁世凯出山。与此同时，革命党认为：清政府敌视袁世凯，他被贬一定心怀不满，根据“敌人的敌人就是朋友”逻辑推理，袁世凯当然就是我们的人了，这时请他入伙，他一定会同意。于是，历史上出现了奇特的一幕：清政府求他，革命党抢他，两边都拉拢他。

三、袁世凯的“势”

袁世凯做了重大的战略布局：首先接受清政府邀请，出任内阁总理大臣、总督北洋大臣，不仅军权在握，连行政大权都牢牢抓住。他到位后，安顿好所有的人、事，第三个月就威逼宣统皇帝退位：“你再干下去，大好江山，血流成河。”到了这个节骨眼，清政府毫无还手之力：外面是革命党起义；内部的军政大权都被袁世凯把控，不听他的话会死得很惨。1644 年，吴三桂迎清军入关，一对孤儿寡母稀里糊涂地登上中国的统治核心；1912 年，清政府被迫交出政权，一对孤儿寡母无可奈何离开中国的政治舞台。百年王朝被“和平演变”，庞大帝国轰然倒塌。

孙中山在中国历史的进程中贡献巨大，被国民党尊为国父。但在那个时期，袁世凯的影响力、贡献度远比孙中山大。武昌起义时孙中山正逃亡日本，事成之后才回国做临时代总统，而且一直在等身居清廷要职的袁世凯到位。《清帝逊位诏书》颁布的第三天，1912 年 2 月 15 日，袁世凯出任中华民国临时大总统。1913 年 10 月 6 日，他正式当选为中华民国第一任大总统。

以和平方式推翻清朝，避免了大规模武力冲突，让中国人民少流很多血。当时的袁世凯既有形又有势。

四、袁世凯没“胜”

袁世凯最后并没有胜。一帮人忽悠他、怂恿他，要他做皇帝、成立中华帝国，有一些还是非常著名、影响很大的学者。老袁家大儿子最起劲，想做太子。可是，袁世凯的接班人候选名单中根本没他。

1916年，袁世凯搞了个“洪宪元年”，遭到全国人民反对：我们好不容易推翻帝制，你又搞个帝国？骂他“窃国大盗”！83天后他被迫取消帝制。其实，“中华帝国”并没真正成立，袁世凯从未登基，只是臆想一下而已，他一直很犹豫、很矛盾。但是，袁大头啊！你扣动了扳机，就算枪里没子弹，也是向人民开枪了；你点击了按钮，即使机器没启动，你已经被钉上历史的耻辱柱了！无数次惨痛的历史教训证明：开倒车的人都会前功尽弃！1916年6月6日，袁世凯死了。他为什么不在1915年底前死掉呢？多活半年，英名尽毁！如果他头脑清醒、顺应潮流，或早死一年半载，会怎么样？历史不能假设，袁世凯功亏一篑。

这也是历史的必然，历史局限很难逾越，尤其身处那个时代，这道坎会绊倒许多人，谁不想过过皇帝瘾？做皇帝和做总统感觉大不一样：皇帝是天子，总统是民选；见皇帝要下跪，见总统只鞠躬。

袁世凯在世时，军阀不敢嚣张。他死后，军阀开始混战。中国又进入血雨腥风时代。推翻清朝没有流血，后来，自己人却杀了起来，加上日本侵略，一乱就是三十多年。

袁世凯功亏一篑的主要原因是权力高度集中后，没能保持头脑清醒。

第二部

探秘《孙子》

我们已经在天空盘旋很久了，足见《孙子》的博大精深。飞机就要着陆，我将陪同您探秘《孙子》。探秘，也只能是选择性地探，想面面俱到，皓首穷经，徒唤奈何。

探秘某地，先登高俯瞰，再深入下去。所以，每章的结构顺序是：原文、老汤试译、概览、部分知识点、学习本篇的战略启示。探秘前，最好需具备一些《孙子》的基本知识，我努力用通俗易懂的表达方式，尽量做到“外行看热闹，内行看门道”。“探秘《孙子》”偏学术，如果您是初学者，遇到不明白的内容就跳过去，不影响整体的连贯性。有兴趣就到“老汤试译”“战略启示”里转转，看看《孙子》说了些什么，听听里面的故事。

《孙子》前六篇主要分析宏观的战略方针、战略部署，时空大都在战前；后七篇主要讲战术运用，侧重研究战时，偏微观。

本书中有些观点来自《十一家注孙子》《武经七书》等，也兼顾近、现代学者的研究成果，为了行文的流畅性和可读性，就不一一标明出处，敬请原谅。

上篇

战略方针

第一章

计篇第一

第一节 原文与翻译

一、原文

孙子曰：兵者，国之大事，死生之地，存亡之道，不可不察也。

故经之以五事，校之以计，而索其情：一曰道，二曰天，三曰地，四曰将，五曰法。道者，令民与上同意也，故可以与之死，可以与之生，而不畏危；天者，阴阳、寒暑、时制也；地者，远近、险易、广狭、死生也；将者，智、信、仁、勇、严也；法者，曲制、官道、主用也。凡此五者，将莫不闻，知之者胜，不知者不胜。故校之以计，而索其情，曰：主孰有道？将孰有能？天地孰得？法令孰行？兵众孰强？士卒孰练？赏罚孰明？吾以此知胜负矣。

将听吾计，用之必胜，留之；将不听吾计，用之必败，去之。

计利以听，乃为之势，以佐其外。势者，因利而制权也。

兵者，诡道也。故能而示之不能，用而示之不用，近而示之远，远而示之近。利而诱之，乱而取之，实而备之，强而避之，怒而挠之，卑而骄之，佚而劳之，亲而离之。攻其无备，出其不意。此兵家之胜，不可先传也。

夫未战而庙算胜者，得算多也；未战而庙算不胜者，得算少也。多算胜，少算不胜，而况于无算乎！吾以此观之，胜负见矣。

二、老汤试译

孙子说：战争，是国家大事，这里是生死攸关的战场，这里有家国存亡的大道，不能不认真细致研究。

因此，要认真分析五件大事，比较敌我强弱要素，探索双方国情军情：第一是道正，第二是天时，第三是地利，第四是将能，第五是法严。道正，使全体民众与仁义君王利益相同、目标一致，这样，百姓就能与君王同生共死，毫不畏惧、更不疑惑；天时，顺应阴晴昼夜、寒冷酷热、春夏秋冬等自然气候；地利，掌握远途近路、艰险平坦、宽广狭隘、危亡安全等地形地势；将能，将领要具备智慧、诚信、仁德、勇敢、严明五大素质；法严，要有严密的军队组织、严格的各级管理、优良的后勤保障。这五件大事，将领没有谁未听说过。然而，深入研究才能胜利，不深入研究就不能胜利。比较敌我强弱要素，探索双方国情军情，深思七个问题：谁的君王更有道义？谁的将领更有才能？谁天时地利占得更多？谁的军法军令行之有效？谁兵多将广、装备精良？谁的士兵训练有素？谁的赏罚公正严明？通过这些分析比较，基本可知谁胜谁负。

君王听从我的计谋，用兵必胜，我就留下辅佐他；君王不听我的计谋，用兵必败，我就赶紧离开他。

我的兵法谋略于国有利，君王采纳，我再灵活运用、因势利导，带领军队，在外辅佐君王。势，就是用好有利条件，根据具体情况，做出正确决策。

用兵之道，要迂回曲折，捉摸不定。所以，我有能力，让敌人认为我没有能力；我会用兵，让敌人觉得我不会用兵；要袭击近处之敌，让敌人觉得我离他远去；要袭击远处之敌，让敌人感到我向他逼近。用利益诱惑敌人；趁乱收拾敌人；敌防守严密，我等待机会；敌兵力强大，我避开锋芒；敌愤怒抓狂，我更加挑逗；敌自卑谨慎，我让他骄傲；敌闲逸休养，我让他劳顿；敌亲密团结，我设计离间。在敌没有防备处进攻，在敌不曾料想时出击。这是将军取胜之法，不可提前泄露。

战前在庙堂谋划分析，结论是能胜，我胜算的概率就大；战前在庙堂谋划分析，结论是不胜，我胜算的概率就小。谋划细致容易取胜，谋划粗糙难以取胜，毫不谋划怎么能胜？综观以上情况，胜负基本显现。

第二节　概　览

《计篇》主要讲战略筹划，阐述战争的重要性及胜负规律。用兵之道，以计为首。孙子的计，不是奇谋巧计、一般计算、雕虫小技，而是战略规划、国之大计。

一、慎战思想——战略目标

孙子开篇就为其“慎战”思想定调：“兵者，国之大事，死生之地，存亡之道，不可不察也。”开门见山，摄人心魄：战争是生死存亡的大事，必须认真对待。要确定战略目标，别冲上来就打，要问清楚：这个仗要不要打？跟谁打？怎么打？

中华民族重视战争。《六韬》说：“兵者，国之大事，存亡之道。”《左传》说：“国之大事，在祀与戎。”国家有两件大事：一是祭祀，涉及意识形态；一是战争，关系国家安全。祭祀依靠儒家，战争依靠兵家。儒家主内，兵家主外。政治是国家第一要务，这是中国历史传统；战争要慎之又慎，遇到国家间冲突，不要轻易就喊“打”。

孙子慎战思想对中华文化影响巨大。唐太宗说：“兵贵为主，不贵为客”，重视防御型战略，少用进攻型战略。这就形成一种独特现象：汉族很少发起侵略战争，其版图扩大常常是外族侵略所致，最后反攻，或者文化融合，把对手给“化”了。“五胡乱华”，胡没了，华还在。清太祖努尔哈赤留下遗诏：不可入关！后代不听，乘乱入关。结果，他辛苦打下的国土没了，连族群都快被同化掉了。

慎战思想体现在中华文化的方方面面，比如，中医古训“用药如用兵”是医学上的“慎战”。

二、“庙算”思想——战略规划

先做战略规划，不打无准备之仗。“庙算”是君臣在庙堂上进行军事战略筹划，是国家领导、精英阶层在类似于人民大会堂这种庄严、神圣的地方召开紧急、重要的会议。战争，不是君王一个人的事，牵涉到人民安危，要广泛听取意见。

庙算要算“五事”“七计”。“经之以五事”，经，可作动词：认真细致研究；也可作名词：主线。古代织布，先把经线（纵线、主线）固定好，然后一根根加上纬线（横线、次线）。中医理论把人体内气血通行的主干称为“经络、经脉”。中华文化把重要的、智慧的、影响很大的著作称为“经典、经”，如“佛经”“道德经”“兵经”“四书五经”等。问“道、天、地、将、法”五件事做得如何？比较敌我七个方面谁做得更好：“主孰有道？将孰有能？天地孰得？法令孰行？兵众孰强？士卒孰有练？赏罚孰明？”“五事、七计”俱优，未战先胜；“五事、七计”俱劣，未战先败，“以此知胜负”。

此篇前后呼应。开篇讲：“兵者，国之大事”“不可不察也”，战争，一定要认真谋划。结尾又讲：“未战而庙算胜者，得算多也”，战前精心筹划，获胜概率很大；“多算胜，少算不胜，而况于无算乎！”筹划好才有胜算，否则难以取胜。

三、正义思想——方向正确

（第一部，下篇，第三章，第一节曾详细论述。）

四、权变思想——因势行事

因势行事，顺应环境，根据情况变化灵活选择行动方案：“势者，因利而制权也。”

《易经》说:“巽以行权”,权,像风,没有定式,无以言表。《论语》中,子曰:“可与共学,未可与适道;可与适道,未可与立;可与立,未可与权。”“共学”:一起学习;“适道”:探索规律;“立”:安身立命;“权”:随机应变。四者中,一个比一个难,“权”最难,难在没有固定模式,只可意会,不可言传。

权变思想说明:前途是光明的,道路是曲折的,要顺应环境。时刻牢记战略目标,机动、灵活地使用兵法。兵法难,难在“权”、难在“变”。孙子的理论是公开的,我读,对手也读,道理大家都懂,能活学活用才是制胜关键。写在书上的理论都是先哲总结出来的规律、常理,包括“因利制权”,只说要具体情况具体分析,怎样“权”“变”、怎样运势?无法穷尽,没法言说。所以,兵法靠悟不靠教。

五、把握本质——战争属性

本篇揭示战争本质属性:“兵者,诡道也。”战争非“礼”而“诡”,孙子直入主题,简明扼要,不拐弯抹角:带兵打仗可以不按定式攻防、不按常理出牌,不能透露战略部署、战术打法。别一看到“诡”就紧张,觉得是贬义,“诡”在这里可理解为:不直、逆向思维、奇异多变。

孙子这个观点现在看来是常识,当时可是离经叛道。那时,打仗有规矩,讲“兵礼”:作战前,双方先要排兵布阵,一方没有排好布完,另一方不能发起进攻,否则,就是不讲“礼”,会被唾弃。

“宋襄公事件”后大家开始反思。公元前638年,宋国和楚国打仗,楚军渡河来战。谋士建议:天赐良机!敌军靠岸时,将其一个个、一批批干掉。宋襄公说:人家阵还没布好,怎么能打?我是仁义之师,不能违反兵礼,世人所不齿,赢了没面子。等楚军全部渡河后,谋士说:敌阵没布,立足未稳,队伍混乱,立即进攻,容易取胜。宋襄公还是不同意。楚军准备就绪,结果把宋军打败,宋襄公重伤身亡。这个事件在中国战争史上影响巨大,“兵诡”理念逐渐被接受。《孙子》让“兵诡”达成共识。

第三节　知识点

一、“计”“谋”有别，“闻”“知”不同

本篇叫《计篇》，为何不叫《谋篇》？第三篇叫《谋攻篇》，为何不叫《计攻篇》？“计”“谋”有别。“计”，“十言为计”。“问计于民”，和大家讨论，群策群力，献计献策。《计篇》是广泛征求意见，确定战略目标。“谋”，“某言为谋”，小范围商量，有机密性。战略目标可以众所周知，战略部署则是军事机密，要“谋攻”，大家都知道，就泄密了。现在“计谋”合称，混淆了这两字的差异，其实，里面大有乾坤。

“凡此五者，将莫不闻，知之者胜，不知者不胜。”“闻”和“知”不一样。闻：听了，不一定听进去了；知：听了，而且听进去了。闻，可能是一个耳朵进、一个耳朵出，或许连进都没进去，耳边风，只在耳朵边转了一下；知，掌握、了解。

二、孙子与老子“道天地”之别

孙子的“道天地”非常现实。道，是政治、军事、社会领域的道；天，是大自然、气象意义的天；地，是物理地形、战略地势。“道天地将法”是按战争发展顺序排列，属于同一层面，而非统领关系。首先有“道”，比较两国情况，比较谁的国君更“有道”：谁是正义的、谁上下同心？再看“天”：气候怎样？孙子论“天”是具体的“阴阳、寒暑、时制”，三者相互关联。阴阳，本是中华文化中一个大命题，但孙子只谈阴阳二气，二气生冷热——寒冬酷暑，寒暑成时制——春夏秋冬。孙子提醒：打仗要合天时、关注气候。《司马法》说：“冬夏不兴师。”冬夏不宜用兵，太冷、太热，士兵辛苦；春耕、秋收不要用兵，违反农时，影响耕种、收割，仗打完，人饿死，有事秋收完毕再说：“秋后问斩”“秋后算账”。中华文化反战：一年四季适合打仗的时间不多。接下来谈“地”，具体的地形、地势：远近，战场离我有多远？迂回还是

直奔？险易，战场平坦度如何？该用骑兵还是步兵？广狭，战场宽窄如何？适合阵地战还是游击战、运动战？死生，敌人据守战略要地、严阵以待，还是地形地势不利、准备不周？适用什么方法打？所以，道，人和为本；天，先察天时；地，再审地利。天时地利人和才可言战。打仗必须有“将”，选好将领，把尚方宝剑、指挥权交给他。带兵打仗必须有“法”，军队的法规法纪由将领管理。

老子“道天地”的内涵非常广。道，不仅仅是政治、军事、社会领域层面的方法，甚至不只是哲学意义上的规律；天，不仅仅是天体条件、气候环境；地，不仅仅是物理地形、战略地势。而且，“人法地，地法天，天法道，道法自然”，“人地天道”是统领、递进关系：人要效法地；地要效法天；天要效法道；道谁都不效法，自然而然。

三、“法令孰行？兵众孰强？士卒孰练？”

“行”的标准：(1)法明令便。法规清晰明了，易掌握；命令简单便利，好执行。(2)设而不犯，犯而必惩。设置法规，公之于众；越过红线，该罚则罚，该诛则诛。《吴子兵法》说：“法令省而不烦”“受命而不辞”，法令简明而不烦琐，接受命令立即执行。

“兵众孰强”，“兵”：军队、装备。“强”的标准：团结一心、装备精良、人数众多。

“练”的目的：平时多流汗，战时少流血。怎么练？吴起说：用金鼓统一耳朵，用旗帜统一眼睛，用刑罚统一思想。声音清晰，色彩明确，刑罚严格。《吴子兵法》对“练”有精辟的阐述。“法令不明、赏罚不信”“虽有百万，何益于用?”法令不严明、赏罚无信用，虽有百万之众，又有何用？“用兵之法，教戒为先”，带兵打仗的重要法则：将教育和训练士卒放在首位。“以治为胜”，军队治理促进兵强卒练，决定战争胜负。

四、“赏罚孰明”的关键

比较敌我双方谁赏罚分明的关键是：及时、适度、公正、立威。

及时。《司马法》说：“赏不逾时，欲民速得为善之利也；罚不迁列，欲民速睹为不善之害也。”有人立功，马上奖赏他，让大家清楚他为何得奖？知道立功的益处；有人犯规，当场惩罚，让大家明白他为何受罚？了解犯错的危害。实效性、指导性、惩戒性很强，边界清晰，纪律才能严明。《黄石公三略》说：“禄贤不爱财，赏功不逾时，则下力并而敌国削。”赐禄贤达之士不吝惜钱财，奖赏立功之人不超过期限。那么，下属齐心协力，敌国就会削弱。

适度。王子注说：“赏无度，则费而无恩；罚无度，则戮而无威。”赏过度，就是白赏，浪费资源，受者还不感恩；罚过严，效果不佳，即使杀人，将军无法立威。职场上要奖罚有度：奖金过多，没有感觉，边际效用递减；动辄严惩，不能服众，威信无法树立。

公正。南宋张预说：“当赏者，虽仇怨必录；当罚者，虽父子不舍。”该奖赏，即使和我有仇恨、怨愤，也必须奖；该惩罚，即使与我是父子关系，也必须罚。《黄石公三略》说：“废一善则众善衰；赏一恶则众恶归。善者得其祐，恶者受其诛，则国安而众善至。”阻止一件善行，众多善行就会消失；奖赏一件恶行，许多恶行都会涌来。善行受到保护，恶行得到惩处，国家安定祥和，众善纷至沓来。

立威。《黄石公三略》说：“赏罚明，则将威行。”赏罚分明，将军的威信就树立了。《尉缭子》说：“凡诛赏者，所以明武也”“杀之贵大，赏之贵小”，赏罚是为彰显军法威武。有个方法可让赏罚效用最大化：杀，贵在敢杀大人物；赏，贵在能赏小人物。《六韬》说：“将以诛大为威；以赏小为明”“杀一人而三军震者，杀之；赏一人而万人说者，赏之。”将军要敢于诛杀违法的高位者以树立威信，要甘于奖赏立功的卑微者以体现英明。杀一高位者让全军震慑，杀！赏一普通人让众人诚服，赏！大军开拔之前，高位者要谨慎，当心被杀用来“祭旗”。组织拨乱反正，高位者要注意，一不小心被抓典型。

五、“法者，曲制、官道、主用”

孙子是组织行为学的鼻祖，搭好了组织行为学的基本架构：首先是机构设置；然后是人员分工；最后是保障执行。亦即：“组织、管理、执行”，这就是本篇说的“法”：“曲制、官道、主用”。这样就可做到：制度清晰、管理严格、保障及时。

唐代杜牧、宋代王晳对此作了逐字解释。曲：部队组织设置，军、师、旅、卒等；制：不同层级使用不同号令，比如，指挥基层士兵用“旌”，指挥中层军官用“旗”，分级指挥不会混乱；官：各级军官的职务；道：排兵布阵、安营扎寨，队伍之间要留出通道，横排竖行、整齐有序；主：主管、掌管，后勤部长；用：各种军用物资、后勤保障。

六、“诡道十二法”

“诡道十二法”包括四示形和八战术。“四示形”主要讲“诡”，讲“知己隐藏”“声东击西”：“能而示之不能，用而示之不用，近而示之远，远而示之近。”“八战术”主要讲“权”，讲“知彼应对”，又分为因敌过失而制权：“利而诱之、乱而取之、怒而挠之、卑而骄之”；因敌优势而制权：“实而备之、强而避之、佚而劳之、亲而离之”。

“近而示之远；远而示之近”，声东击西。“利而诱之”，敌人贪利，就利诱他；不贪，用大利引。《黄石公三略》说：“香饵之下，必有悬鱼。”诱饵足够香，定使鱼上钩。“乱而取之”，把敌人搞乱，敌人混乱，我趁乱攻取；我假装作混乱诱敌上当，再收拾他。“实而备之”，敌兵力充实、重兵集聚，我严加戒备，不能进攻；我充实兵力，警觉备战，防敌袭击。“强而避之”，敌兵强大、管理严明，我就避开。“怒而挠之”，敌将性格刚烈易怒或我设法激怒他，然后避而不战，让他被挠沮丧、筋疲力尽。“卑而骄之”，敌自卑谨慎，我派出弱队，假装失败，让他赢一赢，膨胀起来；我言辞卑微、厚礼贿赂、麻痹敌人，让他骄傲自大、目中无人。“佚而劳之”，敌逸，休养生息，我设法让他奔波劳顿；我逸，休养生息，我以逸待劳，经常骚扰他。“亲而离之”，用离间计。

七、“攻其无备，出其不意。此兵家之胜，不可先传也”

“攻其无备，出其不意”，简洁对仗，耳熟能详。《六韬》说：“击其不意，攻其无备”“动莫神于不意，谋莫善于不识。”行动，没有比出其不意更神速；谋略，没有比别人不懂更高明。

“传”有两种解释：(1)泄密。曹操说：“料敌在心；察机在目。”把对敌的计谋放在心里；把发现的机会看在眼里，不泄露。(2)未做先说。我妈妈有一句口头禅：“做出龙来现出爪”，只有真正成为龙，才可以把龙爪现出来。她教育我们：没有成功，别先吹牛，会被人笑话或被人搅局。

八、“庙算胜，得算多；庙算不胜，得算少”“多算胜，少算不胜，而况于无算”

这里有七个“算”。“庙算胜”“庙算不胜”，算：筹划，胜：胜利。“得算多”“得算少”，算：胜算。“多算”：五事七计合格率超过60%，对我有利，胜利；“少算”：五事七计合格率低于40%，对我不利，不胜；“无算”：五事七计合格率为0，对我很有害，必败；全胜：五事七计合格率为100%，对我很有利，必胜。“多、少、无”后三个“算”也可理解为：筹划。要多加筹划，如果仓促上阵，将无法取胜。

第四节　战略启示

一、“道者，令民与上同意也”的感悟

“道者，令民与上同意也”，用战略管理理论解释：该组织有战略吗？员工知道吗？同意吗？愿意为之奋斗吗？

我做了大量调研后发现：只有少部分优秀企业全员了解本单位的战略；大部分组织仅有中、高层才清楚；有些连中层都所知甚少。有的是没做宣传；有的是内容复杂；有的是不接地气；更多的是和员工发展没关系。如果员工不知道组织战略，他们怎么奋斗？如果组织战略与员工无关，他们怎么会奋斗？

人生要有理想，要让爱人知道，争取爱人支持。要经常问自己：我有理想吗？爱人知道吗？同意并支持吗？愿意为之共同努力吗？奋斗过程中，能得到爱人的帮助会增加很多动力。一人前行，孤独寂寞，辛劳痛苦。无人喝彩的成功更是悲凉。

“中国梦”这个战略目标既崇高远大，又脚踏实地。“中华民族伟大复兴”富有吸引力、切实可行，体现中国人的一个共性：“前人种树，后人乘凉”，为了后代幸福，愿意付出巨大努力，就算我看不到梦想实现，也要让子孙看到。这样，就和百姓切身利益紧密相连，实现了“令民与上同意”，上下同心，努力奋斗。

《吴子兵法》说：“不和于国，不可以出军；不和于军，不可以出阵；不和于阵，不可以进战；不和于战，不可以决胜。是以有道之主，将用其民，先和而造大事。”国人不和，军队不可出师；军队不和，不可排兵布阵；阵型不齐，不能发起进攻；军心不齐，进攻无法夺取胜利。有道之主，能号召人民干大事，重要前提是“和”，怎样“和”？《黄石公三略》说：“兴师之国，务先隆恩；攻取之国，务先养民。”要兴师打仗，必先对百姓恩泽广厚；用进攻战略，必先让人民休养生息。这样才能“令民与上同意”。

二、从“将者，智信仁勇严”到创业、守业之悟

“创业智为首，守业仁为先”，这是我读本篇的重要感悟。

将领要具备五大素质：“智信仁勇严”。明代赵本学解释：“智，足以料敌；信，足以令众；仁，足以得士；勇，足以倡敢；严，足以肃政。”将者智为先，料敌制胜最重要。王者仁为首：“仁义礼智信”，和平年代的组织管理中，仁德最重要。兵家重智，儒家重仁。这是王道与兵道的差别，也是创业和守业的差别。

“创业智为首”，企业初创期最重要的是生存。活着、赚钱是首要任务，业务能力、市场开拓能力对企业生存有重大帮助。需要“明星”，可以搞个人英雄主义。“守业仁为先”，守业不同，管理能力、团队合作变得更重要。公司做大，诱惑出现，腐败滋生，用仁德影响团队、带领队伍健康成长更重要。

打天下、夺政权时，作战能力、杀敌立功、能够取胜最重要，“智为首”。天下坐稳、国家安定，更重要的是懂得处理各种矛盾，和领导、同仁、下属搞好关系，“仁为先”。如果居功自傲、到处嘚瑟，江山是老子打下来的，会让皇上不开心：你打的江山？了不起呀？要不要分给你？也会让百姓不高兴：江山本来就在那，要你打什么打？既让君王不开心，又让人民不高兴，就离死期不远。历朝历代，江山坐稳，皇帝通常会杀功臣，悲剧出现不能全怪暴君惨无人道、心胸狭窄，功臣也要反躬自问：我转型升级了吗？有没有自以为是？是否变成国家、王朝发展进步的阻力？

中国人民站起来、富起来、强起来，这也是一个由“智”转“仁”的过程。

三、从“四示行”看竞争场合的“烟雾弹”

“能而示之不能，用而示之不用，近而示之远，远而示之近”叫“四示行”。明明打得过敌人，却装作虚弱、害怕的样子；准备进攻，但给人的感觉是我不会用兵；我主力埋伏在近处准备偷袭，故意在远处吹号放炮，搞

得好像大部队在很远似的；我准备袭击远处之敌，故意用一支小分队骚扰，搞得好像大部队在旁边似的。

在激烈的竞争中要善用烟雾弹、“四示行”，保持低调谦虚：“能而示之不能”，不可倒过来：“不能而示之能”，没钱装阔、无能装牛，这样容易被揭穿，贻笑大方。两军对垒，乱秀肌肉，对手高度重视，纸老虎当真老虎打，后果如何？《六韬》说：“夫先胜者，先见弱于敌而后战者也，故事半而功倍焉。”怎样先操胜券？向敌示弱再迎战，会事半功倍。

四、“势者，因利而制权也”之悟

“因利制权”，要根据“势”灵活地选择行动方案。

晏子说：“识时务者为俊杰，通机变者为英豪。”“识时务者、通机变者”就是“因利制权”，就是“俊杰、英豪”。孟子说：“孔子，圣之时者也。”“可以仕则仕，可以止则止，可以久则久，可以速则速。”他夸孔子“识时务”，认识、了解时代，恰当之时做恰当之事；“通机变”：可当官就去当官，不能做马上“挂冠”，有些事可久做就长做，该结束就速战速决。《增广贤文》说：“力微休负重，言轻莫劝人。”力量小，别去挑重担，挑不起；地位低、能力差就别去劝地位高、能力强的人，人微言轻，没有“势”，人家不听。

五、“将听吾计，用之必胜”“将不听吾计，用之必败”之悟

(一)“将”，怎么读？怎么解？

“将”可以有两个发音：平声、去声。读音不一样，对这句话理解不同。

“将”读平声，将要，省去了主语：君王。如果君王听我的，委派我带兵打仗就会胜利，我就留下来；如果君王不采纳我的计策，委派我带兵打仗也会失败，我就不能干，走人。“将”前省略的主语还可理解为：敌人。如果敌人中计，我用这个计谋就会胜利，就留下等待战机；如果敌人识破，再用这个计谋就会失败，须马上带兵离开。

“将”读去声，就变成主语“将领”。下面的将领按我的计策去打，就一

定会胜利，就把他留下来；如果不听我的，带兵打仗就会失败，我就赶他走人。“将”也可理解为“君主”。春秋时期，君王常常亲自带兵打仗，君王本身就是将。

“用之”的“之”也有两种理解：(1)兵。君王听不听我的计谋，决定用兵打仗的胜败；(2)我。君王听不听我的计谋，用我指挥打仗时会影响到胜败。这个理解有点瑕疵：他不听我的计，怎会让我指挥打仗？

以上几种解读逻辑上都通，哪种更合情合理？我认为“将”应读平声，作副词，作“将要、即将”解。“之”应理解为“兵”。因为下句是：“计利以听，乃为之势，以佐其外”，君王了解利害关系，知道问题严重，接受我的建议，真正授权，我才有势，才能放开手脚带兵打仗、辅佐君王。得到君王信任，有了尚方宝剑，才能带兵外出，否则就不能干、没法干，很辛苦、很危险。所以，这句翻译成：他听，才能留；不听，就得走。前后连贯，合情合理。“以佐其外”，将军在外面辅佐君王，可见，君王没亲自征战。

（二）得到领导信任，才能担当大任

《论语》中，孔子说：“所谓大臣者，以道事君，不可则止。”大臣，要以正直的态度、正常的途径去帮助国君；如果他不听，我就闭嘴或辞职走人。当然，这种高兴就干不高兴就走的文化，只有在春秋战国时期才适用、才能盛行。那时诸侯纷争，此处不留爷，自有留爷处，不满意就跳槽。大一统国家做不到，无处可跳。不过，这种思想对当今的职业和平台选择，有重要指导意义。

《论语》中，子游说：“事君数，斯辱矣；朋友数，斯疏矣。”侍奉君王、服务领导要把握一个原则，不要反复提意见，他愿听就提醒，他不听就算了，多讲会自取其辱，甚至惹来杀身之祸。朋友间的交往也是一样，错了要指出，他听就劝，他不听拉倒，说多了会关系疏远。

老汤感悟：“得到领导信任，才能担当大任。”领导不信任、不真正授权，会很辛苦，吃力不讨好，结果可能很糟糕。

六、从“兵道”悟“正义之师”

(一)中华民族崇尚“律己”

中国科技曾经发展很快、很先进,但一直被统治者遏止。史料记载,晋朝就发明了木制的空中飞鸟,但被司马炎禁了。晋代科学家葛洪在他的著作《抱朴子》中,清晰、详细地介绍了他发明的飞行器,这事也被皇帝给灭了。为什么中国古代的君王刻意阻止科学发展,为什么老子主张“小国寡民”,反对国际化、过度沟通?

远古时代,某人很开心地住在一个小地方,对自己一亩三分地很满意,丰衣足食、老婆温顺、孩子都乖。我不小心跑到隔壁老王那一看:“天哪!他的土地比我的广大,物质比我的丰富,老婆比我的漂亮。他能力比我差,长得没我帅,武功没我高,凭什么?”于是,就会起争斗心,会去抢夺,这就是战争的起源。攀比,容易激起人们的欲望。

物质越丰富,欲望越强烈,科学技术高速发展,最大的副作用是让欲望不断增加。所以,先哲主张人们管理欲望,不主张科技发展过快,希望人和自然和谐相处。

兵家主张隐欲,儒家主张克欲,道家主张寡欲,佛家主张绝欲,其核心思想都是管理欲望。良宽禅师说:“囊中三升米,炉边一束薪。”袋里有米,炉边有柴,还要什么?而物欲没有止境。物质条件不需太好,基本满足就行。搞搞文化、玩玩情怀,享受清风明月吧!明月,你看了,我还可以看;清风,吹了你,还可以吹我。愉悦了心情,保护了环境。“海上生明月,天涯共此时”,今天时髦的共享经济理念,老早就存在于中华传统文化之中。

几千年来,聪明睿智的先哲从思想、政治,甚至是科学上,把中国人的欲望慢慢管理起来。受这种教育、熏陶多年,欲望好不容易被关进笼子里。那时,水土没有污染,空中没有雾霾,物欲不强,幸福指数挺高。我只讲述历史,不评论对错。

(二)帝国主义要为欺凌中国一百多年买单

两百多年前,人类历史上发生了一个重大事件:工业革命。越来越多的学者认为:工业革命带给人类的灾难大于福音。虽然带来了巨大的便利、进步,但也对大自然造成无法弥补的破坏。两百多年来,人类对大自然资源的消耗,约等于之前消耗的总和。人的欲望空前膨胀,欲望是魔鬼,关起来很难,跑出来容易。而且,关紧后再逃出的欲望危害更大。如果不警醒、不采取措施,人类会在灭亡的道路上越走越快。

更让人无语的是,西方某些国家,刚学几招,就开始欺负中国这个"睡着的大人"。他们仗着有先进的武器和工具,蹂躏中国一百多年。中国人被打后,怪罪于传统文化,让儒家背锅,将中华传统文化拦腰砍断,又连根拔起。砸烂一个旧世界容易,建设一个新世界很难。

改革开放以来,中国经济建设突飞猛进,社会发展日新月异,把西方人吓傻了。奥巴马曾说:如果中国人都过上美国的富裕生活,将是地球的灾难。遏制中国,中国反抗,就会产生冲突,管理不好,甚至会引发战争。谁该为冲突负责?帝国主义列强!他们是始作俑者,是他们把中国人打醒!拿破仑说:中国是一头睡狮,如果醒了,全世界都会颤抖。他还补充道:上帝啊,让他睡,别吵醒。列强们选择性记住前半句,忽视后半句,光顾着在狮子睡着时占他便宜,欺负他,没有想过狮子醒了的后果。相安无事多好,非要惹火烧身。

中华儿女既吃苦耐劳又聪明智慧,其他民族望尘莫及。在国外常看到一种现象:大家都休息了,华人的店还在开。超级大国想在军事、科技上封锁中国,结果越封锁发展越快,中国在高铁、航天、通信等领域甚至领先世界。最近,中国在芯片领域被制裁,可以预见,我们马上会在该领域突飞猛进。中国人民用实际行动、用几十年的成果告诉世界:科技容易学习、超越;财富容易积累、创造;优秀文化的积淀传承则需要相当长的阶段。

第二章

作战篇第二

第一节 原文与翻译

一、原文

孙子曰：凡用兵之法，驰车千驷，革车千乘，带甲十万，千里馈粮。则内外之费，宾客之用，胶漆之材，车甲之奉，日费千金，然后十万之师举矣。其用战也胜，久则钝兵挫锐，攻城则力屈，久暴师则国用不足。夫钝兵挫锐，屈力殚货，则诸侯乘其弊而起，虽有智者，不能善其后矣。故兵闻拙速，未睹巧之久也。夫兵久而国利者，未之有也。故不尽知用兵之害者，则不能尽知用兵之利也。

善用兵者，役不再籍，粮不三载，取用于国，因粮于敌，故军食可足也。

国之贫于师者远输，远输则百姓贫；近于师者贵卖，贵卖则百姓财竭，财竭则急于丘役。力屈、财殚，中原内虚于家，百姓之费，十去其七；公家之费，破车罢马，甲胄矢弩，戟楯蔽橹，丘牛大车，十去其六。

故智将务食于敌，食敌一钟，当吾二十钟；萁杆一石，当吾二十石。

故杀敌者，怒也；取敌之利者，货也。故车战，得车十乘已上，赏其先得者，而更其旌旗，车杂而乘之，卒善而养之，是谓胜敌而益强。

故兵贵胜，不贵久。

故知兵之将，生民之司命，国家安危之主也。

二、老汤试译

孙子说：用兵有一个重要法则就是做好准备，四马拉的战车千辆，蒙皮运输车千乘，全副武装的士兵十万，粮草送到千里之外的战场。于是，前方后方的消费，外交接待的费用，各种装备的辅材，战车兵甲的养护，每天耗费千金，十万大军才能开拔。用兵贵在速胜，时间久了就会耗损兵力、挫伤锐气，攻城更加容易让军队筋疲力尽，大军征战时间一久，国家财力严重不足。兵力消耗、锐气挫伤，国力耗尽、货物枯竭，诸侯国家因其衰弱而起邪念，纵有智者相助，也难转危为安。所以，用兵打仗，常听到将领笨拙、战机不佳，速战速决反而取胜的实例，没见过将领聪明、战机颇佳，耗时很久还能取胜的案例。长久征战，于国有利，从未有过。所以，没完全算清战争成本，就不知最终战争收益。

善于用兵的将领，不会再次到国内征调兵力，不会再三从国内运送粮草。武器在国内配置好，粮食去敌人那抢夺，这样，军队吃饭问题就解决了。

长途运输军需物资，导致国家财力贫乏，长途运输还会使地方官绅利益受损，靠近军队经过和驻扎之地，物质供不应求，物价大幅上涨，官绅开支剧增、财富严重缩水，他们缺钱就会立即增加税负劳役、转嫁损失。国力衰竭、财政亏空，从国到家，非常虚弱。因战争发生的费用占官绅开销的十分之七；兵车破损、战马疲惫，护甲、头盔、弓箭、战弩，枪戟、盾牌、遮护大盾、壮牛、重车等军费开支，占国家总支出的十分之六。

因此，智慧之将务必抢敌粮草。缴获敌一钟粮食，相当于从国内运出二十钟；缴获敌一石饲料，相当于从国内运出二十石。

因此，如果要让士兵勇敢杀敌，就要激起他们对敌人的仇恨，这是精神激励；要让士兵奋力夺敌战利，就要重赏他们，这是物质奖励。所以，车战时，要奖赏那些夺敌战车十乘以上、首先登上战车勇立战功的士兵。夺车后，拔掉敌军旗帜，换上我军的，将投诚的俘虏重新编组，打散到各个分队中，要善待他们，与我的士兵一视同仁，让他们融入我军。这样，战胜了敌人，我反而变得更强大。

因此，战争贵在速胜，不能持续太久。

因此，精通战争的将军，掌握百姓命运，主宰国家安危。

第二节　概　览

本篇中的“作战”不是今天的“正在打仗”，而是“准备打仗”。该篇对中华民族的重大影响是：我们热爱和平，但时刻准备打仗。“朋友光临上好酒，豺狼来犯有猎枪。”本篇主要讲战前准备，分析战争的经济基础。孙子是战争经济学的鼻祖，揭示了很多战争经济学原理。

一、总成本领先战略

前篇决定要打，本篇着手准备。战略已定，战备已做，才可言战。战争是国家大事，要做许多准备：制造武器、储备粮草、调集兵力等，各项工作到位，才可开始战斗。贸然冲上战场，等于前去送死。

战争，损害人民生命，消耗国家财产，既检验军事能力，更考验经济实力。战争不仅是兵力对抗，而且是经济对抗，是打财、烧钱：“日费千金，然后十万之师举矣。”战争机器一经启动，钞票哗哗地不停流失。还没开打，开支巨大。

“国之贫于师者远输”，战争为什么会搞穷一个国家？重要原因之一是军队远征运输费用高昂。粮草笨重，大量消耗人财物。《黄石公三略》说：“千里馈粮，民有饥色。”千里运粮，老百姓会饿得面黄肌瘦。

“智将务食于敌，食敌一钟，当吾二十钟；萁秆一石，当吾二十石。”一定要从敌人那解决粮草问题，国内运来，损耗大、风险大：沿途跑冒滴漏，运粮人要消费，送到前线，所剩无几；万一被敌拦截、焚烧，就全完了。而且，我抢到多少，敌就损失多少，我受到的威胁也减小。一增一减，差别很大。

孙子重视总成本领先战略：要求从各方面减少战争成本。

二、资源有效配置

“役不再籍，粮不三载，取用于国，因粮于敌”阐述了资源的有效配置。“再”“三”都是“多”的意思。常用词组“再三”也指“多次”。

要速战速决，不能打着打着又回来征兵。得胜凯旋，输了也撤，输赢都马上回国。如果再从国内增兵，说明战争处于胶着状态，被敌缠上了、困住了，问题就很严重。因为损耗原因、伏击风险等，不宜多次从国内运粮草到千里之外的战场。

武器装备要自带。敌人对武器通常防守很严，不容易抢到，而且，抢来的武器也不顺手，使用自己得心应手的武器，战斗力会很强。关公临时到敌人的枪械库里，怎么能抢一把类似的大刀？所以，关公走到哪，廖化都扛着他的关刀。

粮草要到敌人那去抢。“不拿群众一针一线”“秋毫无犯”是对本国群众，以后还要相处，适合防御型战略；深入敌国的进攻型战略，要以战养战，否则兵马会饿死。

三、风险控制

孙子非常重视风险成本管理，反复叮咛：“不尽知用兵之害者，则不能尽知用兵之利也。”战争是巨大的风险投资，有利有害，不能见利忘害。害，是战争的成本：损民伤财、国家灭亡；利，是战争的收益：夺取资源、吞敌拓境。避害，是生存之需；趋利，是发展之需。避害比趋利更重要。

投资，会赚会亏，要做好风险控制，考虑承受能力：万一这笔投资全亏，最严重的后果是什么？如果不能承受，诱惑再大也要抵制。

基于风险控制，孙子强调优秀将领的重要：“知兵之将，民之司命，国家安危之主也。”透彻了解战争本质的将领，掌握着人民的生死、国家的安危。

第三节　知识点

一、“兵，闻拙速，未睹巧之久也”

兵，闻拙速（而胜）；未睹巧之久（而胜）。

“拙”，机会不太好、能力不太强；“速”，反应快、行动快。机会不太好、能力不太强，但行动敏捷，速战速决，取胜概率很大。

“巧”，机会好、能力强；“久”，行动慢、时间长。机会再好、能力再强，如果行动缓慢、时间拉长，给对手纠错的时空，就很难取胜。

“拙、速”而胜的案例听说过，“巧、久”而胜的事情很少见。

最好是“巧、速”，抓住机遇，快速行动；其次是“拙、速”，机会不好、快速行动；差的是“巧、久”，机会虽好，但久拖不决；最差的是“拙、久”，机会不好，久拖不决，混吃等死，早晚喂狗。

武林有句话：“天下武功，无坚不摧，唯快不破。”再厉害的招式也可破解，再坚固的堡垒都能摧毁，只有一种招数搞不定：“快”。快速行动，对手无计可施。《黄石公三略》说：“攻敌疾，则备不及设。”迅猛快捷攻击敌人，他就来不及防备。

还有一种“速”是曾国藩的“不疾而速”。老汤感悟：把自己当作对手，每天进步一点点，不断超越，让今天的我比昨天更优秀。选准合适的领域，锲而不舍地耕耘，虽然速度不快，假以时日一定能超过许多先行者。

该句有两种翻译：(1)将领平平、战机不佳，速战速决可取胜；将领聪明、战机颇佳，耗时很久不能胜。(2)用兵打仗，听过将领行动迅猛快捷，但指挥笨拙的案例；没有将领指挥机巧，但行动拖泥带水的事情。换言之，笨拙的人可能行动迅猛；机巧的人从不拖泥带水。我主张第一种。

二、“役不再籍，粮不三载，取用于国，因粮于敌”

“役不再籍，粮不三载”有两种解释：(1)别反复从国内征调兵力、运送粮草。(2)只征调一次兵力，不回来再征；只从国内运送两次粮草，出去一次，回来一次，不运送第三次。我主张第一种，第二种理解偏死板。

“取用于国”，武器在国内运过来，适用冷兵器时期。如果武器弹药标准化，也可“取用于敌”。正如《游击队之歌》所言：“没有枪，没有炮，敌人给我们造。”

“因粮于敌”，从敌人那解决粮食，要注意特殊情况：从敌那抢不到粮怎么办？朝鲜战争中，志愿军因后勤供应不足，影响战果巩固。苏联抗德，焦土战略，坚壁清野，是反制“因粮于敌”，所以，不能有“因粮”思想而忽视后勤保障。

三、“近于师者贵卖，贵卖则百姓财竭”

百姓的东西贵卖不是赚钱了吗？怎么还会“财竭”？原因有两种：(1)买的人多，货物不够，卖的断货，财物没了；(2)物资供不应求，物价轮番上涨，货币大量贬值，钱财花光了。

手上没东西可卖的百姓，“财竭”是必然的。手上有点东西的百姓，开始因物价上涨赚了些钱，但拿着赚来的钱去买别的东西时，发现更贵了，钱一下就用光了，所以都会“财竭”，只是早晚而已。

中国古代，普通人没姓，叫“黎民”。达官贵族、有地位者才有姓，称“百姓”。汉代开始，民众通称“百姓”。

四、“杀敌者，怒也”

战前要激起斗志，让士兵愤怒，否则，他们下不了手、杀不了敌：无冤无仇，为何杀他？为什么“哀兵必胜”？“哀兵”可实现“杀敌者，怒也”。

20世纪40年代，延安鲁迅艺术学院创作剧本：《白毛女》，描述财主把一个还不起高利贷的农民打死，把他女儿抢去抵债，奸污了她，女孩逃出，躲进深山老林，后来头发全白。故事很逼真，演员演得很投入，观众很愤怒，扮地主的演员几次差点被观众打死。该戏巡回演出，影响很大。

奋发向上、心态阳光才能做好领导，才能调动大家的积极性、激发员工的斗志。别让负能量大的人带团队，员工的热情就像煤球炉，点着、烧旺不易，浇灭只需一秒钟。

五、"更其旌旗，车杂而乘之，卒善而养之"

缴获战车，先把敌旗换成我的，产权变更。抓到俘虏，先做他们的思想工作，让他们加入我军。收编后要分散到我的队伍中，不能让他们继续在一起，容易逃亡甚至哗变。对投诚者不能轻慢，更不能侮辱，只有受到尊重善待他们才会真心实意地跟我走。他们已是自己人，要与我的士兵一视同仁，也不能过于优待厚抚，其他士兵会心理不平衡。

这对企业并购也有指导意义。首先，改变被并企业组织架构、文化，与母公司接轨；其次，有效整合资源，原领导班子要流动，员工要轮岗；最后，对被并企业员工一视同仁，让他们有主人翁意识，调动其积极性。

第四节　战略启示

一、从"智将务食于敌"看"对手的人才更贵"

"智将务食于敌"，一定要吃敌人的粮食。我节省了成本，敌人增加了损失，资源对比发生重大变化。老汤感悟：对手的人才更贵。

官渡之战，袁绍有两个高参：田丰、许攸。田丰反复提出问题、给出建议，袁绍不仅不听，还将田丰关押起来，结果大败，却迁怒于田丰，把他杀了。曹操的谋士虽没增加，因为袁绍力量削弱，相当于曹操力量加强。许攸差点被袁绍干掉，逃出来后变成曹操的谋士。"许攸降曹"比"田丰被杀"天平倾斜更严重，此消彼长，力量对比发生了更大的变化。

我不是鼓励挖墙脚。定量分析表明，和竞争对手抢占同一市场，如把对手能力很强的营销骨干挖过来，挖一个，相当于自己辛苦培养四个。为什么春秋战国会产生诸子百家？三国会英雄辈出？竞争环境下，人才就会受到更多的重视。

二、何时速战速决，何时持久战？

“速战速决”是本篇的灵魂。前后呼应，反复强调，简洁明了：“兵久而国利者，未之有也”“兵贵胜，不贵久”。

不同情况运用的战略不同。进攻性战略要速战速决，打完就撤。防御性战略要持久战，消耗敌人。德国名将古德里安，号称“闪电战之父”，其思想可溯源至《孙子》的“速胜论”。在第二次世界大战中，“闪电战术”曾让德国一度大获全胜：1 小时拿下丹麦、5 天征服荷兰、18 天攻克比利时、23 天攻下挪威、27 天征服波兰，打垮“欧洲最强陆军”法国只花了 39 天。日本叫嚣要用“闪电战术”三个月征服中国，中国人民用《孙子》逆操作，用防御性战略，顽强抵抗，打持久战、阵地战、游击战，和敌耗，拖垮它，一耗就是十四年，最终打败日本。

三、从“车战，得车十乘已上，赏其先得者”看绩效管理

孙子是绩效管理的鼻祖，“故杀敌者，怒也；取敌之利者，货也。故车战，得车十乘已上，赏其先得者”，这段话包含：精神激励、物质激励、超额累进、鼓励争先等绩效管理理念。

车战与步兵作战特点不同，业绩评估差异很大。步兵可以单兵作战，车战必须团队合作。车战，一辆车有好几个人，驾车舞刀射箭等，分工不同、密切合作。取得战绩是团队的功劳，考核难度较高。步兵作战考核简单：计件制。为什么秦国步兵骁勇善战？因为绩效管理明确：杀敌多少，受多少赏，升多大官。

鼓励争先。不必守着那辆攻下的车，绩效考核小组在密切关注，知道

是谁先拿下的，已记录在案，继续冲锋吧！

超额累进。每夺取敌人十辆以上战车，奖赏最先夺得者。不是赏车，而是赏钱财、升官职。

四、本篇重要启示

孙子主张“慎战”。若只讲不打，也没说服力，会被“愤青”斥责为懦弱、鸵鸟。而且，一厢情愿希望不打，可能助敌气焰，带来灾难性后果。

老子说：“兵者，不祥之器，非君子之器，不得已而用之。”战争，是不吉祥的，会导致生灵涂炭，不是君子喜欢的方式，迫不得已才动用。每每读到这，我就有一种想哭的感觉：曾经，我的祖国受了很多屈辱，经常遭到外敌侵略，都是不得已才奋起反击。

道家人物鹖冠子说：“兵者，百岁不一用，然不可一日忘也。”最好一百年不战，但一天都不能放松警惕。搞好国防建设，军队严阵以待。《司马法》说：“国虽大，好战必亡；天下虽安，忘战必危。”既不倚强凌弱，也要居安思危。

我从本篇中读出了历史最强音、时代最强音：最好不战，战之必胜，这才是伟大的孙子、完整的孙子！

第三章

谋攻篇第三

第一节 原文与翻译

一、原文

孙子曰：凡用兵之法，全国为上，破国次之；全军为上，破军次之；全旅为上，破旅次之；全卒为上，破卒次之；全伍为上，破伍次之。是故百战百胜，非善之善者也；不战而屈人之兵，善之善者也。

故上兵伐谋，其次伐交，其次伐兵，其下攻城。攻城之法为不得已。修橹轒辒，具器械，三月而后成；距闉，又三月而后已。将不胜其忿，而蚁附之，杀士三分之一，而城不拔者，此攻之灾也。故善用兵者，屈人之兵而非战也，拔人之城而非攻也，毁人之国而非久也，必以全争于天下，故兵不顿，而利可全，此谋攻之法也。

故用兵之法，十则围之，五则攻之，倍则分之，敌则能战之，少则能逃之，不若则能避之。故小敌之坚，大敌之擒也。

夫将者，国之辅也。辅周则国必强，辅隙则国必弱。

故君之所以患于军者三：不知军之不可以进而谓之进，不知军之不可以退而谓之退，是谓縻军；不知三军之事，而同三军之政者，则军士惑矣；不知三军之权，而同三军之任，则军士疑矣。三军既惑且疑，则诸侯之难至矣，是谓乱军引胜。

故知胜有五：知可以战与不可以战者胜，识众寡之用者胜，上下同欲者胜，以虞待不虞者胜，将能而君不御者胜。此五者，知胜之道也。

故曰：知彼知己，百战不殆；不知彼，而知己，一胜一负；不知彼，不知己，每战必殆。

二、老汤试译

孙子说：战争有个法则，让敌全国投降是最优结果，击破敌国是次优结果（如不举国投降，就聚焦他的军队）；让敌全军投降最优，击破敌军次优（如不举军投降，就聚焦他的“劲旅”：主力）；让敌全旅投降最优，击破敌旅次优（劲旅如不投降，就聚焦他的“锐卒”：尖刀连、冲锋队）；让敌全卒投降最优，击破敌卒次优（锐卒如不投降，就聚焦敌核心“队伍”：司令部，将军、参谋长等决策者）；让敌全伍投降最优，“斩首”行动次优。所以，百战百胜不是最好，不战就让对手降服才是最好。

因此，用兵上策是谋略致胜，其次是外交致胜，再次是军事制胜，最差是攻打城堡，攻城行动是不得已而为之。打造防护大盾、攻城楼车，准备各种器械，需要三个月才能完成；修筑与敌城墙齐高的土丘观敌、攻敌，又需三个月才能完工。将领愤怒不已，下令强攻，士兵像蚂蚁一样攀爬城墙，士兵死了三分之一，城堡还没攻下，这是攻城的灾难。所以，善于带兵打仗，不用战争就能搞定敌军，不用强攻就能夺取敌城，不用久耗就能灭亡敌国，必须用总体战略、全胜谋略争取天下，军队不受挫损就可获取全胜，这就是谋攻的法则。

因此，战争法则，兵力十倍于敌，围困他；兵力五倍于敌，攻击他；兵力两倍于敌，分开他；双方势均力敌，巧战他；兵力比敌人少，摆脱他；优势比敌人差，避开他。所以，军队弱小固执硬拼、一味坚守，必被强敌擒获而全军覆没。

将军是国君的重要辅佐者，辅佐周全，君臣无间，国家必然强大；辅佐缺失，君臣失信，国家必然衰弱。

因此，国君可能给军队造成三种祸害：(1)不知军队不可以前进却下令前进，不知军队不可以撤退却下令撤退，就会约束、糜烂军队；(2)不知军队具体事务，干预军队内部管理，用治国的方法治军，士兵们就会产生困惑；(3)不知官兵不同特点，干预军队人事安排，把不当的人用在不当的岗，士兵就会产生疑虑。全军既困惑又疑虑，诸侯制造的麻烦和危难就会接踵而至，这叫扰乱军队、失去胜利。

因此，预知胜利的方法有五种：(1)知道何时何地可不可战的会胜；(2)懂得根据双方兵力多少、机动灵活调兵遣将的会胜；(3)君王、将士上下同心的会胜；(4)准备充分，迎击仓促应战之敌的会胜；(5)将军能干，君王不干涉的会胜。掌握这五点，就掌握了取胜之道。

所以说：既了解敌人又了解自己，身经百战也没危险；不了解敌人只了解自己，胜负概率各占一半；既不了解敌人又不了解自己，每场战争都很危险。

第二节　概　览

本篇的核心思想：最佳战略原则是"谋攻"，不是"兵攻"。

一、"全胜"思想

(第一部，下篇，第三章，第四节曾详细阐述。)

《尉缭子》说："土广而任则国富；民众而治则国治。富治者，车不发轫，甲不出橐(gāo，套子)，而威治天下。故曰：'兵胜于朝廷'。不暴甲而胜者，主胜也；陈而胜者，将胜也。"国土辽阔、充分利用，国家就富裕；人口众多、管理有方，国家就有序。国家富庶安定，战车不用启动，盔甲不必开封，凭其威势便可震慑天下。不动甲兵而胜是君主之胜；排兵布阵而胜是将军之胜。与“未战而庙算胜”“上兵伐谋”异曲同工。

《易经》说：“聪明睿智神武而不杀。”无所不闻、无所不见、无所不通、无所不知，变幻莫测、实力强大，不用威刑对方心悦诚服，不需武力对手俯首称臣，就是全胜。

征服，不能长久；臣服，长治久安。能带来真正长安的是文化。

二、知彼知己

（第一部，上篇，第一章，第二节曾详细阐述。）

《黄石公三略》谈知彼：“用兵之要，必先察敌情：视其仓库，度其粮食，卜其强弱，察其天地，伺其空隙。”用兵关键是先掌握敌情：侦察他的库存，了解他的粮食，推算他的强弱，观察气候地形，寻找空虚所在。

余音绕梁，千古不绝：“知彼知己，百战不殆；不知彼，而知己，一胜一负；不知彼，不知己，每战必殆。”

三、机动灵活

敌情不同，兵法不同：“十则围之，五则攻之，倍则分之，敌则能战之，少则能逃之，不若则能避之。”这里隐含了一个前提：双方将领智谋、兵力数量、装备优劣大体相当。如有差别，还要乘上系数。“敌则能战之”不是一般的“战”，而是善战、智战，能打硬仗、激励士兵、会设奇伏等。

不以卵击石：“小敌之坚，大敌之擒。”兵力弱小与强敌遭遇，硬拼、坚守，殊死搏斗会被全歼。孙子暗示：打得赢就打，打不赢就跑。

四、五大制胜法则

“知可以战与不可以战者胜”，《左传》说：“见可则进，知难而退。”能战就战，不能就退，战场瞬息万变，必须随机应变。“识众寡之用者胜”，《吴子兵法》说：“用众者务易，用少者务隘。”指挥大部队作战应选平坦、开阔之地，排兵布阵，施展得开；带领小部队作战应选狭隘、险要之地，一夫当关，万夫莫开。“上下同欲者胜”，知士兵所知、想下属所想的将军能胜。《左传》曰：“以欲从人则可；以人从欲鲜济。”使自己的需求顺应别人易成功；让别人的需求顺应自己难成事。“以虞待不虞者胜”，要打有准备之仗。“将能而君不御者胜”，将能力强、君不干涉，同时具备、缺一不可。《左传》曰：“将能而君御之则为縻军；将不能而君委之则为覆军。”将军能力强，君王横加干涉，会搞烂军队；将军能力差，君王全权委托，会全军覆没。君王不易啊！

第三节　知识点

一、“将者，国之辅也，辅周则国必强，辅隙则国必弱”

周：能力全面、行事周全、谋不外泄；隙：能力缺陷、行事遗漏、谋露于外。

辅佐君王有两类重要人才：文官佐内，武将辅外。辅佐得好是国家的福音，辅佐不好是国家的灾难。文官辅佐好坏，对国家强弱的影响是渐进的，长时间才能显现；武官辅佐的好坏，对国家的强弱影响立竿见影、快速反应，一场战役胜负常常成了国家运势的分水岭。远到“长平之战”，近到“甲午战争”，历史无数次对此予以佐证。孙子研究的是兵法，特别强调将领的作用。

《六韬》说：“将者，国之辅，先王之所重也。”将军多么重要！《尉缭子》说：“夫将，提鼓挥枹，临难决战，接兵角刃。鼓之而当，则赏功立名，鼓之而不当，则身死国亡。是存亡安危，在于枹端。”将军挥槌击鼓指挥全军，面临危难与敌决战，短兵相接白刃相加。指挥得当建功立业，指挥不当身死国亡。存亡安危系于槌端。

《易经》“师卦”说：“师。贞，丈人，吉，无咎。”有优秀老成的将军指挥，就会打胜仗。“师或舆尸，凶”，将军指挥失误，就会用大车装载尸体，非常凶险。

二、“縻军、惑、疑”

“不知军之不可以进而谓之进，不知军之不可以退而谓之退，是谓縻军；不知三军之事，而同三军之政者，则军士惑矣；不知三军之权，而同三军之任，则军士疑矣。”君王不了解情况，管理错位，瞎指挥，会把军队搞烂，士兵就会疑惑。

“治国”“治军”差别巨大。《司马法》说：“军容不入国，国容不入军。”国家和军队特点不同，不能用治理国家那套管理军队；不能用管理军队那套治理国家。张预讲得更具体：“仁义可以治国，而不可以治军；权变可以治军，而不可以治国。”治理国家用仁政、仁德，要宽容、民主，很多事情要协商解决；指挥战斗，军令如山倒，无条件执行，不能讲民主：明晚要不要偷袭敌人？来，开个大会，讨论一下，投个票，这仗就没法打了。战争讲权变：今天进攻，大雨倾盆，不打；今晚偷袭，明月皎洁，中止。国家的法律法规则要保证严谨性、持续性，朝令夕改，老百姓就晕了。《管子》说：“国有常式，故法不隐，则下无怨心。”国法严肃持续，公开透明，不暗箱操作，民众就不会有怨气。

《兵典》说：“在国以信，在军以诈。”和平年代的人际交往要讲诚信，大多是重复博弈，不能用诡道，更不能用诈。诡诈之后，会失去信任，寸步难行。战争是一次博弈，你死我活，“兵以诈立”，不可以老老实实告诉敌人我的战略部署。

治国、治军，不了解情况，都必须授权。《六韬》说：“国不可从外治，军不可从中御。”告诫国王：带兵远征，要把国事管理权交给丞相，不能在境外遥控治理；坐镇国内，就把军事管理权交给将军，不可在宫中干预指挥。

“不知三军之权，而同三军之任”有三种理解：(1)国王不知三军权变、将士特点，而参与人事任命；(2)国王不知将军不会机动灵活指挥战斗，却对其委以重任；(3)监军不知三军之权，而参与甚至左右军事决策。我主张第一种。

三、“乱军引胜”

君王不知道“治国”“治军”之别，乱指挥，就会“乱军引胜”，自乱其军，自去其胜。“引”是“引致敌人”“失去”的意思。

《易经》“需卦”说：“自我致寇，敬慎不败。”敌人常常是我自己引致而来，小心谨慎，就不易失败。

两军对垒，势均力敌，很难正面打败对手。胜我的常不是敌，是我犯错、乱了阵脚、打败自己；胜敌的常不在我，是敌失误所致。

四、“上下同欲者胜”

《计篇》阐述：“道者，令民与上同意也。”本篇说：“上下同欲者胜。”“同意”“同欲”有何差别？“同意”是下同上，要让百姓、士兵和君主的意愿相同，以君王为主导；“同欲”是上同下，将军要与士兵的想法相同，以士兵为主导。两者的共同点是要“知彼”，懂得“恕道”、换位思考。下要懂上的“意”，上要知下的“欲”。下面了解上面的意图，上面知道下面的需要。上下互相了解，才能夺取胜利。

《黄石公三略》说：“与众同好，靡不成；与众同恶，靡不倾。治国安家，得人也；亡国破家，失人也。”与众人同喜好，没有做不成的事业；与众人同憎恶，没有打不败的敌人。得人心，国家治理，家庭安定；失人心，国家灭亡，家庭破碎。

《六韬》说：“天下非一人之天下，乃天下人之天下”“同天下之利者则得天下，擅天下之利者则失天下”“唯有道者处之”。天下不是某个人的天下，而是天下人的天下。与人同享天下之利则得天下；擅自独吞天下之利则失天下。有道之人才能安居王位。

五、“以虞待不虞者胜”

有准备的军队打没准备的军队会胜券在握。《兵法百言》说：“宁使我有虚防，无使彼得实尝。”宁愿我有准备，敌没进攻，我不遗憾。万一我没防备，敌打过来，我就惨了。这就是“安全带法则”：系安全带不是避免罚款，而是保护自己，系一万次都没出问题最好。掉以轻心，不系安全带，一出事就是大事。

六、“谋攻之法”

“谋攻之法”的核心：以“全”为上，以“破”次之。运用好这个法则，就可“兵不顿，而利可全”。张预说：“不战则士不伤；不攻则力不屈；不久则财不费。”如果不用谋攻法则，“战、攻、久”，就有“杀士三分之一，而城不拔”的惨烈后果。

全：以道成全；破：用力攻破。敌全我也全，敌破我也损。

第四节　战略启示

一、“伐谋”是最高阶的手段

（第一部，下篇，第三章，第二节曾详细阐述。）

二、人生的“不战而屈人之兵”

（第一部，上篇，第一章，第一节曾详细阐述。）

第四章

形篇第四

第一节　原文与翻译

一、原文

孙子曰：昔之善战者，先为不可胜，以待敌之可胜。不可胜在己，可胜在敌。故善战者，能为不可胜，不能使敌之必可胜。故曰：胜可知，而不可为。不可胜者，守也；可胜者，攻也。守则不足，攻则有余。善守者，藏于九地之下，善攻者，动于九天之上。故能自保而全胜也。

见胜不过众人之所知，非善之善者也；战胜而天下曰善，非善之善者也。故举秋毫不为多力，见日月不为明目，闻雷霆不为聪耳。古之所谓善战者，胜于易胜者也。故善战者之胜也，无智名，无勇功，故其战胜不忒。不忒者，其所措必胜，胜已败者也。故善战者，立于不败之地，而不失敌之败也。是故胜兵先胜而后求战，败兵先战而后求胜。善用兵者，修道而保法，故能为胜败之政。

兵法：一曰度，二曰量，三曰数，四曰称，五曰胜。地生度，度生量，量生数，数生称，称生胜。

故胜兵若以镒称铢，败兵若以铢称镒。

胜者之战民也，若决积水于千仞之溪者，形也。

二、老汤试译

孙子说：历史上善于打仗的将领，先让自己不可战胜，同时等待敌被战胜。不可战胜在于我的主观努力；敌被战胜在于敌有可乘之机。所以，善战之将，能够做到不可战胜，不能做到敌必被战胜。所以说：胜可预先知晓，不可主观强求。要不被战胜：坚守；要战胜敌人：进攻。防守常被动，兵力不足；进攻常主动，游刃有余。善于防守的军队，像在九地之下深藏的幽灵，无形无声；善于进攻的军队，像从九天之上俯冲的神兵，猝不及防。所以，守则固，可自保；攻则克，能全胜。

制胜无疑，众人皆知，不是最好，最好是上兵伐谋；战果辉煌，天下叫好，不是最好，最好是不战而屈。所以，能举起秋鸟毫毛不算大力士，能看见烈日明月不算视力好，能听到雷霆轰鸣不算听力强。历史上真正的善战之将，取胜仿佛轻而易举，敌人似乎不堪一击。所以，善战之将取得胜利，没有智慧的名气，没有勇猛的战功，只因整个过程不失误而致胜。不失误，他的每个环节、每个措施都正确，必然会踏踏实实走向胜利，还没交手，他就已胜，敌人已败。所以，善战之将，先要立于不败之地，同时密切关注，不错过敌败的战机。所以，胜利的军队充分准备，未战先胜，然后向敌开战；失败的军队不做准备，贸然参战，希望侥幸取胜。善于用兵的将领，既修行致胜之道，又拥有战胜之法，这样就能掌控胜败主动权。

用兵之法要分析敌我双方：一、面积大小、地形地貌；二、人口、物产总量；三、兵力众寡、装备优劣；四、实力强弱对比；五、胜负概率。疆域土地决定面积、地形；面积、地形决定人口、物产；人口、物产决定兵力、装备；兵力、装备决定军队强弱；军队强弱决定实力对比，实力对比决定胜负。

因此，实力致胜。胜利的军队就像以镒碾压铢，576 个人暴打 1 个人；失败的军队就像以铢抵挡镒，1 个人对抗 576 个人。

胜利的士兵训练有素，一声令下，如猛虎下山，就像八千尺高的堰塞湖积满了水，突然决口，威力巨大，这就是“形”。

第二节　概　览

本篇讲军队的实力建设，“形”又称“军形”。谋攻不成，才予用兵，故《形篇》次于《谋攻篇》。本想谋略胜敌，没有成功，于是打仗。打，也不是马上冲出去，而是先在沙盘、作战地图前模拟、推演。

一、本篇主谈“攻守”

攻守的定义：“不可胜者，守也；可胜者，攻也。”不可胜是守，可胜是攻。

攻守的要素：“不可胜在己，可胜在敌。”防守的决定因素在自己；进攻的决定因素在敌人。对自己了解透彻，防守再好，只能保证自己不可战胜；能否发现破绽、进攻取胜，取决于敌人，敌若防守严密，我也无可奈何。

攻守的顺序：“先为不可胜，以待敌之可胜”“立于不败之地，而不失敌之败”。先守后攻：韬光养晦，保存实力；等待时机，及时出击。先让自己立于不败之地，还要等待敌人失误。思维清晰、犀利。

攻守的关键：“守则不足，攻则有余。”决定胜利的是进攻。防守再严，只是不被战胜，最多打个平局；进攻才是胜利的关键。对偶、对比，让人印象深刻。

攻守的极致：“善守者，藏于九地之下，善攻者，动于九天之上。”守，无声无息；攻，迅雷闪电。用词夸张，气势磅礴。

攻守的目的：“自保而全胜。”善守，为了“自保”；善攻，实现“全胜”。

李靖对《孙子》“攻守”有精彩阐述：“攻者，不止攻其城、击其阵而已，必有攻其心之术焉；守者，不止完其壁、坚其阵而已，必也守吾气而有待焉。”进攻，不仅是攻敌城堡、破敌阵地，必须有心理战术、攻心为上；防守，不仅是城墙完备、阵地坚固，必须要士气高涨、严阵以待。“攻其心者，所谓知彼者也；守吾气者，所谓知己者也。”从心理上进攻敌人，必须知彼；保持好队伍士气，必须知己。知彼不易，与敌心理战要技巧；知己很难，心理上胜己要定力。王阳明感慨：“破山中贼易，破心中贼难。”

二、差异化竞争

要有异于常人的能力和智慧：“举秋毫不为多力，见日月不为明目，闻雷霆不为聪耳。”排比、比喻，简洁、生动。

为何“见胜不过众人之所知”“战胜而天下曰善”都“非善之善者也”？“见胜”，打败敌军、消灭敌将，这种胜利众人看得见，算不了什么；庙堂之上、举杯之间，众人浑然不知，胜负已定，这才是了不起！战胜，天下叫好，不算最好；不战而胜，才是最好。

《六韬》说：“智与众同，非国师也；技与众同，非国工也。”智力平平做不了国君老师；技术一般成不了国家工匠。要做国君智囊，必须有与众不同、行之有效的治国方略；要拿朝廷津贴，得具备技术高超、贡献特殊的专业能力。

无论和平年代还是竞争环境，差异化才能脱颖而出。

三、未雨绸缪

精心设计，轻松胜敌：“古之所谓善战者，胜于易胜者也。故善战者之胜也，无智名，无勇功，故其战胜不忒。不忒者，其所措必胜，胜已败者也。”古今善战之将，好像没什么英明神武、丰功伟绩。因为他精心准备，设计了环环相扣的套路，让敌人一步步地往口袋里钻，还未开战，敌人已输。怎样才能“胜于易胜”？北宋梅尧臣说：“见于著则胜于艰；见于微则胜于易。”等大家都明白、行动了，我才开始动，没建立壁垒，要取胜很难；在大家不明白、没行动的时候，我早已准备，先建立壁垒，再取胜就易。

未雨绸缪，防患于未然，对战局有清晰预判，不打无准备之仗：“胜兵先胜而后求战，败兵先战而后求胜”，胜、败、战，三字交替，对比强烈。先有必胜信心，再把准备做好，才向敌人开战，敌没准备，措手不及，我容易取胜。什么准备都没做就冲锋，敌若无备，打个平局；敌若有备，我输定了，侥幸取胜，也不持久。《尉缭子》说："兵不必胜，不可以言战；攻不必拔，不可以言攻。"战争，没有必胜的把握，不可轻易言战；攻城，没有必拔的准备，不可轻易谈攻。

四、实力致胜

既要正义，也要实力。衡量国力对比的指标是："度、量、数、称、胜"。度，土地面积大小；量，土地肥沃程度、经济总量；数，人口、军队总数；称，敌我军事、经济实力对比；胜，抓住战机，克敌制胜。"地生度，度生量，量生数，数生称，称生胜。"层层递进，逻辑清晰。

地是本源，孙子对地非常重视，多处谈到地；中华文化珍视土地："寸土不让、寸土必争、守土有责"，丢失大好山河，要被后代唾弃。中国历史几乎就是一部土地争夺史：土地慢慢集中到少数人手里，导致社会动荡、朝代更换；打土豪、分田地，土地重新分配；又集中，又动荡，又重新分配，循环往复。

"以镒称铢"，以绝对优势取胜。1 镒是 24 两，1 两是 24 铢，1 两是 4 锱。铢是古代很小的计量单位，斤斤计较、锱铢必较是小气的代名词。"以镒称铢"，576 比 1。孙子用夸张的手法传递重要理念：实力致胜！

第三节　知识点

一、"善守者，藏于九地之下，善攻者，动于九天之上"

曹操认为：九地之下，因山川丘陵之固；九天之上，因天时之变。把"九地、九天"理解成很实的"有利地形、良好天时"。梅尧臣认为：九地，深不可知；九天，高不可测。把"九地、九天"理解为两种夸张的修辞手法。我赞成后者。"九地、九天"极言深藏不露实力、高效发挥威力，更能体现孙子的高度和气势。

二、“先为不可胜，以待敌之可胜”

首先，让自己不可战胜，知己；同时，等待敌人有可胜之机，知彼。

待，是人生重要智慧。等待，是人生的必修课。时机未到贸然行动会出问题。

抗美援朝时期，志愿军一支部队潜伏在敌人阵地前，敌人怕有埋伏，试探性丢了几颗燃烧弹，其中一颗就烧着了邱少云。为了不暴露部队行迹，邱少云一动不动，任由大火在身上燃烧，最后壮烈牺牲。这是用生命写就的“待”，这是伟大的“待”！

三、“修道而保法”

（第一部，下篇，第三章，第一节有详细阐述。）

“修道而保法”有两种理解：(1)道：仁义；法：法制。(2)道：用兵取胜之道；法：赏罚分明之法。老汤建议这样翻译：既有道义支持，也有致胜法宝。

四、“不可胜者，守也；可胜者，攻也”

这句话有三种理解：(1)防守，最佳结果只是保证自己不被战胜；进攻，抓住敌人薄弱环节才能夺取胜利。(2)敌不可战胜，我就防守；敌可以战胜，我就进攻。(3)我防守，就能不可战胜；我进攻，就能取得胜利。我主张第一种。

五、“能为胜败之政”

魏征说：“非知之难，行之惟艰；非行之难，终之斯难。”“知”，知道、了解，不难；难的是“行”，落实、实施；“终”是一种坚持，是坚持后的善果，比“行”还难。

“为”是行动、掌控，就是“行”；“胜败之政”是努力后的结果，就是“终”。能掌控胜败：胜，给我；败，归敌。我败，也是佯败，为夺取更大胜利而做出暂时的退让。掌控胜败就是操控战场主动权。

六、“度，量，数，称，胜”

有三种理解：(1)度：疆域面积、肥沃状况；量：人口数量、物产多少；数：兵力众寡、部署虚实；称：实力对比、道德水平；胜：胜负概率。(2)度：据地形分析敌人兵势；量：敌强弱优劣；数：敌兵力多少、装备好坏、后勤状况；称：敌我比较；胜：判断胜负所在。(3)度：长度计算单位，尺寸、长短；量：体积计算单位，钟斗、大小；数：数量计算单位，百千、多少；称：重量计算单位，斤两、轻重；胜：胜利的结果。我主张第一种。疆域宽广，物产丰富，人口众多，军队强大，装备优良，正义之师，指挥得当，胜利在握。

七、“胜者之战民也，若决积水于千仞之溪者，形也”

战民：古汉语中，人和民不同，人是领导，民是黎民、普通人。战民，就是打仗的士兵。孙子用词非常严谨，不是“战人”。

决：快速行动。

积水：就是“聚形”，积聚能量。一条瀑布飞泻而下，风景亮丽没有威胁。如堵成高空堰塞湖，大量积水，决开缺口，一泻千里。前提是要有“积水”，否则只是瀑布而已。

千仞：仞，七尺或八尺。不必纠缠，孙子只是夸张地说明积水因落差巨大而产生的势能。既要有形：积水；也要有势：高地。

这个比喻说明：交战之前部队训练有素；发起冲锋士兵勇猛迅捷。二者兼备，才有威力。人生启迪：平时打磨核心能力，关键时刻发挥作用。

第四节　战略启示

一、“善守、善攻”在生活中的运用

《道德经》说：“不失其所者久。”要有依托才能持久，才能“善守”。

毛泽东同志除了很擅长打游击战，还非常重视根据地建设。井冈山、延安，都是重要的革命根据地。根据地是“善守”；游击战是“善攻”，二者缺一不可。

“善守”在生活中的运用是“示弱”。尤其在竞争环境下，“示弱”是对自己有效的保全，可跳出对手的视线范围。低调才能高调，保全自己才能战胜对手。“善攻”可用于期望值管理。你平常给公众的印象是低调，一旦领导交给你一个任务，你完成得出人意料的好。领导本来期望值不高，你让他眼睛一亮、印象深刻、惊喜，你就进入他的视线。

二、对“善战者之胜也，无智名，无勇功”的感慨

善战之将常无显赫的声名、勇猛的功劳，他一步一步、踏踏实实把每个环节都做好，自然而然地就成功、“致胜”了。虽然有些伤感，然而利国利民。领导一定要注意，不光要关注造势的明星，还要重视踏实的干将。

《黄石公三略》说：“三皇无言而化流四海，故天下无所归功。”中华远古的“三皇”没有留下只言片语，其教化却流布四海，结果，不知道哪些是他们的丰功伟绩。

我一直困惑：为什么关于孙武的记载很少？《史记》只讲了他斩吴王爱姬的故事，谈他的战功只寥寥几句：“西破强楚”“北威齐晋”，怎么破、怎么威？没了。《尉缭子》说：“有提三万之众而天下莫当者谁？曰武子也。”谁只统帅三万军队，却天下无敌？唯有孙武！怎么厉害法？没有下文。认真研究《孙子》，我才恍然大悟：孙武没有彪炳的战功、精彩的故事。“善战者之胜也，无智名，无勇功。其战胜不忒。不忒者，其所措必胜，胜已败

者也”正是他自己真实的写照啊！

《道德经》说：“其安易持，其未兆易谋，其脆易泮，其微易散。为之于未有，治之于未乱。”安定时期，保持局面容易；苗头未起，解决问题简单；东西薄脆方便分解；事情微小容易打发。在麻烦发生前掌握主动，在国家混乱前加强治理。老子絮絮叨叨地告诉大家：别等到事情搞大了。

救火固然有功，防火更加重要。

三、从“举秋毫不为多力，见日月不为明目，闻雷霆不为聪耳”悟“慎独”

曾子《大学》才两千多字，却两提“君子必慎其独”。子思的《中庸》也说：“是故君子戒慎乎其所不睹，恐惧乎其所不闻。莫见乎隐，莫显乎微。故君子慎其独也。”

什么叫“慎独”？独处也要小心谨慎，时刻严于律己。为何要“慎独”？人在做，天在看，老天一直“睹”“闻”，不能掉以轻心。当今世界科技发达，到处是探头，大数据分析，科技也在看，人已经无所遁形。要“慎独”！很多主宰世界的东西都看不见听不到：你看我讲课时手舞足蹈，指挥我的是思想，看不见听不到。很多无形的东西比有形的更重要：人们常去争抢有形的物质财富，有一种东西看不见、摸不着，没它，人立马歇菜，那就是空气。财富可以没有，停五分钟气试试？《人民的名义》中那个小官巨贪，钱那么多却不敢用，把百元大钞垒了整整一面墙，只能过过眼瘾、手瘾，被抓时，还向检察官提了个请求：“能不能让我最后看看、摸摸这些钱？”他没看到：有把利剑就在头上悬着，无形！

读“举秋毫不为多力，见日月不为明目，闻雷霆不为聪耳”，我对“慎独”有了新的理解：慎重对待自己独特的能力、与众不同的见解。别人不能“睹、闻、思”的，你却能看见、听到、想到。珍惜这种能力，不要怀疑自己。真相常常只有少数人看得清，真理常常掌握在少数人手里。

红军刚刚打了长征以来第一个胜仗，士气高涨，到了打鼓新场，军委20人中有19位说要攻克该地，一鼓作气再立新功，只有毛泽东反对：敌人吃了败仗，一定会在此埋伏重兵。少数服从多数，还是决定打。毛泽东急了："你们要打我就辞职！"大家说：不干拉倒！好在毛泽东很理性，当天晚上，他拎着马灯去找总指挥周恩来，周恩来听完毛泽东的细致分析后如梦初醒，两人一起马上一个个说服另外 18 个人，这才保住了革命火种。这个事件引起大家反思，于是，成立了由毛泽东等三人组成的军事领导小组，指挥效率大大提高。

独特的能力和想法常常不合群，正确的不合群要鼓励，要"慎独"。

四、子思与孙子想到一块了

子思的"居易俟命""素位而行"与孙子的"先胜后战"异曲同工，都是优秀的人生态度。

"胜兵先胜而后求战，败兵先战而后求胜。"胜利之师能胜，因为胜券在握才开战；败兵之将会败，因为仓促应战以期侥幸取胜。

"君子居易以俟命，小人行险以徼幸。"时机没到，君子不论身处何种境地，都要养精蓄锐，静静等待；小人浮躁，没有耐心，心存侥幸，铤而走险。

子思解释"素位而行"："素富贵，行乎富贵；素贫贱，行乎贫贱；素夷狄，行乎夷狄；素患难，行乎患难。"在富贵时，用富贵的行为方式，该穿正装穿正装；在贫贱时，直面现实，该吃苦就吃苦；在偏远处，尊重当地习惯，入乡随俗；在患难时，低调隐忍，等待时机。这样，就会从容主动，成为生活的"胜兵"。反之，富贵环境，开口粗俗、随地吐痰；贫困之时，老说我爷爷曾怎么辉煌，总是沉湎于当年的飞黄腾达；处偏僻之地，有莫名其妙的优越感，老用大城市的行事方法；陷患难状态，忿忿不平，失去信心，就会焦躁不安，沦为生活的"败兵"。

第五章

势篇第五

第一节 原文与翻译

一、原文

孙子曰：凡治众如治寡，分数是也；斗众如斗寡，形名是也；三军之众，可使必受敌而无败者，奇正是也；兵之所加，如以碫投卵者，虚实是也。

凡战者，以正合，以奇胜。故善出奇者，无穷如天地，不竭如江河。终而复始，日月是也；死而复生，四时是也。声不过五，五声之变，不可胜听也；色不过五，五色之变，不可胜观也；味不过五，五味之变，不可胜尝也；战势不过奇正，奇正之变，不可胜穷也。奇正相生，如循环之无端，孰能穷之？

激水之疾，至于漂石者，势也；鸷鸟之疾，至于毁折者，节也。是故善战者，其势险，其节短。势如彍弩，节如发机。

纷纷纭纭，斗乱而不可乱也；浑浑沌沌，形圆而不可败也。

乱生于治，怯生于勇，弱生于强。治乱，数也；勇怯，势也；强弱，形也。

故善动敌者，形之，敌必从之；予之，敌必取之。以利动之，以卒待之。

故善战者，求之于势，不责于人，故能择人而任势。任势者，其战人也，如转木石。木石之性，安则静，危则动，方则止，圆则行。故善战人之势，如转圆石于千仞之山者，势也。

二、老汤试译

孙子说：分级管理，高效组织，治理大部队就像治理小分队；视觉听觉，指令清晰，指挥大部队就像指挥小分队；既有正兵，又能出奇，统帅全军即使遭遇强敌也不会失败；避实就虚，以实击虚，进攻敌人就像用硬石砸鸡蛋。

大凡作战，先正兵迎敌，再出奇制胜。所以，善出奇兵，使用的招式就像天地风云无穷无尽，就如滚滚江河奔腾不息。太阳、月亮落下又升起，一年四季结束又重来。声不过“宫商角徵羽”，五声变化，可奏出无尽妙乐；色不过“青黄赤白黑”，五色变幻，可组成无穷佳景；味不过“辛酸甘苦咸”，五味调和，可烹饪无数美食。战争势态无非是奇兵和正兵所致，奇兵正兵招式变化，能形成无穷无尽的战术组合，奇兵正兵交叉使用、不断变化，就像循环往复的圆圈无头无尾，怎能穷尽？

水流湍急迅猛，可以飘起巨石，因为自高奔腾而下，势能巨大，这就叫作“势”；凶猛之鸟迅疾，折断筋骨击毙猎物，因为俯冲呼啸而至，节奏短促，这就叫作“节”。所以，善于作战的军队，运势高险，能量巨大；节奏迅速，猝不及防。运势就像满满张开强弩；节促就像靠近扣动扳机。

战旗纷纷翻转离合，士兵纭纭进退往来，似乎乱糟糟，其实指挥得当忙而不乱；战马浑浑奔腾嘶鸣，战车沌沌尘土飞扬，猛一看闹哄哄，其实配合严密无懈可击。

严治可变成混乱，勇敢可变成胆怯，强大可变成虚弱。让混乱变严治，要分级管理；让胆怯变勇敢，需气势宏大；让虚弱变强大，得实力雄厚。

因此，善于调动敌人的将领，施以假象，敌必定当真；投其所好，他必然上当。用利益诱敌出动，派精兵埋伏等待，再伺机突然袭击。

因此，善战之将，懂得运势，不苛求部下，而能最大化下属能力，顺应战争态势。顺势而为的将领，带领部队击敌就像转动木头、石块。木石的特性是，放在平坦之地就安稳，放在陡峭高处就滚落，方形容易稳定，圆形容易滚动。所以，善战之将掌控攻敌态势，就像把又大又圆的石头搬到八千尺高的山顶，再滚落下来，这就是“势”。

第二节 概 览

形者，量敌审己，筹于未战之先，主要研究军队建设；势者，因利制权，决于临战之前，重点分析兵力运用。“势”，又称“兵势”。

一、本篇主谈“奇正”

老子说：“以正治国，以奇用兵，以无事取天下。”治国讲“正”，用兵要“奇”。孔子说：“为政以德，譬如北辰，居其所而众星共之。”治理国家，要讲“正”“德”，以身作则才会受到拥戴，要坚守正道、谨守本分，不要乱作为。孙子说：“凡战者，以正合，以奇胜。”带兵打仗首先正兵与敌相接，实力雄厚、防守严密才能立于不败之地，但决定胜利的是奇兵，要出奇制胜，不按常理出牌。

用出人意料的方法取胜后，没有创意一直用就会失灵，老用某种奇兵，被人摸到套路，就会不足为奇，要经常变换，不断出奇。孙子说：“善出奇者，无穷如天地，不竭如江河。”“善出奇”就是“善出奇正”。奇正并用，机动灵活，奇正交叉，变化无穷：“奇正之变，不可胜穷也。”奇奇正，奇正奇，奇正奇正奇奇正，敌人就傻了。

《尉缭子》说：“善御敌者，正兵先合，而后扼之。此必胜之术也。”善战之将，先正面交战，后奇兵扼制，这是必胜之术。曹操说：“先出合战为正，后出为奇。”先正面交锋的叫作正兵，后出兵交战的叫作奇兵。《唐太宗李卫公问对》讲得更全面：“先正而后奇，先仁义而后权谲。”先用正兵后用奇兵；先讲仁义再用权变、诡诈。“大众所合为正，将所自出为奇，乌有先后旁击之拘哉?”主力与敌交战为正兵,将领据情调整战术率兵出击为奇兵,不能受先后旁击限制。“以奇为正,以正为奇,变幻莫测。”奇兵变正兵,正兵变奇兵,变幻莫测。“善用兵者,无不正,无不奇,使敌莫测,故正亦胜,奇亦胜。”善用兵之将,既用正兵也用奇兵,奇正结合,让敌无法捉摸,既能正兵取胜,也能出奇制胜。“教正不教奇”,训练士兵只教正兵,不教奇兵。奇兵是将军灵活机动使用,没法教,士兵听指挥就行。

二、准备可长,行动要快

“其势险,其节短。”准备时间可长,行动速度要快。集中优势兵力,以迅雷不及掩耳之势击敌。势险:速度快捷,高险则迅捷;节短:距离短近,短近则劲准。最终达到“准”“狠”。用物理学表述:F=MV/T,时间 T 短,速度 V 快,使打击力 F 足够大。怎样“势险、节短”?孙子打了几个比方:激水、鸷鸟;扩弩、发机。

“激水之疾,至于漂石者,势也;鸷鸟之疾,至于毁折者,节也。”至柔者,莫过于水。奔腾的激流何以能使巨石漂起?因为水从高处冲下,速度很快,“势”强大。体积不大的鹰何以能干掉很大的羊?鹰扑岩羊,低空盘旋,瞅准机会,敛翼俯冲,力全志专,叼起猎物,甩下山谷,干净利落。这就是“节”。

“势如扩弩,节如发机。”阐述清晰,比喻恰当。射箭时,弓要拉满,箭速才快,这叫“势”。触发扳机要快,拖泥带水,弓就白拉开了,势也没了;控制距离,尽量短近;把握机会,对准目标。快、近、准,这叫“节”。

三、“运势”

(第一部,下篇,第二章曾详细阐述。)

运势的关键是“择人而任势”。择,读“shì”,作“释、释放”解。尊重客观规律,认清并顺应大势,把人放到对的岗位,最大限度发挥作用、释放潜能。《吴子兵法》说:“短者持矛戟,长者持弓弩,强者持旌旗,勇者持金鼓,弱者给厮养，智者为谋主。”个子矮小者拿矛戟，身材高大者用弓弩，身强力壮者扛旌旗，勇敢善战者掌锣鼓，体弱身虚者干后勤，聪明智慧者做幕僚。《黄石公三略》说：“智者乐立其功；勇者好行其志；贪者邀趋其利；愚者不顾其死。因其至情而用之，此军之微权也。”智谋者乐于建功立业，勇敢者喜欢实现志向，贪财者希望追求利禄，愚钝者不顾自己生死。根据个人特点，人尽其才，是军中用人的奥妙。

李靖提出“三势”：“气势、地势、因势。”气势，与士气有关；地势，与地理有关；因势，与环境有关。要认真观察势、分析势、把握势、顺应势。

“善战人之势，如转圆石于千仞之山者，势也。”战人：善战的指挥官，不是“战民”；转：发挥主观能动性；圆石：“形”；千仞：“势”。

梅尧臣说：“木石，重物也，易以势动，难以力移；三军，至众也，可以势战，不可以力使。自然之道也。”运势比用蛮力轻松多了。《吴子兵法》说：“发号布令而人乐闻，兴师动众而人乐战，交兵接刃而人乐死。”士兵“乐闻、乐战、乐死”，是军队了不起的任势。大家都“乐”，君王也就乐呵呵地迎接将士凯旋。

第三节　知识点

一、“分数”“形名”

“分数”是组织架构。分，部曲，部队建制，旅、师、军等机构设置；数，什伍，建制数量，每个建制、机构的人数。目的是分级管理、授权，便于命令下达、执行。

“形名”是视觉和听觉号令。古战场的信息指挥工具主要有两类：旌旗、锣鼓。旌旗是视觉号令：“形”；锣鼓是听觉号令：“名”。旌，羽毛做成，指挥基层军队；旗，布料做成，指挥各级将领。锣，撤退；鼓，进攻。白天可以用视觉和听觉号令；晚上主要用听觉号令，视觉号令要用火吧，不用旌旗。也有人把“形”理解成旌旗、金鼓的统一制度，把“名”理解成旌旗、金鼓的各种具体名号和要求。

二、“乱生于治，怯生于勇，弱生于强”

第一种解释：战场风云突变，矛盾双方会发生转换，严治、勇敢、强大会转化成混乱、胆怯、弱小。中华文化充满辩证思想。《道德经》说：“将欲歙之，必固张之；将欲弱之，必固强之；将欲废之，必固兴之；将欲取之，必固与之。是谓微明。”要收合必先张开，要削弱必先强大，要废除必先兴旺，要夺取必先施予。事物发展到一定阶段就会走向反面，这就是“微明”。《易经·泰卦》说：“无平不陂，无往不复。”不会总是平地，也不会总是陡坡；不会一直往前，也不会一直向后。既会“否极泰来”，也会“泰极否来”。既会“乱、怯、弱”，也会“治、勇、强”，可以相互转变。

第二种解释：让敌人看到我乱、怯、弱的假象；隐藏我治、勇、强的真情。装作混乱，引诱敌人，其实我管理严格；装作胆怯，等待敌人，其实我勇猛善战；装作弱小，让敌骄傲，其实我实力强大。敌人看我乱就来进攻，突然队伍整齐把他干掉；我一副害怕的样子，结果是扮猪吃老虎；他以为我很弱，不把我放眼里，于是我“以碬投卵”。用这种手法时，要谨记杜牧的提醒：“欲伪为乱形以诱敌人，先须至治，然后能为伪乱也；欲伪为怯形以伺敌人，先须至勇，然后能为伪怯也。欲伪为弱形以骄敌人，先须至强，然后能为伪弱也。”必须至治、至勇、至强，才能装乱、装怯、装弱，否则会弄假成真、弄巧成拙。大智若愚就是《孙子》运用于生活：看起来傻傻的，其实含而不露，有大智慧。

第三种解释：别得意忘形、有恃无恐，恃治则乱生、恃勇则怯生、恃强则弱生。

以上三种解释都合情合理。根据上下文，第一种解释更贴近本义。

三、“治乱，数也；勇怯，势也；强弱，形也”

治、勇、强，既可以作名词，也可以作动词。

“治、勇、强”作名词。分级管理决定严治、混乱；战争走势决定勇敢、胆怯；军队实力决定强大、懦弱。事态会变化，军心会逆转，混乱会在严治中产生，胆怯会在勇敢中产生，懦弱会在强大中产生。或理解为：让混乱不堪变得治理有序，需分级管理；让胆怯畏惧变得勇往直前，需兵势宏大；让弱小猥琐变得刚劲强壮，需军形雄厚。李筌说：“夫兵得其势则怯者勇；失其势则勇者怯。”外部环境对军队的状态影响很大。

我偏向于“治、勇、强”作动词。怎样将队伍治理得井然有序、遇事不乱？分层管理、职责分明，不越级指挥。怎样让胆怯的士兵变勇敢？鼓励他们：我们占据优势，如果勇敢冲锋，就会势如破竹，他们就不害怕。怎样让弱小的队伍变强大？告诉他们：增援部队马上到！弱小部队的战力会变得更强。

四、“形之，敌必从之”

《计篇》“示形”是“示以伪形”：我强，示以弱形，诱敌前来，予以伏击；我弱，示以强形，吓阻敌人，解除危险。平阴之战，晋平公打齐国，晋军其实不够强大，队伍开进，让兵马拖着树枝前行。灰尘遮天蔽日，齐人恐慌，以为大军掩杀过来，齐灵公率军逃跑。这就是“示以伪强”。马陵之战，魏军追击齐军，发现齐军的灶不断减少。庞涓以为齐军害怕、逃亡，带着轻骑兵追击，遭孙膑伏击，庞涓自杀，魏军惨败，主帅太子申被俘。这就是“示以伪弱”。

“示以伪形”道理易懂，关键是怎样才会“敌必从之”？这就要求“伪”得像。晋国“示以伪强”，齐国为何会怕？重要前提是：晋国攻打齐国。常理是军队强大才会进攻。这样，晋“伪强”才会被齐误以为“真强”。庞涓非等闲之辈，孙膑“示以伪弱”庞涓为何会信？当时魏强齐弱，齐人害怕、逃跑很正常。结论是：你在对方认为合情合理的情况下“示以伪形”，敌才会“从之”。

第四节 战略启示

一、从"势险,节短"看"三思后行"

"势险",做好准备,积聚势能;"节短",发现战机,快速进攻。

"三思后行"妇孺皆知,有人误当是孔子教诲。该句出自《论语》,但非孔子所言,孔老师对此还持反对态度:"季文子三思而后行。子闻之,曰:'再,斯可矣。'"季文子优柔寡断、三思而行,孔子没点赞:为何要三思?两次就行了!

良机稍纵即逝,不可沉湎"三思"而错失。幸运之神只敲一次门,不会苦口婆心老敲,上天只把机会送给有准备的人。"势如扩弩,节如发机",既要凝神静听、倾心关注,更要抓住机会、果断出击。

二、"择人而任势"之悟

(一)"任势",君子要知其"位"

要掌握趋势。《中庸》说:"鸢飞戾天;鱼跃于渊。言其上下察也。"鸟在天上飞,鱼在水里游。飞鱼会飞,结果还要回到水里;水鸟钻水,最后还是在天空飞。

要知位识势。孔子说:"不在其位,不谋其政",已经离岗,没有权势,就别去指手画脚。核心资源、重要信息不再掌握,你想"谋",别人不听,何必呢!

要择人任势。正确对待"人走茶凉",别和人性对抗。不在岗,没有势,原下属要去服务新领导,这很自然,人之常情。人走了茶不凉,要既欣慰又不安:"我已离开,茶还在泡,浪费资源。"所以,君子要知其"位",人走必须茶"凉"。

有些老领导不在其位,有势也不谋其政。继任是他一手提拔,虽然离位,影响力不减,却很少回来。睿智!他往那一站,老部下围上来问这问那,要不要发表观点?如果表态与新领导不同,岂不造成矛盾、混乱?

(二)“任势”,效用最大化

“任势”,时间效用最大化。“晴耕雨读”是古代江南习俗:天晴出去耕种,下雨在家读书。不能倒过来,天晴读书还行,瓢泼大雨怎么外出干农活? 合适的时候做合适的事情。

有一个提高读书效率的古训:“刚日读经,柔日读史。”刚日,思维敏捷、情绪饱满,这时要读经典、定理等搞脑子、要背要记的东西;柔日,微郁小闷、悲秋怀春,这时读伤脑细胞的东西,看不进,要去读有故事情节、代入感强的历史作品,读轻松愉悦的书籍。我深受触动,感悟出:“刚时读经,柔时读史”,将刚日、柔日时间单元细化为刚时、柔时,根据每天的高峰和低谷状态,安排学习内容,提高时间效率。大学是黄金时代。这是奋斗的季节,思维活跃、激情满怀,很多日子是刚日;这是迷离的季节,怀春的岁月,不少日子属柔日。刚日好好学习,柔日谈谈恋爱,多好!

“任势”,顺应规律。该创业时创业,该恋爱时恋爱,该生子时生子。错位就有麻烦:合适时做不合适的事,浪费生命,如青春时光游手好闲;不合适时做合适的事,举步维艰,如我高龄考博;不合适时做不合适事,会有危险,如唐明皇,年轻时没空谈恋爱,人到中年遭遇爱情,“春宵苦短日高起,从此君王不早朝”,差点丢掉江山。

“任势”,人生效用最大化。孟子说:“穷则独善其身,达则兼善天下。”“穷”,穷途末路,没有地位,动辄得咎,却豪情万丈、要解放全人类? 这时应该“独善其身”,修心养性,打造核心能力。“达”,时代赋予舞台、机会,就该出来贡献社会,这时要“兼善天下”,宅在家里、躲进深山就不对了。

三、从《势篇》看当今中国之“势”:国运

(一)趋势:正把一块大石搬上山顶

中华民族极具核心竞争力。孙膑说:“好战则亡。”中华文化热爱和平,以和为贵。“量入为出、勤俭节约”,中华民族的经济思想反对超前消费:今天用明天的钱,万一明天赚不到呢? 其实,优秀文化都主张勤俭节

约，反对奢侈浪费。中华民族极具生命力、自我修复功能。中国的趋势正处于发展期，需要和平安定的环境，别让人搞乱，不自乱阵脚。我们正把一块大石搬上山顶，目前还在山腰，势能还不够大，要稳住，沉住气。

(二)运势，优雅淡定

孟子说："无敌国外患者国恒亡。"没有敌国外患，国家就会灭亡，国际社会风平浪静，国内反而窝里斗。遭围堵、被挑衅并非坏事，对手不断骚扰，人民容易团结。

顺势而为。当前的趋势下我们适用的战略是"守"，养精蓄锐、韬光养晦，谦虚是中华美德，炫耀是不懂中华文化。内心强大，说我崩溃，不语；说我威胁，不辩。朝着梦想，坚定前行。拥抱世界，改革开放。守住底线，加强国防。

(三)国势：一路走来，险象环生，天佑中华

南怀瑾先生预测：从 1987 年开始，中国国运三百年。眼看险象环生，突然峰回路转：国运！国势！曾几何时，改革面临向何处去的问题。邓小平南方讲话，继续改革开放，中国巨轮扳回正道，西方重新接纳中国。头号大国一直想限制我们，伊拉克、反恐等让他无暇顾及，后来又怼上俄罗斯。当前，国际社会乌云密布，我坚信：天佑中华！

人穷被人欺，人富遭人嫉。宁愿遭人嫉，不要被人欺！明白这个道理，就对冲突淡定：这是复兴之路必经的坎坷。我曾国道中落，饱受列强欺凌，现在走向复兴，自然引起不适。要宣传中华优秀的和平文化，传播"君子之争""优雅竞争"的处世理念：中国强大，世界太平。中国之"势"越来越好，时代赋予我们使命和机遇，要认真把握。

第六章

虚实篇第六

第一节 原文与翻译

一、原文

孙子曰:凡先处战地而待敌者佚,后处战地而趋战者劳。故善战者,致人而不致于人。

能使敌人自至者,利之也;能使敌人不得至者,害之也。故敌佚能劳之,饱能饥之,安能动之。

出其所不趋,趋其所不意。行千里而不劳者,行于无人之地也;攻而必取者,攻其所不守也;守而必固者,守其所不攻也。

故善攻者,敌不知其所守;善守者,敌不知其所攻。

微乎微乎,至于无形,神乎神乎,至于无声,故能为敌之司命。

进而不可御者,冲其虚也;退而不可追者,速而不可及也。故我欲战,敌虽高垒深沟,不得不与我战者,攻其所必救也;我不欲战,虽画地而守之,敌不得与我战者,乖其所之也。

故形人而我无形,则我专而敌分。我专为一,敌分为十,是以十攻其一也，则我众敌寡，能以众击寡者，则吾之所与战者，约矣。吾所与战之地不可知，不可知，则敌所备者多，敌所备者多，则吾所与战者，寡矣。

故备前则后寡，备后则前寡，备左则右寡，备右则左寡，无所不备，则无所不寡。寡者，备人者也；众者，使人备己者也。

故知战之地，知战之日，则可千里而会战。不知战地，不知战日，则左不能救右，右不能救左，前不能救后，后不能救前，而况远者数十里，近者数里乎？

以吾度之，越人之兵虽多，亦奚益于胜败哉？

故曰：胜可为也。敌虽众，可使无斗。

故策之而知得失之计，作之而知动静之理，形之而知死生之地，角之而知有余不足之处。

故形兵之极，至于无形。无形，则深间不能窥，智者不能谋。

因形而错胜于众，众不能知。人皆知我所以胜之形，而莫知吾所以制胜之形。故其战胜不复，而应形于无穷。

夫兵形象水，水之形避高而趋下，兵之形避实而击虚；水因地而制流，兵因敌而制胜。故兵无常势，水无常形。能因敌变化而取胜者，谓之神。

故五行无常胜，四时无常位，日有短长，月有死生。

二、老汤试译

孙子说：先抵达战场严阵以待，从容主动，后赶到战场仓促应战，劳顿被动。所以，善于打仗的将领，能够掌控敌人，而不受制于人。

能使敌自动上钩，因为利诱他；能使敌不得出现，因为阻吓他。所以，敌闲逸能让他劳顿；敌饱餐能让他饥饿；敌静养能让他扰动。

出现在敌不及急救之处，突进在敌出乎意料之地。千里行军而不劳累，因在没敌的地方行进；进攻就能轻易拿下，因为敌没防备；防守就能固若金汤，因为敌不进攻。

因此，善于进攻之军，敌不知在哪防守；善于防守之军，敌不知从何进攻。

我的行动非常保密。微妙啊！微妙得敌看不到，毫无形迹；神奇啊！神奇得敌听不见，悄无声息。这样，我就能主宰敌人命运。

进攻，敌无法防御，因为我冲击他空虚之处；撤退，敌无法追赶，因为我快得他不能追及。所以，我若想战，敌虽堡垒很高、壕沟很深，但不得不放弃防御和我作战，因为我进攻了他必须救援之处；我不想战，虽然只在地上画个圈防守，敌也不会来进攻我，因为我诱导他往相反方向。

因此，使敌暴露形迹而我不显形迹，那么，我可集中兵力，敌须分兵防守。我合力进攻一处，敌分兵防守十处，兵力相当，我就以十倍的兵力攻击敌人，这样，我多敌少，我就能以众击寡，那么，与我作战的敌兵就有限。我不让敌知道我会在何处开战，敌不知，就要处处设防，防备一多，与我作战之敌就少。

因此，防备前面，后面空虚；防备后面，前面空虚；防备左边，右边空虚；防备右边，左边空虚；处处防备，处处空虚。兵力不足，因我处处设防；兵力充裕，让敌处处防备。

因此，掌控作战地点、作战日期，就可奔袭千里与敌会战。不知开战地点、开战日期，那么，左翼都不能救援右翼，右翼都不能救援左翼，前军都不能救援后军，后军都不能救援前军，何况部队远隔数十里之遥，近的也相距数里之外。

以我分析研究，越国兵多将广，就能决定胜败？

因此，调动敌人、避实就虚，胜利可以主动获取。敌虽众多，我可使他无法战斗。

因此，我一筹算就知计策是得是失；我一接触就知该行动还是静候；我一侦察就知敌人有无防备、地形是否有利；我一试探就知敌兵力部署充裕还是不足。

因此，调兵遣将的极致，就是让敌看不到我的部署，我不显形迹，那么，深藏不露的间谍也窥探不到我的虚实，聪明老辣的对手也揣摩不出我的意图。

我根据敌情，机动灵活，即使把兵力部署方案公之于众，大家也浑然不知。人都知我取胜的结果、表象，却不知我制胜的真正原因。我胜敌之法不重复使用，就可应对无穷无尽、变化无常的敌情。

用兵特征像水，水的特性是避开高处流向低处，用兵特性是避敌集中之处、击敌空虚之处；水会根据地形高低决定流向，用兵要据敌强弱虚实采取不同的战术制胜。所以，用兵没有固定招式，如水没有确定形状。能根据敌情变化及时调整打法而取胜的将领，可称之为战神。

金木水火土五行相生相克，所以，没有只克他、不被克的常胜者；春夏秋冬、四季交替，没有哪一季可以常驻；白昼有长有短，月有阴晴圆缺。

第二节　概　览

先知攻守之法，后知奇正之术，再知虚实之变，所以，先《形》，后《势》，再《虚实》。其关系如张预所说："奇正自攻守而用，虚实由奇正而现"。本篇是"兵势"思想的延续，探讨怎样了解兵力的强弱优劣、掌控主动权。

一、掌控主动

《唐太宗李卫公问对》中，太宗曰："朕观诸兵书，无出孙武，孙武十三篇，无出《虚实》。" 靖曰："千章万句，不出乎'致人而不致于人'而已。" 唐太宗说：所有兵书中，《孙子》最好；《孙子》十三篇中，《虚实篇》写得最好。李靖说："致人而不致于人"最震撼，千章万言，不出此句。

掌控战争主动权！是《孙子》的核心思想。

战争，是主动权之争，目的不是把敌人完全、彻底、干净地消灭掉，而是为国家夺取军事主动权和外交主动权。怎样最好不打？该怎么打？都围绕这个核心。

怎样"致人而不致于人"？《唐太宗李卫公问对》说："多方以误之""若敌人不误，则我师安能克哉？"想方设法调动敌人，让敌失误。敌不失误，我怎么胜？

二、攻其不备

攻和守皆出其不意："出其所不趋，趋其所不意。行千里而不劳者，行于无人之地也；攻而必取者，攻其所不守也；守而必固者，守其所不攻也。"在敌赶不到的地方出兵，在敌想不到的地方突进；千里行军也不会疲劳，因为沿途没有围追堵截，停走自如，当然不劳；要进攻就能克敌制胜，因敌没设防，没想到我会攻或不易防守；要防守就可固若金汤，因没遭到进攻，敌不敢或不能。

"善攻者，敌不知其所守；善守者，敌不知其所攻。""攻守"两字调换，对比强烈。为什么善于攻防之将，敌不知在哪防守、从何进攻？敌不知我何时、何处、怎么攻守，当然不知所措。我进攻时，声东击西，敌防不胜防、疲于奔命，就"不知其所守"。我防守时，故意示弱，敌来偷袭，被我伏击，就"不知其所攻"。

三、隐己显敌

使敌暴露行踪我却不露痕迹："形人而我无形。"第一个"形"是动词：明察；第二个"形"是名词：形迹，或作动词：被发现。

当敌看不见、听不到我的时候，就听我"指挥"了："微乎微乎，至于无形；神乎神乎，至于无声，故能为敌之司命。"

调动队伍的极致状态是不露痕迹，这样，隐藏得很深的间谍、聪明智慧的敌人也掌握不了我的行踪和安排："形兵之极，至于无形。无形，则深间不能窥，智者不能谋。"

老子说："大象无形，大音希声。"我们对"大象、大音"浑然不知，但一切尽在其掌控之中。

四、以众击寡

让敌人“备寡”。敌人不知我在何处进攻，就要处处设防。防备太多，兵力分散，防不胜防，疲于奔命，薄弱环节就多，我就以多击少，轻松胜敌：“吾所与战之地不可知，不可知，则敌所备者多，敌所备者多，则吾所与战者，寡矣。故备前则后寡，备后则前寡，备左则右寡，备右则左寡，无所不备，则无所不寡。寡者备人者也；众者使人备己者也。”

以“专”击“分”。“专”也读“tuán”，同“抟、团”。让敌人兵力分散，我集中优势兵力打歼灭战，十比一击敌，就形成我众敌寡的态势：“我专为一，敌分为十，是以十攻其一也，则我众敌寡。”

五、掌控战地、战日

掌控作战地点、作战时间，千里奔袭，也能成功：“知战之地，知战之日，则可千里而会战。”孙子为了让人们警醒“不知战地，不知战日”处处被动的后果，反复吟唱：“左不能救右，右不能救左，前不能救后，后不能救前，而况远者数十里，近者数里乎？”即使在前后左右都无法相救，何况相距数里、数十里，怎么救？

六、世间无常

世事无常，没有永久的优势，任何竞争优势，都有方法化解，因为“虚”“实”会发生转变。“一招鲜，吃遍天”会失灵，要思变，尤其是在战争时期、竞争环境下。

“五行无常胜，四时无常位，日有短长，月有死生。”金木水火土五行相生相克。相生：金化为水，水滋养木，木燃生火，火烬成土，土涵藏金；相克：金削木，木插土，土掩水，水灭火，火熔金。每个都能被克，没有哪个常胜。春夏秋冬、四季更换，没有哪一季常驻。四季如春只是比喻，“如春”并非春天。白天有长有短。月有阴晴圆缺。

第三节　知识点

一、“虚实”

虚实，敌我都有，研究虚实的目的是“避实击虚”“以实击虚”。避开敌人的实，用我之实击敌之虚，最形象的比喻是：“以碫投卵”。曹操说：“以至实击至虚”“虚实彼己”。

杜牧说：“夫兵者，避实击虚，先须识彼我卒虚实也。”先要料敌虚实，还要知我虚实。不要企图解决自己所有的虚，“木桶理论”在战争中不适用，别去补短板，来不及、做不到、没必要，敌我都有，关键是用己之长击敌之短。

以实击实，以虚击虚，打个平局，很难取胜。以虚击实，必败无疑。

宋代郑友贤的《孙子遗说》系统梳理过“虚实”。待敌者逸、趋战者劳：力实、力虚。致人、致于人：我实敌虚、我虚敌实。诱之以利、示之以害：让敌变虚、养我之实。佚能劳之，饱能饥之，安能动之：敌实我使其变虚。行于无人之地：我实，行敌之虚。攻其所不守、守其所不攻：我实攻敌虚、我实守敌虚；敌不知所守、敌不知所攻：我击敌之虚、敌攻我之实。无形、无声：虚实之极。不可御、不可追：乘敌之虚、因我之实。攻所必救、乖其所之：攻敌之虚则敌由实变虚、避我之虚则我由虚转实。形人而敌分、无形而我专：现敌之实让敌变虚、隐我之虚让我变实。所与战约：以我实战敌虚。寡而备人、众而备己：以虚备实、以实备虚。千里会战：掌握敌虚我实。左右不能相救：虚实被操控。人多无益胜败：不知敌人虚实。策、作、形、角：分辨虚实之术。得失、动静、生死、有余不足均为：实虚。不能窥谋：变化虚实迷惑敌人。莫知吾制胜之形：运用虚实之法，让人不知实情。水因地制流，兵因敌制胜：虚实变化，无常有常。五行：克实；被克虚。四时：来实，往虚。日：长实，短虚。月：生实，死虚。

二、"利害"

利害，敌我都有，"能使敌人自至者，利之也；能使敌人不得至者，害之也。"利之，诱之以利，敌自动上钩；害之，示之以害，敌害怕止步。反之，道理一样，暴露我的企图，会被敌抓住把柄，失去主动。

战争、竞争、人生都是一样，没有什么不能放弃，唯有生命需要珍惜；死得其所，生命也在所不惜！人生不要太多顾虑、不舍，要站得高、看得远，有这种人生态度，能这样大义凛然，没什么问题不能解决，没什么困难不可战胜。

三、"乖其所之"

两种理解，都可达到"画地而守之，敌不得与我战"：(1)乖：我设奇疑之，让敌违背初心；其：敌。我运用技巧、设置迷局使其疑虑，让敌改变初衷不与我战。(2)乖：方向相反；其：我。我运巧设局，敌人误判，远离我防守之地。

四、"策之而知得失之计，作之而知动静之理"

计、策不同，十人之言为"计"，大家一起商量；"策"，把大家的计系统化分类。"策之而知得失之计"，把所献之计分成两类：得、失，对比就可算出风险收益率。

既要问计，又要决策。不征求大家意见，会刚愎自用；不果断做出决定，会优柔寡断。

"作"有三种理解：(1)激作；(2)候望；(3)为、发。主动"激作"，合情合理。仅仅"候望"，错失战机。盲目"为、发"，难达效果。

五、"形之而知死生之地"

形、貌都是外在的表现，但形、貌有别。老子说："天法道"，天效法道，天比道更具体。庄子说："道与之貌，天与之形"，道赋予人轮廓神态：容貌；天创造人真实形状：形体。

地形、地貌不同。远观其貌，近察其形。貌，是大概的，远观，从直升机上观察地貌；形，是具体的，近察，开着越野车甚至徒步察看地形。

打仗关乎生死，不能大而化之、看个大概，要认真观察，分析作战地形是生地还是死地。"策之而知得失之计，作之而知动静之理，形之而知死生之地，角之而知有余不足之处。"目的是试探虚实。这句话运用排比、对比、变奏手法。张预对死生之地做了简洁、准确的定义："死地，谓倾覆之地；生地，谓便利之地。"

六、"趋"

"后处战地而趋战者劳"，趋，读"cù"，同"促"，仓促应战。

"出其所不趋，趋其所不意""水避高而趋下""卷甲而趋""争地吾将趋其后"，趋，读"qū"，快走、趋进、奔走。"趋诸侯者以利"，趋，读"qū"，驱使。

第四节　战略启示

一、从"兵形象水"悟中华文明经久不衰

我非常喜欢孙子这段名句："夫兵形象水，水之形避高而趋下，兵之形避实而击虚；水因地而制流，兵因敌而制胜。故兵无常势，水无常形。能因敌变化而取胜者，谓之神。"比喻恰当，对仗工整，朗朗上口。我从"兵形象水"悟出了中华文明经久不衰之谜。

水，似乎无固定方向，但却有坚定目标。"滚滚长江东逝水"，长江之水，一直往东，奔流到海，目标明确。奔腾过程，并非直线向东，遇到阻挡，不是硬拼、强行爬过，而是避让、避高趋下，蜿蜒曲折。

为人处世学水。为人要有原则性，有铮铮傲骨，守住底线；处世要有灵活性，与人相处，没有傲气。甚至客气地对待小人，这样可以避免许多

冲突，减少各种麻烦。

"兵形象水。"战争的目标是取胜，不要硬打硬拼，而是因敌权变。根据战情变化，运用适当的兵法，调整战术，夺取胜利。败者常常没有正确应用兵法，或者只是机械运用。做到"兵形象水"要经历两个阶段：先习兵法，反复演练，平时多流汗，战时少流血；再灵活运用，实战和演练差别很大，战场风云变幻。

中华民族学水。战胜一个个困难，绕过一个个险滩，昂然屹立在世界民族之林。

二、人生怎样"无形、无声"？

"微乎微乎，至于无形；神乎神乎，至于无声。"微，静藏；守，不让敌发现我的踪迹；神，神速，毅然决然，发起冲锋，毫无声响。其实，不是真正"无形""无声"，而是等敌人看见、听到，我已取胜。《六韬》说："疾雷不及掩耳；迅电不及瞑目。"迅雷炸过，掩耳不及，已经震聋；闪电划过，闭目不及，已经灼伤。"微""神"结果是"能为敌之司命"，当敌人反应过来，胜负已定，我掌控了战场主动。

人生怎样无形、无声？不张扬，不招摇。《孙膑兵法》说："有形之徒，莫不可名。有名之徒，莫不可胜。"只要现形，暴露爱好、恐惧，就会被人战胜，用萝卜勾引你，用大棒敲打你。冯梦龙在《警世通言》里说："逢人且说三分话，未可全抛一片心。"不要刚认识就哇啦哇啦把心事全都抖露出来。就算熟悉也要慎言，万一是潜在竞争者，全抛一片心，不经意间，先输一局。

三、"五行无常胜"之忧

（一）长生不老是人类最大的贪念

"五行无常胜"，何况生物？何况人类？当某种生物没有天敌的时候，它的丧钟就已敲响，恐龙灭绝仿佛就在昨天。我非常担心大自然哪天会对人类发威。没有天敌已很危险，有些人还想长生不老？这是最大的贪念！如果实现，非常恐怖，资源有限，引发争夺，后代出生受阻，世界将一片混乱。死亡是上天给人类设置的伟大机制，连这都想破？毁灭人类，必是贪念。

长生不老好吗？《论语》里记述了一则生动的故事，一位熟人来找孔子，坐没坐相，站没站相，孔子用拐杖敲敲他的脚后跟："你这家伙，在家不孝顺父母、友善兄弟、爱护子女，出外不以礼待人，老而不死，活而无用，简直是个贼。"有人骂老者"老不死"就源于孔子的"老而不死是为贼"。其真正含义是告诫人们：做个有用之人，老了也要发挥功效，人生在世，不做贡献，只会消耗社会资源，制造垃圾，就是在窃取人类资源。

（二）道教的警示

道教很多思想源于道家，尊老子为教祖，但道教、道家有别。道教有两个失误：一个是追求长生不老。有长生不老吗？实证研究表明：这是不存在的！这会变成整个理论体系的死穴，于是被质疑，甚至让老子受牵连。老子从未谈长生不老，他只说"死而不亡者寿"，物理生命结束，文化精神永存。"万寿无疆"不是人活万岁，是指精神长存。另一个是传播方式不当。道教搞得玄玄乎乎、神神秘秘，把道观建在深山老林之中、悬崖峭壁之上。一套理论不被了解，就不能传播，会慢慢消亡。道教要发展，必须解决这两大问题。

这对中华优秀文化的传播者是个警醒：不要老是端着、搞得高大上，别老是批评当今世界"快餐文化""知识碎片化"，而要主动适应，提炼精华。先碎片化传播精彩片段，吸引人；再系统化介绍具体内容，留住人。一上场就抛出宏大高深的知识体系，初学者就跑了。更不能刻意隐着，让人寻访，要主动走进民众，用喜闻乐见的方式进行传播。

四、从湖南卫视与CCTV之"争"看"避实击虚"

中央电视台权威、正统，这是其强项、"实"。要看国内国际新闻，常去

CCTV。最新最快，实时跟踪，国家重大消息通常先在央视发布，其权威性、及时性无法企及。有“实”必有“虚”，CCTV 的“虚”就在娱乐性。

湖南卫视如果跟央视比正统性、权威性，会大败而归。于是，从娱乐性切入。我很少看电视，一次我看到有人唱歌，随口说：“这小伙子唱得不错！”女儿、太太哈哈大笑：这个节目叫“超级女生”！我好奇地坐下。人有多样性，不能老吃大餐，不愿老穿正装。湖南卫视迅速吸引观众，收视率甚至超过 CCTV。

五、从“攻其无备”看“非对称性现象”

d(a, b)≠d(b, a)，从 a 到 b 的路径与从 b 到 a 不同，称为“非对称现象”。动态竞争理论创始人陈明哲教授将“非对称性现象”运用于动态竞争。当 a 视 b 为直接或主要竞争对手，但是 b 不这么认为，就出现竞争的非对称现象。假设某人在马路边摆个摊、开个网店，举牌高喊：“我是马云的竞争对手！”马云路过会“呵呵”。但是，恰当运用，使 b“看不见、看不懂、看不起”a，会出现战略盲点。

对手阻止我行动、进攻我要具备三个条件。(1)意识：他意识到我的目的、明白了我的行动；(2)动机：我影响到了他，他有充分的动机、强烈的反击意愿；(3)能力：他有足够打败我的能力。据此设置回应障碍：最小化对手注意、不触发报复动机、快速壮大以阻止进攻。首先，尽量做到“无形、无声”，不让他意识到我的动机；其次，让他知道这个市场很大，可以同生共存，我不会抢夺他的生意，更不会颠覆他的老巢；最后，快快成长，如果他想攻击我，已经来不及，一意孤行，两败俱伤，他损失更大，甚至被干掉。

“攻其无备，出其不意”，一旦我实力强大，抓住战机，突然进攻，敌无还手之力。“善守者藏于九地之下，善攻者动于九天之上”，等他意识到，有反击动机，即使具备反击能力，为时已晚。

六、胜的“可为”与“不可为”

（一）读孙子的“可为、不可为”，悟老子的“无为”

《孙子》中有两句话看似自相矛盾：既说“胜可知，而不可为”，胜利，可以预知，但不可强夺；又说“胜，可为也”，胜利，可以主观实现。胜，到底可为还是不可为？

胜，既可为，也不可为。前提不同，结果不一，取决于时机，要识时。“胜不可为”出现在《形篇》。“军形”是指军队兵力、装备情况，短时间内无法变化。条件不成熟、战机没出现，策略是：不被敌战胜。不能战胜敌人就坚守：“不可胜者，守也。”这时，胜就“不可为”，胜利会到来，但不是现在，别轻举妄动。“胜可为”出现在《虚实篇》，“虚实”，分析兵势，调兵遣将、排兵布阵，可快速变化。战机到来，敌露出破绽，就发起进攻：“可胜者，攻也”，就可夺取胜利：“胜可为”。

“新官上任三把火”，刚做领导，总有大干一场、做出业绩的冲动，想“为”。其实大可不必，该烧的火要烧，不该烧的不能烧。老子告诫说：“治大国若烹小鲜”，“烹”字用得绝妙。烹，是文火；炒，是大火。小鱼要烹，不能炒，会烧焦。治理大国也一样，不要搞运动、瞎折腾。

理解孙子胜的可为、不可为；知道何时可为、不可为，再来解释老子“无为”就清楚明了、顺理成章，可消除对“无为而治”的诸多误解。用“不可为”解释“无为”：不要乱为。不是每时都要作为，为做而做，越做越错。用“可为”解释“无为”：不是不为，而是发现规律，顺势而为。《道德经》结尾清楚表述：“圣人之道，为而不争”，要为，但不争，不瞎搞。顺应潮流，该做才做，条件成熟，胜得轻松。

（二）荒唐的“人定胜天”

有人常犯一个毛病：高估自己，自我膨胀。爬得越高摔得越惨，就源于此。尤其是做了几件战天斗地、不同寻常的事情，感觉特好、得意忘形，自诩无所不能，得出一个谬论：人定胜天。中华传统文化并不都是精华，

“人定胜天”在某种意义上就是糟粕。

二十世纪六七十年代，中国台湾在蒋经国领导下，不搞斗争、大搞经济，成为“亚洲四小龙”之一。他们在海边的悬崖峭壁上，一寸一寸硬是凿出一条公路。当时，科技落后，困难重重。公路建成后，他们倍感自豪，兴奋之余，在海边竖了一块碑：“人定胜天”。2015 年 8 月 8 日，狂风暴雨，一个大浪把这块碑卷走了。

大自然的强大令人无法想象，有其规律，顺之者昌，逆之者亡。如因顺应潮流而成功，也不可狂妄，今天创造的奇迹，是非功过还要由未来评说。“胜天”有时候会污染空气、水源、土地。好在大自然有自平衡功能，不向空中排污，大风吹几天，空气就清新了；不往河里排污，河水流数月，水质就干净了。如果天天排，大自然也无能为力。土壤被污染，尤其是重金属污染，则需要上百年甚至更长时间才能降解、修复，影响好几代人。为烤一个红薯，烧掉一幢祖屋，有些断子绝孙的行为让人瞠目结舌。

下篇

战术运用

第一章

军争篇第七

第一节　原文及翻译

一、原文

孙子曰：凡用兵之法，将受命于君，合军聚众，交和而舍，莫难于军争。军争之难者，以迂为直，以患为利。故迂其途，而诱之以利，后人发，先人至，此知迂直之计者也。

故军争为利，军争为危。举军而争利，则不及，委军而争利，则辎重捐。是故卷甲而趋，日夜不处，倍道兼行，百里而争利，则擒三将军，劲者先，疲者后，其法十一而至；五十里而争利，则蹶上将军，其法半至；三十里而争利，则三分之二至。是故军无辎重则亡，无粮食则亡，无委积则亡。

故不知诸侯之谋者，不能豫交；不知山林、险阻、沮泽之形者，不能行军；不用乡导者，不能得地利。

故兵以诈立，以利动，以分合为变者也。

故其疾如风，其徐如林，侵掠如火，不动如山，难知如阴，动如雷震。

掠乡分众，廓地分利，悬权而动。

先知迂直之计者胜，此军争之法也。

《军政》曰："言不相闻，故为金鼓；视不相见，故为旌旗。"夫金鼓旌旗者，所以一人之耳目也。人既专一，则勇者不得独进，怯者不得独退，此用众之法也。故夜战多火鼓，昼战多旌旗，所以变人之耳目也。

故三军可夺气，将军可夺心。是故朝气锐，昼气惰，暮气归。故善用兵者，避其锐气，击其惰归，此治气者也。以治待乱，以静待哗，此治心者也。以近待远，以佚待劳，以饱待饥，此治力者也。无邀正正之旗，勿击堂堂之陈，此治变者也。

故用兵之法，高陵勿向，背丘勿逆，佯北勿从，锐卒勿攻，饵兵勿食，归师勿遏，围师遗阙，穷寇勿迫，此用兵之法也。

二、老汤试译

孙子说：凡是用兵有个法则，君王把指挥权交给将军，将军集合部队，聚结众将，奔赴前线，两军对峙，没有比与强敌争胜更难。两军争胜之难的关键在于：变迂曲为直行，化不利为有利。所以，让行军路线迂回曲折，然后以利益诱惑敌人，虽然比敌后出发，但是结果比敌先抵达，这就是知道将迂途转化为捷径的用兵之计。

因此，两军争胜，既有利益也有危险。全军出动，带上各种装备争夺战利，行动迟缓不能及时抵达；带领精兵轻装追击争夺战利，则要放弃重型装备。所以，轻重甲兵席卷而行，轻兵在前辎重在后，日夜不停，行程加倍持续行军，奔走百里争夺战利，如果敌人重兵围截，三军将领都易被擒，因为强健者跑得快，疲弱者跑得慢，常情是开战时十分之一的部队才能抵达战场。奔走五十里争夺战利，那么，先头部队的将领信心和军威严重受挫，常规是开战时一半的部队才能抵达战场。奔走三十里争夺战利，那么，开战时三分之二的部队可以抵达战场。须知：军队无重装设备容易失败，无粮草给养容易失败，无财资保障容易失败。

因此，不清楚诸侯政策谋略、是敌是友，不能贸然实施外交方案、是斗是交；不熟悉崇山密林、险要阻碍、沼泽湖泊等地形，不能带军前行，不依靠了解当地情况的向导，不能获取地形的便利。

因此，用兵要懂诈识诈、用变多奇，一切行动围绕战利，调兵遣将、分散集中，随机应变。

因此，部队快能迅如急风速而无踪；慢能舒缓如林肃整徐行；攻城略地如烈火燎原势不可挡；岿然驻守如巍巍高山不可侵犯；隐蔽如乌云密布难观天象；冲锋如震雷猛炸惊天动地。

抢掠敌人乡村，财物统筹管理分给兵众；扩大占领地盘，土地按功行赏奖给将领；权衡利弊择机而动。

预先掌握变迁为直计谋的将领会胜，这是两军争胜的普遍法则。

古兵书《军政》说："用声音指挥，听不清，所以用锣鼓；用动作指挥，看不见，所以用旌旗。"用锣鼓、旌旗指挥，目的是通过听觉和视觉统一行动，部队行动统一，那么，勇敢者不得独自前进，胆怯者不能独自后退，这就是指挥大军的普遍法则。所以，夜晚作战多用火把、锣鼓，白天作战多用旌旗，目的是在不同情况下都能让士兵听得清、看得见指令信号。

要挫伤敌军战斗锐气，要动摇敌将获胜信心。初战伊始，士气会锐不可当；时间一长，士气会懈怠懒惰；拖到后期，士气会疲惫思归。所以，善于用兵之将，敌斗志昂扬时远远避开，敌懈怠思归时发起攻击，这叫掌控军队士气。以有序迎敌混乱，以安静迎敌喧哗，这叫掌控将军信心。以近候迎敌远到，以闲逸迎敌劳顿，以饱餐迎敌饥饿，这叫掌控士兵战力。敌军旗严整，训练有素，别正面拦截；敌阵容宏大，实力雄厚，不贸然出击，这叫掌控战场变化。

因此，用兵的法则：不仰攻占领高地之敌，不迎击背靠山丘之敌，不追赶假装败退之敌，不进攻精锐朝气之敌，不贪食敌人丢下的诱饵，不正面拦击归国之敌，围歼敌军要留有缺口，穷途之敌别逼迫太紧，这就是用兵的法则。

第二节 概 览

该篇论两军争胜之道：先机。这是《孙子》全篇的分界线。从这章开始，号角嘹亮，战鼓咚咚，真正开打。

“争先”是取胜的重要因素。先，可以是时间的先：“先发制人”；也可是结果的先：“后发先至”；最佳的先是出人意料：“攻其无备，出其不意”。

一、军争，争什么？

战争很难，“莫难于军争”，一上战场，兵法全忘。兵法，我学敌也学，我懂敌也懂。军争，必须活用兵法，不能生搬硬套。《唐太宗李卫公问对》说：“兵法可以意授，不可以语传。”传授兵法重在心领神会，很难用语言表达。

军争，争什么？争利。不是钱财、货利，而是争夺战略要地、有利条件，是抢占先机、争取主动，“后人发，先人致”。

趋利避害，风险成本控制，要算战争收益率：“军争为利，军争为危。”

在速度和安全中寻找平衡：“举军而争利，则不及；委军而争利，则辎重捐。”关注利中之危，有利就有危。“军无辎重则亡，无粮食则亡，无委积则亡”，后勤重要！《道德经》告诫：“君子终日行，不离辎重。”“卷甲而趋”，带领大部队追击敌人，有人跑得快，有人跑得慢，只要一加速，队伍就拉长，要齐头并进，速度起不来，追不上。委军：轻兵。不可随意轻兵去追赶争利。尤其“日夜不处，倍道兼行”非常危险。古代行军，日行三十里是正常速度；日行六十里为“倍道”；昼夜不息为“兼行”，最多只能走百里。带着跑得快的轻兵急行军去追，武器重装必须抛下，速度越快，人数越少，战斗力越弱。奔走百里，军队只剩十分之一，敌反咬一口，容易连锅端。谨记：天下好事不会都落在一个人身上。

“兵以诈立，以利动，以分合为变者。”直言战争本质：“诈”；重视军事效益：“利”；力求机动灵活：该分兵时分兵，该会师时会师。

二、调兵遣将，且行且止，难度最大

军争中调兵遣将最难，尤其是运动战，时间很长。何时行军、何地宿营、开往何方，很讲章法。“毛主席用兵真如神”，就是他善于调兵遣将。

心理战术非常重要：“三军可夺气，将军可夺心”，对比强烈。三军士气低落，军队不堪一击；将军六神无主，队伍混乱离散。

掌控“用兵四治：气、心、力、变”。“避其锐气，击其惰归，此治气者也。以治待乱，以静待哗，此治心者也。以近待远，以佚待劳，以饱待饥，此治力者也。无邀正正之旗，勿击堂堂之陈，此治变者也。”反过来，队形混乱、军旗不整，说明战斗力弱，可以攻击。

“用兵八戒”，就地形、计谋、心理、强弱做出警示：“高陵勿向，背丘勿逆，佯北勿从，锐卒勿攻，饵兵勿食，归师勿遏，围师遗阙，穷寇勿迫”。大排比句，但不单调。

三、充满辩证的军事思想

“后人发，先人至”“以治待乱，以静待哗，以近待远，以佚待劳，以饱待饥”“以迂为直，以患为利”。辩证、连串反义词，对照强烈，所以说孙子还是文学家，遣词用句非常严谨。“先知迂直之计者胜”，事先知道何时应走曲线、何时应走直线容易取胜。有时，弯路比直道快，祸患反而变利好。这就是辩证的人生。

共产党“敌进我退，敌驻我扰，敌疲我打，敌退我追”辩证的游击战军事思想与孙子辨证的军事思想异曲同工。

第三节　知识点

一、“交和而舍”

交和，有三种理解：(1)军门也称和门，敌我双方军门相对、遥相宿营；

(2)上下交相和睦,然后可以行军、宿营;(3)自己的军队交互杂和。我主张第一种解释,大敌当前,军营相交,形势紧张,战争一触即发。

二、"军争为利,军争为危"

这句话有三种理解:(1)军争,既有利,也有危;(2)军争,打得好就是利,打不好则为危;(3)军争,我先至为利,敌先至为危。我主张第一种解释,概括性更强。

也有"军争为利,众争为危"之说。军争:有组织有纪律,训练有素;众争:无组织无纪律,乌合之众。军争:争有章法,后发先至;众争:日行百里,将军被擒。

三、"掠"与"伐","金"与"鼓"

"侵掠"以经济为目的,以抢东西、争地盘为主;"侵伐"以政治为目的,以推翻政权为主。君王不怕侵掠,最怕侵伐。像美国打伊拉克、利比亚,主要目的不是占领地盘,而是要推翻萨达姆、卡扎菲政权,这就叫侵伐。

鼓:战鼓,"东风吹,战鼓擂,这个世界谁怕谁";金:青铜做的锣。《吴子兵法》说:"鼓之则进,金之则退",擂鼓进军,鸣金收兵。

四、"掠乡分众,廓地分利"

"掠乡分众"有三种理解:(1)打土豪,抢掠乡村,战利品统一分配,不能独占;(2)用旌旗指向,分开队伍;(3)别一直让某支队伍去"掠乡",要分别去,尤其只让嫡系去,其他人会不高兴,因为既没危险、又有油水。我主张前者。"掠乡分众"会减轻军队经济压力。《三大纪律八项注意》中有一大纪律就是"一切缴获要归公"。

"廓地分利"有三种理解:(1)扩大占领的地盘分给有功之将;(2)开阔平坦之地,必分兵守卫,不让敌占取地利;(3)获敌土地,则屯兵耕种,以分其利。我主张前者,分田地、奖地盘,是比较重大的奖励。

“掠乡分众”主要是奖励士兵;“廓地分利”主要是奖励将领。组织中也一样,福利要阳光普照,奖励要鼓舞先进。

五、“朝气锐,昼气惰,暮气归”

“朝气”比喻早上的气势,昂扬;“昼气”比喻中午前后的气势,懈怠;“暮气”比喻黄昏的气势,思归。气势很重要,士气有朝气、昼气、暮气之分,处于不同阶段,战斗力大不相同。带兵打仗,要趁士气最优时发起进攻,气势大幅衰减时就要撤退。《曹刿论战》说:“夫战,勇气也,一鼓作气,再而衰,三而竭。”“一、再、三”对应本篇的“朝、昼、暮”。注意,“朝、昼、暮”不一定是时间概念上的早、中、晚;“三鼓”后,敌人也不一定会竭。所以,要密切关注敌之实情。

人生也是一样,青年朝气蓬勃,中年小富即安,晚年暮气沉沉。

“形、势、胜”中那块石头,放在山顶,势能最大,杀伤力最大;滚到山腰,势能减半,杀伤力减半;停在山下,势能为零,没有杀伤力。

六、“无邀正正之旗,勿击堂堂之陈”

“邀”,拦截、攻击。曹操解释:“正正,齐也;堂堂,大也。”正正,整齐;堂堂,宏大。古代打仗时,尤其是偷袭,先要看敌人的队伍:兵多势众,旗帜整齐,排阵很有章法,就要注意,贸然行动,容易失败。做人也要“堂堂正正”:心胸开阔,正气凛然。

电视剧《亮剑》中,主人公李云龙带队伏击一支日军,战斗即将开始,他却下令按兵不动。他发现日军不仅队列整齐,而且士兵都穿皮鞋。那时皮鞋很贵,只有军官才穿。他判断:敌人非同寻常,我们贸然冲锋,一定损失惨重。

七、“围师遗阙、穷寇勿迫”

围歼大队敌人,不要团团包围,反需留有缺口,让敌争先恐后逃命,再分批消灭。

很多人认为“穷寇勿追”。穷寇可追！毛泽东同志说：“宜将剩勇追穷寇，不可沽名学霸王”，他是真懂《孙子》。孙子没说：“穷寇勿追”，而说“穷寇勿迫”。迫：逼迫、挡住、围堵。对陷于绝境、走投无路的亡命之徒，谨防困兽之斗，正面冲突，他会穷凶极恶、鱼死网破，令我损失巨大。追，就大不一样。网开一面，看似放敌生路，其实在后猛追，先把跑得慢的干掉，再一口一口从后往前吃。“逃寇”比“穷寇”战斗力弱多了。

八、“军争之法”“用众之法”

军争之法的核心是“以迂为直，以患为利”，化被动为主动。用众之法的核心是“一人之耳目”，一切行动听指挥。

九、“不知诸侯之谋者，不能豫交”

“诸侯”有两种理解：(1)朋友；(2)敌人。“豫”：贸然。“交”有两种理解：(1)结交外援；(2)交兵作战。这两种理解均可，合并解释：不知道诸侯谋略，就不知他是敌是友，无法决定是战是交。

十、“三军可夺气，将军可夺心”

为何对士兵要夺气、对将军要夺心？郑友贤说：“三军主于斗，将军主于谋”，士兵关键在斗，将军关键在谋。斗，需要锐气；谋，需要心计。没有冲锋战斗的锐气，士兵就胆怯；失去谋略取胜的信心，将军就凌乱。让敌人兵不能斗、将不能谋，无异于釜底抽薪，我就能趁敌怯乱，一举成功。

《尉缭子》说：“将之所以战者，民也；民之所以战者，气也。气实则斗，气夺则走。”将军作战依靠士兵；士兵作战依靠士气。士气饱满则战斗，士气丧失则逃走。“善用兵者，能夺人而不夺于人。”善于用兵之将，能夺敌士气而不被夺士气。

第四节 战略启示

一、从“以迂为直”看“心直口快”之惑

“以迂为直”，化弯路为直道。弯路有时是直路，虽然绕道，结果比直路还快。为什么？有条路很直，但发生塌方、桥梁冲垮，先行者进退两难，你率先获取情报，提前绕道，耗时反而更少。

两点间直线最短是数学公理，现实生活中常不适用。上课时我要走到一个同学身边，物理距离直线最短，但我不能跨越讲台、跳过椅子，这有辱斯文，要绕过去。人生，要懂得“绕”。有些捷径危险，如果前面是悬崖峭壁、万丈深渊，就不能走直线。

不要自诩“心直口快”，这样容易伤人，常遭同仁讨厌，不被领导喜欢，把缺点当优点，是没有智慧的表现。好好说话！掌握艺术。为什么不把好的建议、想法幽默有趣地表达？忠言也可顺耳，绕着弯讲道理，幽默地讲故事，看起来顺着他，其实在警醒他。《三国志》记载了一件趣事。

蜀初，正值灾荒，粮食短缺。有人喜欢酿酒，七斤米一斤酒，非常浪费。于是，刘备禁止酿酒，违者坐牢，而且下令销毁酿酒工具，如有藏匿，与酿酒同罪。大臣简雍非常幽默，深谙讲话艺术。一天，他陪刘备出游，看到前面一男一女同行，他大喊：“来人，把这小子抓起来！”刘备诧异：“小伙又没犯罪，为什么抓他？”答：“他虽没犯罪，但他窝藏犯罪工具，他有‘淫具’。”刘备哈哈大笑，取消了“禁酿酒工具令”。

如果简雍直接说“禁具令”多么错误、荒唐，可以禁止酿酒，怎能禁藏酿酒工具？酿酒有罪，收藏工具怎可同罪？随意扩大法律外延的国家和君王是暴政、暴君。于是，龙颜大怒，血溅宫廷，造成死谏。他用拐弯抹角的方式幽默了一把，刘备立即接受。

人的思维和接收信息的方式很复杂，“有话直说”是一种高效直接的沟通方式，但有时会出现“言者无意，听者有心”的误解。“有话不直说”是

一门学问，“以迂为直”有时能达到更好的效果，但需要特定的语言环境、相同的文化背景甚至智慧。比喻、夸张是文学作品的修辞手法，含蓄、涵养是中华文化的重要特征。孔子主张启发式教育，佛祖讲经“拈花一笑”，留下了宝贵的精神财富。

家庭生活也要“以迂为直”。幽默是一种能力，幽默的男人有魅力，幽默的女人很可爱。家不是一个讲理的地方，何必争个对错？别得理不饶人，很多矛盾打个哈哈就过去了，一些大事在笑谈中就决定了。默契是一种幸福，夫妻之间、父母和孩子之间，有些话不需直说，一个故事、一句“暗语”、一个微笑，大家心照不宣、心领神会，这样的家庭氛围多么美好。

需要说明的是，“迂、直”没有好坏，拐弯抹角和直来直去没有对错。素面朝天是一种真，略施粉黛是一种美；在家裸睡是舒适，出外端庄是修养。

二、从“兵者，诡道也”到“兵以诈立”

从本篇起，战争正式开始，从《计篇》的“兵者，诡道也”到《军争篇》的“兵以诈立”，从“诡”到“诈”，从战略到战术，从沙盘演练到实战对抗，形势越来越严峻。

从仁到智；从和平时期到战争年代；从战前准备到战斗打响。适用的理论、兵法都不一样。人生亦然，要将所学知识灵活运用，否则就是迂腐。

第二章

九变篇第八

第一节　原文与翻译

一、原文

孙子曰：凡用兵之法，将受命于君，合军聚众。圮地无舍，衢地交合，绝地无留，围地则谋，死地则战。

涂有所不由，军有所不击，城有所不攻，地有所不争，君命有所不受。

故将通于九变之利者，知用兵矣；将不通九变之利者，虽知地形，不能得地之利矣；治兵不知九变之术，虽知五利，不能得人之用矣。

是故智者之虑，必杂于利害，杂于利，而务可信也，杂于害，而患可解也。

是故屈诸侯者以害，役诸侯者以业，趋诸侯者以利。

故用兵之法，无恃其不来，恃吾有以待也；无恃其不攻，恃吾有所不可攻也。

故将有五危：必死，可杀也；必生，可虏也；忿速，可侮也；廉洁，可辱也；爱民，可烦也。凡此五者，将之过也，用兵之灾也。覆军杀将，必以五危，不可不察也。

二、老汤试译

孙子说：凡是用兵有一个法则，将军受君王之命，集合部队，带领兵众，奔赴前线。在沼泽泥泞的“圮地”不驻军宿营，在四通八达的“衢地”要结交诸侯，在进退两难的“绝地”不犹豫久留，在易被围困的“围地”要多用智谋，在难以生存的“死地”则拼命战斗。

有些道路便于行走，但不一定要走；有些敌军能够打击，但不一定要击；有些城堡容易进攻，但不一定要攻；有些地盘可以争夺，但不一定要夺。要遵听君王命令，但特殊情况可不接受。

因此，精通各种随机应变而获战利的将领，知道如何用兵；不通各种随机应变以获战利的将领，虽然掌握地形，也无法从良好的地形中获取战利；管理军队不懂各种随机应变的方法，虽然掌握五种战场利好，也不能让军队人尽其才。

因此，智慧之人必会通盘考虑，兼顾利害得失。考虑到利益，就会信心大增，任务艰巨也利于完成；考虑到危害，就会谨小慎微，祸患降临也易于解决。

因此，要使诸侯屈服，就让他们明白不听话的危害；要使诸侯积极，就让他们干自己喜欢的事业；要使诸侯主动，就让他们能获得可观的利益。

因此，用兵的法则，别指望敌不会来犯，要依靠我严阵以待；别指望敌不会进攻，要依靠我无懈可击。

因此，将军有五种极端性格会造成巨大危害：只管死拼，会被诱杀；贪生怕死，会被俘虏；急躁易怒，会被激怒；廉洁惜名，会遭羞辱；溺爱下属，会遇麻烦。以上五种危害，是将军的过错、用兵的灾难。全军覆没、将军被杀，都因这五种危害，必须认真对待、谨慎观察。

第二节　概　览

本篇讲随机应变、机动灵活。“军争”是用兵之常，“九变”谈用兵之变。九变不是指九次变化，中华文化中，九，代表多。

这篇奇特，篇幅最短，且有点乱。先秦的书是竹简，一卷一卷，有学者怀疑：是不是时间长，线烂了、断了，掉简了？这篇中许多话很有道理，但又不怎么连贯。不纠缠这些，挑经典句子研读。

一、战略上藐视，战术上重视

“杂于利而务可信，杂于害而患可解。”信是“伸”、完成的意思。一种理解：多考虑有利因素、想到收获和成功，会增加信心，任务易完成；多考虑危害因素，想到存在的问题和困难，因为有准备、有预案，万一遇到危险，祸患可以解除。

成功，是前进动力；避祸，是当务之急。战略上藐视敌人，就不会因害怕被“不战而屈”；战术上重视敌人，就会认真准备，万无一失。一切反动派都是纸老虎；但要把纸老虎当真老虎。《左传》告诫：“蜂虿有毒，而况国乎？”毒蜂、毒虫虽小都可杀人，何况一国军队？敌人再弱小，都不能掉以轻心。

另一种理解：在有利情况下想到有害因素，任务会顺利完成；在有害情况下考虑有利因素，祸患就可以解除。我主张前一种解释。

二、认真准备，掌控主动

《谋攻篇》说：“以虞待不虞者胜。”这篇讲得更具体：“无恃其不来，恃吾有以待也，无恃其不攻，恃吾有所不可攻也。”不要寄希望敌不进攻，而要依靠自己准备充分。不要心存侥幸，而要认真做到不可进犯、不可攻克，掌控主动。

三、警惕管理者“五危”

将领有“五危”:“必死,必生,忿速,廉洁,爱民”,为什么这五者都很危险? 因为它们违反了“因敌变化”的“权变”原则。

对管理者而言也是一样,不要走极端! 兵家、儒家是相通的,儒家“中庸之道”不仅和平年代适用,在战场上也管用。

第三节　知识点

一、“死地则战”

死地,并不是死定了的地方,并非毫无希望、坐以待毙之地。

为什么“死地则战”? 等死不如战死,等死只有一条绝路,死战还有一线生机。要作困兽之斗,或许绝处逢生。

二、“必死,可杀也;必生,可虏也”

看到“必”字要当心。“抱着必死的决心”看似褒义,信心满满、视死如归、大义凛然,其实,“必”违反“权变”原则,必死之将常常有勇无谋。士兵可以拼死一战,将军不能脑子发热,否则容易被敌用计谋杀死。

将领有“必生”念头更不对。将军贪生怕死,军队缺乏斗志,被围就会投降,将军容易被俘。将军的战船上吊着一条轻舟,随时准备爬上快艇逃跑,士兵会拼命吗? 国民党军官叫:“弟兄们给我冲!”自己怕死,让士兵做炮灰;共产党军官喊:“同志们跟我上!”身先士卒,冲锋陷阵。高下立判。

《尉缭子》说:“战者必本乎率身以励众士,如心之使四肢。”带兵打仗必须率先垂范,才能激励士兵,就像大脑支配四肢,心有所想,肢有所动。

既要活着,又不怕死;既不拼命,又不贪生。做将军要平衡,不容易。

三、"廉洁，可辱也"

"皎皎者易污"，越是洁白，越易污染。战场上太廉洁，敌人会用羞辱的计策击中要害；生活中太洁身自好，常会遇到麻烦。

中国历史上很多高手玩"君子自污法"，故意给自己制造一些不痛不痒的缺点，让君王开心。最有名的是王翦、萧何。

秦败于楚，秦王政请王翦出山。王翦说，我需要60万人的军队，当时整个秦国的军队才60万人，没办法，只好全交给他。王翦还提了一个"出格"的要求：我要良田、豪宅、美女。秦王政说：去吧！会给的。队伍出发了，才走一天王翦就派人问：给了吗？三天后又催。阿政在王宫里哈哈大笑："王翦，就惦着他那点田宅、美女！"他放心了。

萧何位高权重。刘邦在前方打仗，几次问送粮官：萧相国最近可好？萧何立刻明白：老刘忙，不放心。他马上到老家去强占点民田。刘邦很快接到举报，他哈哈大笑，放心了。萧何掌握整个国家的行政、后勤大权，只要稍做小动作，断了军粮，在外打得疲惫不堪的刘邦就完蛋了。萧何干一些问田要地、鸡鸣狗盗之事，说明他没雄图大略。

将军、大臣十全十美，皇帝会不放心。战场险恶，官场亦然。

四、"爱民，可烦也"

两军对垒，你死我活，如果妇人之仁，溺爱下属，无微不救，无远不援，会很麻烦，会备受骚扰。刘邦至贱，积极主动；刘备至仁，遭受失败。

项羽抓住刘邦全家，把他爸爸押到城楼上，向他喊话："投降吧！不然把你爸爸给煮了。"刘邦笑答："我与你曾是结拜兄弟，我爸也是你爸，你把他煮了，也分我一块！"项羽看到这不是刘邦死穴，只好把他家人放了。

刘备这也不要，那也不受，怕违仁，搞得诸葛亮很苦，老替他收拾残局。刘备和曹操打仗，战败撤退把全城百姓带上，这仗还怎么打？差点连老本都输没了。当然，至仁也有好处，一帮铁杆兄弟一直跟着他。

第四节　战略启示

一、运用机动、灵活的竞争战术

一架波音飞机在非洲坠毁。波音公司立即通知该机型暂停使用，全面检查，向客户致歉，专业人员火速赶到现场。调查发现，此机严重超龄服役，起降次数大大超过设计极限，波音公司及时公布结果，坏消息变好消息：波音飞机质量太好了！因此销量大增。2018 年 10 月、2019 年 3 月，波音飞机同一机型两次坠毁，不知这次还能否化危为机？

危机事件处理的重要原则是：没事别惹事，有事别怕事。要第一时间赶到现场，寻找机会，果断决策，机动灵活，化险为夷，转危为机。

二、从五个“有所不”悟“经权”原则

“涂有所不由，军有所不击，城有所不攻，地有所不争，君命有所不受。”阐述了懂常识、善应变的“经权”原则。大排比句，余音袅袅，充满哲理，让人难以忘怀。大部队要走大路，但有些大路别走，重兵把守，设有陷阱；要打击敌人，但有些敌人别打，人多势众，无懈可击，强行进攻，损失巨大，不打他、迷惑他，关键时刻给敌致命之击；要占领城市，但有些城堡别攻，森严壁垒，严防死守，集中兵力快速攻下更重要的城市；要夺取土地，但有些土地别争，代价太大，违背战争经济学原理，去占领战略要地，争取更大胜利；要遵从君命，但情况万分紧急，君命才不执行。

《黄石公三略》说：“出军行师，将在自专；进退内御，则功难成。”带兵打仗，将军要有独立的指挥权；前进撤退都由君王在宫中管控，很难取得成功。

第三章

行军篇第九

第一节　原文与翻译

一、原文

孙子曰：凡处军、相敌：绝山依谷，视生处高，战隆无登，此处山之军也。绝水必远水；客绝水而来，勿迎之于水内，令半济而击之，利；欲战者，无附于水而迎客；视生处高，无迎水流，此处水上之军也。绝斥泽，唯亟去无留；若交军于斥泽之中，必依水草而背众树，此处斥泽之军也。平陆处易，而右背高，前死后生，此处平陆之军也。凡此四军之利，黄帝之所以胜四帝也。

凡军好高而恶下，贵阳而贱阴，养生而处实，军无百疾，是谓必胜。丘陵堤防，必处其阳，而右背之。此兵之利，地之助也。

上雨，水沫至，欲涉者，待其定也。

凡地有绝涧、天井、天牢、天罗、天陷、天隙，必亟去之，勿近也。吾远之，敌近之；吾迎之，敌背之。

军旁有险阻、潢井、葭苇、林木、翳荟者，必谨复索之，此伏奸之所处也。

敌近而静者，恃其险也；远而挑战者，欲人之进也；其所居易者，利也。

众树动者，来也；众草多障者，疑也；鸟起者，伏也；兽骇者，覆也；尘高而锐者，车来也；卑而广者，徒来也；散而条达者，樵采也；少而往来者，营军也。

辞卑而益备者，进也；辞强而进驱者，退也；轻车先出居其侧者，陈也；无约而请和者，谋也；奔走而陈兵者，期也；半进半退者，诱也。

杖而立者，饥也；汲而先饮者，渴也；见利而不进者，劳也；鸟集者，虚也；夜呼者，恐也；军扰者，将不重也；旌旗动者，乱也；吏怒者，倦也；粟马肉食，军无悬缻，不返其舍者，穷寇也；谆谆翕翕，徐与人言者，失众也；数赏者，窘也；数罚者，困也；先暴而后畏其众者，不精之至也；来委谢者，欲休息也。兵怒而相迎，久而不合，又不相去，必谨察之。

兵非贵益多也，惟无武进，足以并力、料敌、取人而已。夫惟无虑而易敌者，必擒于人。

卒未亲附而罚之，则不服，不服则难用也。卒已亲附而罚不行，则不可用也。故令之以文，齐之以武，是谓必取。令素行以教其民，则民服；令不素行以教其民，则民不服。令素行者，与众相得也。

二、老汤试译

孙子说：凡驻军扎营、察判敌情时要注意：翻过高山解除后患、靠近峡谷水草丰沛，把队伍安扎在向阳的高处，不仰攻已占领高地之敌，这是在山地安置军队的办法。渡河要快速越过并远离水域；如敌渡河而来，不在水上迎击，等他渡了一半再打，对我很有利；如果想打，就别在河边列阵迎敌，他不敢渡河；把队伍安扎在向阳的高地，不要与占据上游之敌交战，这是在水边安置军队的办法。穿越盐碱沼泽地，必须快速通过，切勿停留；万一交战于盐碱沼泽之中，必须靠近水草，背倚树林，这是在盐碱沼泽地安置军队的办法。在平坦地带要把军队安扎在开阔之地，主力要背靠高地，前面地形低，后面地形高，这是在平坦地带安置军队的办法。运用这四种安置军队的方法抢占地利，是黄帝能战胜四帝（东青帝、南赤帝、西白帝、北黑帝）的重要原因。

驻军应优选高处干燥之地，避开低洼潮湿之处，选择阳面，避开阴面。旁边水草丰沛、易于放牧，营地干爽卫生、地势较高，军队百病不生，必胜就有保障。丘陵、堤防驻军，必在阳面安置，主力背靠高处。这对用兵有利，就能借助地形。

上游突降暴雨，下游河面先会出现泡沫，接着大水冲下，要渡河，等水流稳定后再过。

地形有“绝涧”：长崖宽沟，万丈深渊；“天井”：四面陡峭，中间是水；“天牢”：三面环绝，易进难出；“天罗”：藤树缠绕，难以行动；“天陷”：沼泽泥泞，动则没顶；“天隙”，两面峭壁，只见天缝。遭遇这些险境，立即离开，切勿靠近。我要远离它，让敌靠近它；我要面朝它，让敌背靠它。

行军道路、军营驻扎旁边，如有山川险阻、洼地深坑、芦苇密草、树林灌木、各种遮挡，必须谨慎，反复搜索，这些地方容易埋伏奸细。

敌靠近时队伍肃静，因占据险要地形；敌在远处向我挑战，企图引诱我进攻；敌驻扎在平坦之地不设阻挡，必具有利条件。

众多的树在摇动：敌正从林中向我开来；层层草丛设置了许多障碍：敌为了迷惑我；群鸟因扰动而飞起：埋有伏兵；野兽因惊骇而冲出：敌大举前来袭击；尘土飞扬，尘高而直：战车来了；尘土飞扬，尘低而广：步兵来了；尘土散开，纵横不连：敌在砍柴；飞尘减少，轻兵来往：敌已宿营。

敌使者言辞卑微，部队加紧备战：要进攻；敌使者言辞强硬，部队做进攻状：要撤退；战车先出安放在侧：在布阵；无缘无故前来求和：有阴谋；士兵车骑奔忙列阵：期待开战；半进半退装作混乱：诱我上当。

敌军拄着兵器而立：队伍饿了；打水士兵自己先喝：队伍渴了；士兵见利都不前进：部队累了；群鸟在驻地云集：军营空了；士兵晚上呼喊号叫：他们怕了；军队扰动：将领无威；旌旗晃动：内部混乱；军官易怒：疲倦不

堪;拿粮喂马,杀牛吃肉,打碎军中悬挂的炊具,士兵不返回帐篷:穷途末路,拼死一战;士兵窃窃私语,三五成群,低缓而言,议论上司:将已失军心;反复奖赏士兵:将窘迫无助;不断惩罚士兵:将困顿无招;开始对下级很暴戾,后来搞得众怒难犯,害怕了:将最不明智;委派重要使者来谈判,谦卑客气:敌想休息了;敌兵愤怒,与我相迎,久久对峙,既不开战,又不撤离:很可能奇兵偷袭,要谨慎观察。

打仗不是人越多越好,而是别贸然强攻,能养精蓄锐、集中兵力,判断敌情,选出能人。不深思熟虑,又轻敌冒进,必被擒获。

士兵未亲近依附,将领先立威惩罚,士兵会不服,不服难指挥。士兵已亲近依附,将领仍军纪不严,队伍会散漫,指挥就失灵。命令发布前晓之以理,讲仁,具体执行时严格认真,讲法,这样就能取胜。平时令行禁止、严格训练,兵众就服从命令;平时朝令夕改、军纪不严,兵众会不服命令。平时令行禁止,官兵就会步调一致、共同获益。

第二节　概　览

本篇的"行军"与现代汉语意义不同,指运兵作战过程的"处军,相敌,附众",主要讨论战术地理,属于地形。

一、处军

处军,驻扎军队,要"知己",了解自己所处的地理环境。

孙子非常重视高地的占领,本篇两处提到"视生处高"。生,向阳的地形。视生:地形是南北走向,就朝南;地形是东西走向,就朝东。高,高地。

他分析了在山地、水边、沼泽、平陆四种地形下的"处军原则",怎么驻扎、行军。

"六害之地"。绝涧:长崖宽沟,万丈深渊;天井:四面是山,深陷其中,凶多吉少;天牢:易进难出,就像牢房;天罗:藤树缠绕,无法行走,有箭没法射,有刀无法砍,像掉进网中;天陷:沼泽地,陷了下去就是没顶之灾;天隙：一线天，两面高山，道路狭长，石头滚下，无处躲藏。万一遭遇“六害之地”，要妥善应对，快速离开。

二、相敌

相敌：观察、分析、判断敌情，是“知彼”。“相敌三十二法”是大数据分析的鼻祖，根据三十二种现象判断、分析敌人大概处于什么状态。虽已相敌、知敌，仍然不能轻敌：“夫惟无虑而易敌者，必擒于人。”

三、附众

附众，团结战士，让众人服从命令。

“令素行以教其民，则民服；令不素行以教其民，则民不服。令素行者，与众相得也。”平常严格要求，战时士兵就会遵守命令，服从、服气；平时自由散漫，战时士兵就不遵守命令，不会服从，被迫执行，内心不服。保持命令的一贯性，对官、兵都有好处。

晚唐陈皞解释：“三令五申，示人不惑；法令简当，议在必行。”法令执行前要三令五申，让人明白、不迷惑；法令要简洁易行，公布后严格执行。

《尉缭子》“附众”法则：“小过无更，小疑无申”，保持命令的一致性，执行中，有些小错不需要更改，有点疑问不必解释。“上无疑令，则众不二听；动无疑事，则众不二志”，没有疑惑不定的命令，士兵就不会无所适从；没有犹豫不决的行动，士兵就不会三心二意。

第三节　知识点

一、“绝山依谷”

“绝山依谷”有两种理解：(1)翻过高山以除后患、靠近峡谷水草丰沛。因为不知山后情况，万一敌从背面抢先爬上山顶，我就被动、危险。要派轻兵先登上山顶，侦察敌情，再让队伍依次翻山，这样做会安全。靠近峡谷水草丰沛的地方，牧马饮水都很方便。(2)通过山地时要靠近有水草的峡谷。前者分析跨山、依谷两种情况，不一定有关联；后者解释先跨山、后依谷，有关联。前者更切实际。

二、“勿迎之于水内”

内，即：汭(ruì)，指河流弯曲、水岸突出之地，如下图，就像上海陆家嘴。为什么“汭”地风水好？“汭”是凸处，水流舒缓，船靠岸方便，泥沙淤结，地盘会越来越大。位于水之北、山之南的“汭”更好，如果上海北外滩要是北面有座山，这个地形就完美了。靠近凹处，水流湍急，泥土流失，地盘会越来越小，不宜居住，房屋如果建在靠近凹处的水边，久而久之会塌陷到河里。

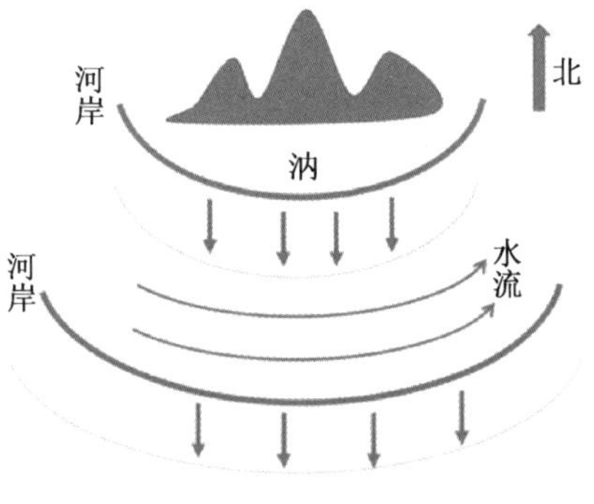

“汭”示意图

为什么不要在水“汭”迎击敌人？“汭”地水流缓慢，船易靠岸，适宜登陆，我有重兵把守，敌就不敢来。要让敌以为水“汭”没兵，于是渡河，等渡到一半，再发起冲锋，敌进退两难，就被我打败。

三、“欲战者，无附于水而迎客”

临水作战有一个重要前提：愿不愿打？进攻还是防御？

如果“不欲战”，不想打，采取防御型战术，就应临水布兵、阻止敌人登岸。敌人一靠过来就用箭射，他们就过不来。即使一部分敌军爬上岸，刀砍枪刺，非常主动。

如果“欲战”，想打，采取进攻型战术，就别靠水布阵，不在江河边迎敌。躲到隐蔽处，当敌人渡到一半，或刚渡完但立足未稳，再冲出来，敌进不能进、退不能退，非常被动。

进攻，不靠水列阵；防守，要靠水设防。

四、“无迎水流”

在水流之地打仗，要顺水下攻，不能逆流而战：既要战敌，还要战水。贾林说：“水流之地，可以溉吾军，可以流毒药。”上筑有堤坝，敌人把水蓄满，一放水就把我淹了。他在上游放毒，我在下游，要么毒死，要么渴死。

五、“右背高”

“右背高”有两种理解：(1)中国古代崇尚右，右，又称主力、嫡系部队。把主力、嫡系放在背靠山岗的高地，便于冲锋。(2)右手方便，右靠高地，行动自如，效率提高。姜太公说：“军必左川泽而右丘陵”，排兵布阵应左依川泽、右靠丘陵。我主张第一种。

六、“其所居易者，利也”

这句话有两种理解，都要求谨慎分析，别轻易上当：(1)敌不占据险阻，却布置在平坦易攻之地，一定有其便利之处；(2)敌所据之地有许多便利，故意挑动我前往，他运用优势，轻易获利。我主张第一种。

七、“粟马肉食者”

这句话有两种解释：(1)粮食喂马，杀牛劳军；(2)杀马食肉，军中无粮。我主张第一种。战马用来打仗，不能杀；牛用来运输，不要辎重了，所以杀牛。穷寇不一定没粮，而是破罐子破摔。正如后面所说：“军无悬釜，不返其舍”，打破炊具，不准备再做饭，集结部队，不返回营房收拾东西，什么都不要了。这种军队叫作“穷寇”。别与穷寇正面冲突，坚守等待，时间一长，他扛不住，士气一落，露出弊端，再击败之。

八、“谆谆翕翕，徐与人言”

这句话有两种理解：(1)士兵三五成群，窃窃私语，议论上司；(2)上司对下属恳切和顺，语重心长，轻声慢语。第一种更合情理。

九、“兵非贵益多，惟无武进，足以并力、料敌、取人而已”

“兵非贵益多”有四种理解：(1)军队不是越多越好；(2)以多胜少没什么了不起：不贵众击寡；(3)不必以绝对优势战胜对手，均衡用力，略胜一筹，节约资源；(4)合理布局，力量虽弱，最后致胜，如田忌赛马。我主张第一种。

孙子是精兵简政的创始人，有着清晰的精兵思想：“兵非贵益多”，兵不在多而在精，关键是“惟无武进”，不硬来乱冲，不轻率进攻。《尉缭子》说：“百万之众不用命，不如万人之斗也；万人之众不用命，不如百人之奋也。”百万之众不遵命用力，不如万人尽力搏斗；万人之众不遵命用力，不如百人奋勇拼杀。听指挥、愿战斗、效率高的队伍才具备强大的战斗力。

职场、生活也是一样，不是认识的人越多越好，多与优秀的朋友交往，深度挖掘。不必老跑场子、认识人，加人家微信、拍照合影，这是没用的。

“并力”：集中兵力，团结协作、有战斗力：“打虎亲兄弟，上阵父子兵”。“料敌”：分析、判断敌情。“取人”有两种理解：(1)选取能人；(2)取胜于人、战胜敌人。我主张前者。

十、“令之以文，齐之以武，是谓必取”

先统一思想，再严格执行。命令发布前做好宣传，不解之处，摆事实、讲道理，得到大家认可，士兵心服口服；执行命令，一丝不苟，严刑峻法。

曹操的解读是："文，仁也；武，法也。"既仁慈，又严格。文武兼用，容易取胜。

中华文化重视文武并举，《吴子兵法》说："修德废武，以灭其国"，只修德政，不重武装，会使国家灭亡。"恃众好勇，以丧其社稷"，仗势欺人，尚勇好战，也会丧失国家。"必内修文德，外治武备"，必须对内修行德政，对外加强战备。"武备"，防御性战略为主，进攻性战略为辅。中华民族为何很少发起侵略？因为有祖训。

第四节　战略启示

一、"恩威并施"之悟

恩威并施，不可偏废："卒未亲附而罚之，则不服，不服则难用。卒已亲附而罚不行，则不可用。"句子对比强烈、简洁明快。《尉缭子》说："不爱说其心者，不我用也；不严畏其心者，不我举也。"不用爱让士兵心悦诚服，他们不会听我指挥；不用严让士兵心存敬畏，我指挥不动。

带兵打仗、管理组织要"恩威并施"：恩在前，威在后。不是"威恩并施"，别一上任就给员工下马威。按规章制度处罚一批人，他们会不服。不服，就很难调动积极性。先要亲近、团结他们。《唐太宗李卫公问对》解释："凡将先有爱结于士，然后可以严刑也，若爱未加而独用峻法，鲜克济焉。"将领先要爱护、结交士兵，才能用严刑，没有爱兵，先用峻法，很少成功。"爱设于先，威设于后，不可反是也。若威加于前，爱救于后，无益于事矣。"先爱后威，不能反过来。先施威后用爱来补救，无济于事。

得到他们认可后，就严格要求，就要立"威"。一天到晚和下属称兄道弟，纪律不严，作风散漫，队伍难带。《尉缭子》说："民无两畏，畏我侮敌，畏敌侮我，见侮者败，立威者胜。"士兵不会同畏敌我，威服我就会轻蔑敌，畏惧敌就会轻视我，我被轻视就会败，树立权威就会胜。"内畏重刑，则外轻敌"，战士畏惧军内严刑，在战场上就会蔑视敌人。"先廉耻而后刑罚，先亲爱而后律其身”，先倡导廉耻再实施刑罚，先亲民爱兵再严格执法。李靖说：“畏我者不畏敌，畏敌者不畏我。”恩威并施的领导才能得到拥护。

二、从“相敌”悟“见微知著”

“相敌”重要的技能就是“见微知著”，透过现象看本质。

儿子把创业伙伴带回家，爸爸很睿智，做了一桌菜，在旁观察。伙伴一走，他就跟儿子说：“别跟他合作，既不能共苦，也不能同甘。”儿子诧异：“他在我家只吃了一顿饭，你一句话没说，怎么就得出这个结论？”爸爸说：“我发现一个小动作，他把一盘爱吃的菜端到自己身边，由此看出大问题。”儿子不听，果然合作失败，不欢而散。“不听老人言，吃亏在眼前”，老人见多识广，会做“大数据分析”，能透过现象看本质，大问题很多时候就藏在小动作之中。

洪承畴，明末兵部尚书，战败被俘，大义凌然，绝食多日，誓死不降。清廷无奈，正要杀他，一位大臣进言：“洪承畴有可能投降。我刚去劝降，他照样不理，但我看到一个细节，一只麻雀拉了泡屎在他衣服上，他一直擦。可见，他对衣袍都如此爱惜，何况身体？何况生命？”皇太极连声赞许，仍然对洪承畴礼遇有加，亲自到牢中看望他。当时，正值寒冬，皇太极看洪承畴穿得单薄，就把自己的裘皮大衣脱下来盖在他身上，此举瞬间把他最后的防线盖崩溃了，他感慨、感动，下跪归降。

三、从“先暴而后畏其众”感慨某些管理者不明智

“先暴而后畏其众者”有两种理解：(1)先猛后宽，军官想树立威信，一开始很暴戾，士兵不听，局面控制不住，军官傻了、没辙、害怕，再轻声细语、低声下气求士兵；(2)先轻后畏，一开始轻敌，后见敌强大，害怕了。第一种解释更合理，因为在谈观察敌情。

组织管理者也容易犯类似错误，一开始非常苛刻，不近人情，引起反抗，结果众怒难犯，再请大家支持、理解。早知今日，何必当初？“船到江

心补漏迟”:出发前不检查船况,开到江心发现漏水,才来补洞,于事无补,船要沉了。“不精之至”,愚蠢透顶。

四、从“令之以文,齐之以武”悟“外儒内法”

中华文化重“礼”,但对不讲礼的人一直谦谦君子,会养虎为患。于是“先礼后兵”:先跟他讲道理,还不听就修理。这是中华文化中关于国家治理的重要思想:外儒内法。

儒家主张“以德治国”。孔子说:“道之以德,齐之以礼,有耻且格。”以德来领导,人会有涵养;以礼来教化,人会懂羞耻。人有道德修养,就不违法乱纪。依据是“人之初,性本善”的“性善论”,即麦格雷戈的“Y 理论”。法家主张“以法治国”。韩非子说:“奉法者强则国强;奉法者弱则国弱。”严刑峻法,国家才强大;姑息养奸,国家会弱小。依据是“人之初,性本恶”的“性恶论”,即麦格雷戈的“X 理论”。

这两种理论都有失偏颇。一味强调以德治国,在仁慈、宽容的环境下,坏人一意孤行,犯罪成本低,他们会肆意妄为、变本加厉地破坏社会安定。一味强调以法治国,仁义道德者的高尚感会下降。如果坏人聪明,善钻空子,法制无法面面俱到。少数人违法给社会造成极高的管理成本,比如恐怖袭击导致的安检升级等。

“外儒内法”与孙子的“令之以文,齐之以武”中的智慧如出一辙:导之以德,行之以法。以德立国,依法治国;道德是标杆,法律是底线;高举道德旗帜,紧握法制武器。

对好人用道德感化,告诉他怎样管理欲望、怎样“伟、光、正”,让他有高尚感;对坏人要严刑峻法,触碰底线,立即干掉。

社会通常需要两个体系:宗教和国家治理。信仰是对人高层次的引领;轮回是对人低层次的阻吓。道德是对人高层次的感召;法律是对人低层次的惩罚。

五、从“令素行”悟“信任”

《论语》中，子夏说：“君子信而后劳其民，未信，则以为厉己也；信而后谏，未信，则以为谤己也。”统治者得到百姓信任，才能指挥他们，没得到信任，他们会认为统治者苛刻、暴政；下属得到上司信任，才能去指出他的缺点、错误，否则，他会认为这是毁谤。没有信任，寸步难行！

怎样获得群众信任？“令素行”就是一种“信”。法律的权威、严肃、稳定是执法保证。朝令夕改，失去严肃性、稳定性，权威性会受到质疑。

为人处世，真诚、坚持、守信是获得信任的重要途径。要么别答应，承诺了，再难也要践行。《增广贤文》说：“易涨易落山溪水，易反易复小人心。”山溪流量太小，水易涨易落；小人格局狭隘，心易反易复。反反复复之人得不到大家的信任。

待敌用诡，待己用信。“兵者，诡道也”，将军对敌要用“诡道”；“兵以诈立”，你死我活，要能“诈”敌。对待自己的士兵要“信”：“将者，智信仁勇严也”，将军五大素质，“信”排第二，言必行，行必果，功赏罪罚，令行禁止。《六韬》说，对敌“阴其谋，密其机，高其垒，伏其锐士。寂若无声，敌不知我所备。欲其西，袭其东。”暗暗谋划，严守机密，高筑堡垒，埋伏精兵。悄无声息，敌不知我严阵以待。想袭击西边，先进攻东面。“用赏者贵信；用罚者贵必”，实行奖赏贵在信守诺言；施加刑罚必须严格执行。这样，众人就会受到激励、得到警诫。

六、“相敌”与研究《孙子》的“关联分析法”

“相敌”的重要特点是透过现象看本质。研究《孙子》也是一样，不能孤立地分析、解释字句，要用“关联分析法”。知识融会贯通，效用就会更大。

（一）从物理、兵法、战略到人生

我喜欢用物理学诠释人生现象。很多学科的理论都来自生活，是生活的总结归纳,反过来又可以指导生活。下面,举例说明。

1. 压强公式:$p=f/s$

其中,p是压强,f是压力,s是受力面积。f不变,s越小,p越大;s越大,p越小。

《孙子》中诠释:“我专为一,敌分为十,是以十攻其一也,则我众敌寡。”集中优势兵力打歼灭战,胜算很大。

战略管理:波特三大理论之“专业化”。

人生启迪:集中精力,专注某个行业,践行工匠精神,更容易出成果。

压强公式、以十攻一、专业化、工匠精神都是相通的。

2. 胡克定理:$f=-k\Delta x$

形变范围内,弹力大小与弹性形变成正比,弹力方向和弹性形变方向相反。早在东汉,中国学者郑玄就已发现并阐述该现象,这个定理也叫“郑玄—胡克定理”。

《孙子》中表述:“势如扩弩,节如发机。”射箭时,先把弓拉得很满,瞄准、定住,然后再快速松开。

战略管理:某些市场刚性需求压抑越久,反弹越大。

人生启迪:忍耐时间越长,爆发冲突越大。

3. 动量守恒定律:$F=MV/T$

物体的质量、速度一定,对另一物体的冲击时间越短,冲击力越大。

《孙子》中表述:“攻其无备,出其不意。”

战略管理:掌控竞争响应度。准备时间可长;执行时间要短。进军某领域、攻克某市场,开始可做充分调研。一旦实施,要快速行动,不给对手反击时间,不能老提示:我要进攻了!等对手做好准备,进攻难度加大。反击对手进攻也是一样,我在哪还击、怎样还击?要做好研究,时间可长一点,一旦开始还击,就要坚定迅猛。因应竞争者变化,让对手防不胜防。

人生启迪:机会只敲一次门,稍纵即逝,极其宝贵。要积累实力,留心观察,机会降临,快速行动。

4. 能量守恒定律：$mgh=\frac{1}{2}mv^2$

势能转化成动能。重力加速度作用，落差越大，物体运动速度越快。

《孙子》中表述："如转圆石于千仞之山者，势也。"

战略管理：最大化核心竞争力。

人生启迪：生活中的"运势"。

(二)学问的感悟：向大自然学做人的道理

1.《易经》的阴阳可以表述世间万事万物

莱布尼茨二进制思路是否受中国"阴阳八卦"启发？颇具争议。有人说，中国的阴阳就是二进制，那就太狭隘了。二进制比阴阳晚五千多年，充其量只是阴阳的一种表述方式，阴阳包含的范围和思想要广博得多。

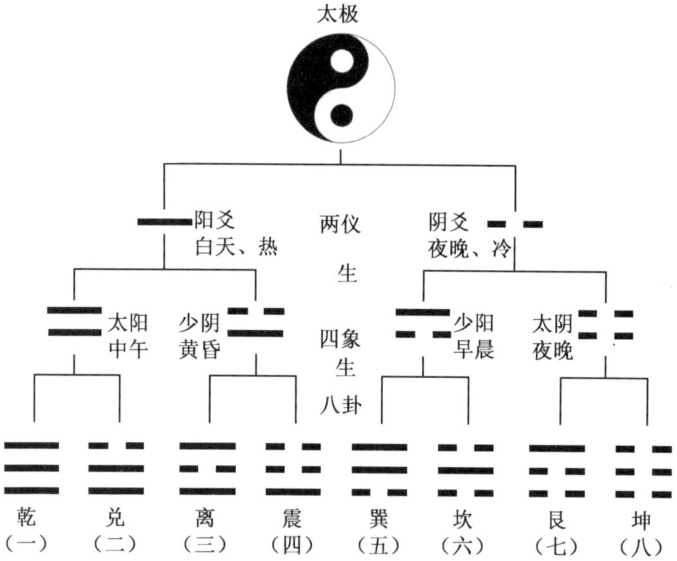

《易经》中的阴阳，抽象难懂，如果和大自然、人生结合，就易理解（见上图）。

阴"- -"阳"—"有不同的表现形式，比如，阴代表黑夜、冷；阳代表白昼、热等。早晨，刚过黑夜，地上冷，太阳出来，天上热，下阴，上阳，叫"少阳”；中午前后，地上变热，天上还热，下变阳，上是阳，叫“老阳”“太阳”；傍晚前后，地上还热，日落西山，天上变冷，下是阳，上变阴，叫“少阴”；夜晚，地上变冷，天上还冷，下变阴，上是阴，叫“老阴”“太阴”。“两仪生四象，四象生八卦”，“两仪”就是阴阳；“四象”就是少阳、老阳、少阴、老阴；“八卦”可描述万事万物。所有一切，又复归阴阳。

白天黑夜、春夏秋冬、万事万物、人生跌宕起伏都可用阴阳表示，都是阴阳和合。懂阴阳的道理，就明白大自然规律、人生规律，就能效用最大化，掌控主动权。

2.“常识→知识→文化→智慧”。

祖先对世界反复观察、分析，获取许多经验；先哲对人生认真思考、总结，得出很多智慧。人们经历了“常识→知识→文化→智慧”的全过程。

常识，大家都知道。知识，小范围了解。文化，所学知识融会贯通，自然而然，化作生命的一部分。智慧，把文化学以致用，指导人生实践。

光有常识不够，要异于常人，必须有知识；有知识没文化是没把知识转化成自己的东西；有文化还不够，重要的是有智慧。智慧又与常识、知识、文化密切关联。

3. 学与问的关联

学问，既学且问。光学不问，印象不深。我讲课时欢迎同学们提问。我是性情中人，听众互动会提升我的激情、提高讲课质量。听众的问题、眼神和脸部表情，影响、决定我拿出什么宝贝。我喜欢争论，争论容易让人精力高度集中、大脑高速运转，促使我去找大量的资料、论据，让我留下深刻印象、得出精彩观点。

学问，要多用批判性思维，多问为什么。有些话耳熟能详，有些事合情合理，我们仍要逆向思考，发出疑问：这句话、这件事换个角度有无不妥？《华严经》说：“大疑大悟，小疑小悟，不疑不悟。”疑，会促使我们去探究，用“关联分析法”打通各个知识点。

第四章

地形篇第十

第一节　原文与翻译

一、原文

孙子曰：地形有通者、有挂者、有支者、有隘者、有险者、有远者。我可以往，彼可以来，曰通。通形者，先居高阳，利粮道，以战则利。可以往，难以返，曰挂。挂形者，敌无备，出而胜之，敌若有备，出而不胜，难以返，不利。我出而不利，彼出而不利，曰支。支形者，敌虽利我，我无出也，引而去之，令敌半出而击之，利。隘形者，我先居之，必盈之以待敌。若敌先居之，盈而勿从，不盈而从之。险形者，我先居之，必居高阳以待敌；若敌先居之，引而去之，勿从也。远形者，势均，难以挑战，战而不利。凡此六者，地之道也，将之至任，不可不察也。

故兵有走者、有驰者、有陷者、有崩者、有乱者、有北者。凡此六者，非天之灾，将之过也。夫势均，以一击十，曰走；卒强吏弱，曰驰；吏强卒弱，曰陷；大吏怒而不服，遇敌怼而自战，将不知其能，曰崩；将弱不严，教道不明，吏卒无常，陈兵纵横，曰乱；将不能料敌，以少合众，以弱击强，兵无选锋，曰北。凡此六者，败之道也，将之至任，不可不察也。

夫地形者，兵之助也。料敌制胜，计险厄远近，上将之道也。知此而用战者必胜，不知此而用战者必败。

故战道必胜，主曰无战，必战可也；战道不胜，主曰必战，无战可也。故进不求名，退不避罪，唯人是保，而利合于主，国之宝也。

视卒如婴儿，故可以与之赴深溪；视卒如爱子，故可与之俱死。厚而不能使，爱而不能令，乱而不能治，譬若骄子，不可用也。

知吾卒之可以击，而不知敌之不可击，胜之半也；知敌之可击，而不知吾卒之不可以击，胜之半也；知敌之可击，知吾卒之可以击，而不知地形之不可以战，胜之半也。故知兵者，动而不迷，举而不穷。故曰：知彼知己，胜乃不殆；知天知地，胜乃不穷。

二、老汤试译

孙子说：地形有通、挂、支、隘、险、远等。我军可以去，敌军可以来，叫通。在通形下，先占据高地、阳面，保障运粮道路畅通，这时作战会有利。进去容易出来难，叫挂。在挂形下，敌没防备，我突然出击能取胜，敌有防备，我出击就不能取胜，而且难以返回，于我不利。我出击于我不利，敌出击于敌不利，叫支。在支形下，敌虽利诱，也不出击，而是带兵离开，诱敌出兵，等敌出来一半再突然回击，于我有利。在隘形下，我先占据阵地，布满兵力，等待敌人。如果敌先占据阵地，布满兵力、准备充分，就不要进攻；如果敌没布满、立足未稳，马上进攻。在险形下，我先占据阵地，把队伍部署在高地、向阳之处待敌；如果敌先占据阵地，我带兵马上离开，不能去打。在远形下，双方势均力敌，不宜挑战，勉强为之，战而不利。掌握了这六种地形，就掌握了地利之道，这是将军最重要的责任，不可不细致观察。

因此，用兵有六种必败状态：走、驰、陷、崩、乱、北。这六种情况，不是天灾所致，而是由于将领失误。双方士气相当，却以一击十，叫“走”；士兵强悍、军官懦弱，叫“驰”，军官强悍、士兵懦弱，叫“陷”；偏将受气愤怒，而且不服，作战时把气撒在战场，带着部队瞎打，将军对此不知，控制不了局面，叫“崩”；大将懦弱缺乏威严，管理混乱指令不明，官兵处于无序状态，排兵布阵杂乱无章，叫“乱”；将军不能预料敌情，用小队迎战大队，以弱兵进攻强敌，不选出尖刀连带头冲锋，叫“北”。以上六种情况，每一种都会导致失败，这是将军最重要的责任，不可不认真观察。

地形是用兵重要的辅助。了解敌情，克敌制胜，分析地形险要、道路远近，这是高级将领必备的技能。掌握此道投入战斗必胜，不懂此道贸然参战必败。

因此，如果战争态势是我方必胜，即使君主说不战，也可必战；如果战争态势是我方不胜，即使君主说必战，也可不战。所以，前进不是为了贪求名利，撤退不是为了逃避罪责，以保护国家和军队有生力量为宗旨，最终符合君主根本利益，这样的将领是国家之宝。

将领对士兵像关心婴儿，士兵就愿为他赴汤蹈火；将领对士兵像关爱儿子，士兵就愿与他同生共死。但是，厚待士兵不听使唤，溺爱士兵不听命令，队伍混乱不能治理，就像娇生惯养的孩子没出息，这样的军队无法打仗。

知我有能力进攻，但不知此时之敌不可攻击，只有一半胜算；知敌露出破绽可攻击，但不知我没能力进攻，只有一半胜算；知敌可击，知我能攻，但不知地形不利不能开战，只有一半胜算。所以，懂得用兵，行动毫不迟疑，措施变化无穷。所以说：了解敌人、了解自己，胜券在握没有危险；了解天时、了解地利，胜券在握不可穷尽。

第二节　概　览

本篇研究自然地形、地理环境。形：实，常。地形也是一样，变化不大，比较稳定。

一、“知地”是本篇的主旨

孙子对地非常重视，《孙子》共十三篇，有四篇谈“地”。

“天时不如地利，地利不如人和”是大家熟悉的孟子名言，《尉缭子》有完全相同的论述。人和很重要，和平年代，和和美美，和气生财；战争年代，团结一心，共同对敌。研究战争对抗，观察“天地人”三者的角度不一样：“天、人”容易变化，“天有不测风云”“人心难测”；“地”相对稳定，虽会变，但变化很慢。天时、人和是动态、变化的；地利变化不大。孙子对“地利”非常重视，研究了很多地形、地势。

有六种和作战密切相关的地形，简称“六地”或“六形”：通、挂、支、隘、险、远，孙子对其下了定义，详细介绍在各种地形下该怎么打。

知地是将领的重要才能，也是优秀将领的取胜之道：“夫地形者，兵之助也。料敌制胜，计险厄远近，上将之道也。”

二、极力避免“六败”

将领“六败”，每个错误都会带来灭顶之灾：“夫势均，以一击十，曰走；卒强吏弱，曰驰；吏强卒弱，曰陷；大吏怒而不服，遇敌怼而自战，将不知其能，曰崩；将弱不严，教道不明，吏卒无常，陈兵纵横，曰乱；将不能料敌，以少合众，以弱击强，兵无选锋，曰北。”势均力敌，以寡击众，叫败走；兵强官弱，指挥不动，叫松弛；官强兵弱，军官冲锋，士兵无能，叫沦陷；小将受气不服，遇敌率部擅自乱打，让大将蒙羞，将军无奈，管理失控，叫崩溃；纪律不严，管教无方，官兵不守规矩，兵阵纵横不齐，叫混乱；不知敌情，以少打多，以弱击强，不选出精锐的冲锋队主攻，叫败北。

三、将领的优秀品德

以胜利为主要目的，而不唯命是从：“战道必胜，主曰无战，必战可也；战道不胜，主曰必战，无战可也。”战争处于何种态势，是战不战的主要标准,也是“君命有所不受”的重要前提。

优秀将领是国宝:“进不求名,退不避罪,唯人是保,而利合于主,国之宝也。”此句对比强烈,工整精致。

将领必须具备“四知”:“知彼知己,胜乃不殆;知天知地,胜乃不穷。”了解彼、己、天、地,是胜利的重要保证。此句,简明扼要,清晰明了;语气果断,毋庸置疑。

四、重申恩威并施

“视卒如婴儿,故可与之赴深溪;视卒如爱子,故可与之俱死。厚而不能使,爱而不能令,乱而不能治,譬若骄子,不可用也。”与士兵同甘共苦、视兵如子,他们就会冲锋陷阵,在所不辞。《六韬》说:“将与士卒共寒暑、劳苦、饥饱,故三军之众,闻鼓声则喜,闻金声则怒。”将军与士兵共同历经寒暑、劳苦、饥饱,全军战士会斗志昂扬,听到冲锋的战鼓就很兴奋,听到撤退的锣声就不开心。但是要注意:别把士兵娇宠得不听指挥,就像骄子。中华文化有“骄子不孝”之说,骄子常是不孝之子,无法成为国家栋梁之才。所以,对孩子固然要爱,更要严格要求。一味娇宠、骄纵,会毁了孩子的前程。

为什么会“升米恩,斗米仇”? 在人急需时伸出援手,付出不多,帮助很大,雪中送炭,他会感恩;当他认为理所应当时,帮助一旦停止,反目为仇。当他习以为常时,要及时“止损”,不再施恩:大怨不如小怨,晚仇不如早仇。

第三节　知识点

一、“可以往,难以返,曰挂”

易进难退、有去无回,叫“挂”,当今网络语“挂了”意思与之相近。万一“往”了、身处“挂”地怎么办? “挂形者,敌无备,出而胜之,敌若有备,出而不胜，难以返，不利。”敌无备，突袭胜敌；敌有备，偷袭不成又难回撤，这就麻烦大了。孙子讲到这戛然而止。有人建议三种出路：等待援军；拼死一战；认输投降。别不好意思谈投降，兵法，愿赌服输。

二、“我出而不利，彼出而不利，曰支”

我不能去，敌也不能去，谁去谁遭殃，叫“支”。怎样办？把敌支开：“支形者，敌虽利我，我无出也，引而去之，令敌半出而击之，利。”在“支”的地形下，不能受敌引诱冲过去，要假装害怕，把敌引开、支开，等敌追上来，再杀回马枪，敌猝然无备，我容易取胜。

三、“必居高阳以待敌”

“待敌”，临战状态。“高阳”，高在前，阳在后。排序有讲究，先后见智慧。人生很难两全其美，不可兼得，要学会取舍：等待冲锋，居高舍阳，居高临下俯冲，朝不朝阳没事；长期驻扎，居阳舍高，面南朝阳而居，地势低点没事。拿破仑说，营地不卫生比残酷的战役伤害还大。王皙说：“久处阴湿之地则生忧疾，且敝军器也。”在阴冷、潮湿处待久了，人易忧郁生病，甚至发生瘟疫，杀伤力比强敌还可怕。而且兵器等物品受潮生锈，难于保管。居家、办公也要注意这点。

四、“吏强卒弱，曰陷”

将领说：跟我冲！士兵跟不上，就完了，沦陷了。常言道：“兵熊熊一个，将熊熊一窝。”将军不行，队伍完蛋。但“兵雄雄一个，将雄雄一窝”不一定成立，战场上，“吏强卒弱”的事件常有发生。所以，战前练兵非常重要。

五、“大吏怒而不服，遇敌怼而自战，将不知其能，曰崩”

大吏，小将；将，大将；怼，迁怒、怨恨。小将愤怒、发泄乱打，大将无奈，就败了、崩盘了。所以，对下属好点，你对他发脾气，他生气不敢对你发火，就会乱发泄，迁怒于你的客户，让你遭受损失。你怎么样对待员工，员工就会怎么样对你的客户。

六、“选锋”

“选锋”，选一支优秀队伍，组成尖刀连、冲锋队、敢死队、特种部队。如刀有刃、剑有锋，才能直插敌人心脏。怎样“选锋”？《吴子兵法》提供了具体方案。

分类“选锋”。“民有胆勇气力者，聚为一卒；乐以进战效力以显其忠勇者，聚为一卒；能逾高、超远、轻足、善走者，聚为一卒；王臣失位而欲见功于上者，聚为一卒；弃城去守，欲除其丑者，聚为一卒。”选出有胆量、勇敢、正气、力大者编成一队；选出乐于冲锋陷阵、为国效力以示忠勇者编成一队；选出能攀高、长跑、轻盈、快捷、身怀绝技者编成一队；选出因罪罢官想立功报主者编成一队；选出曾弃城而逃、擅离职守想将功补过、洗心革面者编成一队。选派精锐队伍，关键时刻带头冲锋，容易取胜。

善待“选锋”。选拔力大能举鼎，快跑能追马，战场夺敌旗，斩杀敌将、善用兵器、动作敏捷、志在灭敌之才。区别对待，爱惜重用：“选而别之、爱而贵之”；给他们加官晋爵：“加其爵列”；优待其父母妻儿：“厚其父母妻子”。这支尖兵怎能不强大？

“选锋”作战注意：“选锐冲之，分兵继之。”选出精锐队伍冲锋，同时，后续部队要能跟上。否则，孤军奋战，再精锐的尖刀连也会被敌包围、消灭。

七、“夫地形者，兵之助也，料敌制胜，计险厄远近，上将之道也”

地形只是战争的辅助因素，不是取胜的决定因素。了解运用地形、料敌制胜的上将之道才是关键。兵之助在得地形；将之道在得人心。兵助在地；将道在人。“知此而用战者必胜，不知此而用战者必败”的“此”，不是“地形”，而是“兵之助，将之道”。《孙子》中用很大篇幅谈“地”，但怕读者误会，反复强调主观能动性的重要性。

厄：困、危。这是个象形字：厂，像山崖；㔾，像一个人曲卷着，困在山崖之下。“险、厄”都是险要之意，二者有别：险，常指对我有利的地形；厄，常指对我不利的地形。

第四节　战略启示

一、充分运用有利地形

20 世纪 80 年代，苏联与阿富汗发生战争。苏联的一种直升机很结实，底部钢板特厚，高射炮打不穿，飞机被击中后，晃一晃，照样飞，号称“空中坦克”。任何东西都有缺陷：直升机顶部没加厚。这个死穴被阿富汗游击队发现，于是，躲在高山上，当飞机在丛山峻岭中飞行时，他们从上往下打，一打一个准。空中坦克遇克星，被游击队用地形优势干掉。

俄国因其冰天雪地的地理环境，两次被救。拿破仑 1812 年 6 月侵俄，9 月攻下莫斯科。冬天来临，饥寒交迫的法军被俄军击败，几乎丧失全部骑兵和炮兵，60 万大军只逃回 3 万人。德军 1941 年 6 月进攻苏联，11 月攻打莫斯科。莫斯科已连续三年寒冬，历史上从未连续四年寒冬。按理，1941 年应该是暖冬。然而，大雪突如其来，气温骤降，坦克油都冻住了。苏军发起反攻，德军猝不及防，遭到毁灭性打击。

二、从“选锋”悟“补板战略”和“长矛战略”

小汤问：“补板战略”要“补齐短板”，一个木桶，决定其容量的是最短的那块板。“长矛战略”要“打磨长矛”，让优势更明显，才能抢占市场先机。哪个对呢？老汤答：“补板战略”和“长矛战略”都对，要“因敌变化”。

（一）运用防御战略还是进攻战略

防御型战略要运用“补板战略”。《孙子》说：“不可胜者，守也”，防守，要做到不可战胜。“守而必固”，防守，城堡要坚不可摧。防守严密，面面俱到，不能有破绽、漏洞。敌人一旦发现，就会避实就虚、乘虚而入。堡垒工事再坚固，只要打开一个缺口，整条防线就会崩溃。

进攻型战略要运用“长矛战略”。《孙子》说：“兵无选锋曰北。”《尉缭子》说：“武士不选，则众不强”，不选出最勇猛的队伍带头冲锋，整个部队战斗力就不强。

(二)要做管理人才还是专业人才

想做管理人才，就要运用“补板战略”。知识面要广，要了解所在领域的基本常识，否则会被笑话。管理者要有战略思维、前瞻眼光，眼观六路，耳听八方，不能有短板。想做专业人才，就要运用“长矛战略”。想成为某领域的专家，就要在该领域做扎实深入的研究，运用“1 万小时法则”，把技术打磨得更精、更尖。

一个理工男、科学家念错别字，没人纠缠，最多呵呵。一个文科类大学校长念错别字，即使是理工男、科学家，网民也会不依不饶。

(三)处于非常时期还是正常时期

“选锋”，适合战争时期、创业初期。邓小平同志说的“让一部分人先富起来”就是“选锋”，其战略考量和孙子一样。当时，中国国民经济处于崩溃边缘，举国贫困，他在非常时期采取非常措施，号召一部分能人先富起来，做领头羊。一批聪明人抓住市场机会先富，树立榜样，大批人向他们学习，行动起来，使整个中国经济快速起飞。这叫“打磨长矛”。

“不患贫而患不均”是人类共性，适合于正常情况、社会稳定时期。比较两国富裕程度不是比较最富群体，而是比较最穷群体。2016 年，印度总理莫迪的“废钞令”翻出了印度一位隐形首富，其资产高达 294 亿美元，超过中国首富好几个亿。印度类似富豪不少，但仍被认为是穷国。为什么？穷人太穷。

贫富差距太大会严重影响社会安定。所以，邓小平同志接下来还有一句很重要的话：“共同致富”。理解中国为什么要“精准扶贫”了吧？先富起来的朋友要注意，国家最终目标是共同致富，要“补齐短板”。

(四)既要平整家园，又要把路修向远方

“补齐短板”“打磨长矛”都很需要，不能偏颇。打个比方，要把家园建设得美丽，就要把周围的沟坑填好，否则，经常在附近走动，一不小心就掉到沟里、摔进坑里。要让家园平整、出入方便、行走安全，就要运用“补板战略”。我们不能一直待在园子里，要修一条路通向外面的世界，精力有限、资源有限，路不必太宽，不需要把两边的坑沟全填上，要让路伸向远方，就要运用“长矛战略”。

三、“好高”之悟

《孙子》多次强调抢占高地，《行军篇》中“前死后生”让人印象深刻，平地称“死”；高地称“生”，足见孙子对“高地”的重视。驻扎部队，面朝平地，背靠山坡，战争打响，向下俯冲。《军争篇》两次谈到“高陵勿向”，不要仰攻，敌在上面丢块石头就可能砸着我，危险！《行军篇》两次提到“视生处高”，还说：“凡军好高而恶下”，要占领高地，不要在山下停留。《地形篇》两次提到“居高阳”，最好又“高”又“阳”。

兵法要求通盘考虑、机动灵活，不是每时每处都抢占高地。郑友贤警示：有些高地叫“绝险”，就是《六韬》的“高山盘石，其上亭亭，无有草木，四面受敌。”石头高山，草木不生，敌团团围住，粮运不进来，人冲不出去，难上难下，时间一长，不战自败。高地最好是：“战则有乘势之便；守则有处实之固；居则有养生足食之利；去则有便道向生之路。”战斗，居高临下，乘势冲锋；防守，易守难攻，阵地坚固；驻扎，营地向阳，粮草充足；撤退，通道便利，安全快捷。这是对孙子“好高”的完整理解。

“马谡失街亭”就是片面地理解《孙子》的抢占高地，把部队孤零零安扎在山岗上，司马懿军队把他一围，截断水源，马谡的军队被困高地，没水没粮。饿了还能扛两天，渴了怎么行？不用打，队伍就乱了。

首先要“人往高处走”，因为登高就有“势”，可让“形”效用最大化。然后要清楚“高处不胜寒”，每个高位都有风险，摔下来会很惨，正如三国时期李康所说：“木秀于林，风必摧之；行高于人，众必非之。”接着要“良禽择木而栖”，不是什么高枝都去攀，登高之前要评估：自己抗压能力如何？能否坐稳？后果如何？有些“船”上去就下不来了。而且要“上山看好下山路”，爬得再高终归要下来，上去之前就要看好：有无退路？退路在哪？最后要“功成身退”，不能恋栈，要放下，否则就会出现《易经》“旅卦，上九”的后果：“鸟焚其巢，旅人先笑后号咷。”高枝上的鸟巢被焚烧。匆匆过客，先获高位、得意忘形、仰天大笑，后遭祸害、前功尽弃、嚎啕大哭。

“人往高处走”是本能，“高处不胜寒”是常情，“良禽择木而栖”是眼光，“上山看好下山路”是智慧，“功成身退”是完美谢幕。

第五章

九地篇第十一

第一节　原文与翻译

一、原文

孙子曰：用兵之法，有散地，有轻地，有争地，有交地，有衢地，有重地，有圮地，有围地，有死地。诸侯自战其地，为散地；入人之地而不深者，为轻地；我得亦利，彼得亦利者，为争地；我可以往，彼可以来者，为交地；诸侯之地三属，先至而得天下之众者，为衢地；入人之地深，背城邑多者，为重地；山林、险阻、沮泽，凡难行之道者，为圮地；所由入者隘，所从归者迂，彼寡可以击吾之众者，为围地；疾战则存，不疾战则亡者，为死地。是故散地则无战，轻地则无止，争地则无攻，交地则无绝，衢地则合交，重地则掠，圮地则行，围地则谋，死地则战。

所谓古之善用兵者，能使敌人前后不相及，众寡不相恃，贵贱不相救，上下不相收，卒离而不集，兵合而不齐。合于利而动，不合于利而止。敢问："敌众整而将来，待之若何？"曰："先夺其所爱，则听矣。"

兵之情主速，乘人之不及，由不虞之道，攻其所不戒也。

凡为客之道，深入则专，主人不克，掠于饶野，三军足食。谨养而勿劳，并气积力，运兵计谋，为不可测。投之无所往，死且不北。死焉不得，士人尽力。兵士甚陷则不惧，无所往则固，深入则拘，不得已则斗。是故其兵不修而戒，不求而得，不约而亲，不令而信。禁祥去疑，至死无所之。吾士无余财，非恶货也；无余命，非恶寿也。令发之日，士卒坐者涕沾襟，偃卧者涕交颐，投之无所往，诸、刿之勇也。

故善用兵者，譬如率然。率然者，常山之蛇也。击其首则尾至，击其尾则首至，击其中则首尾俱至。敢问："兵可使如率然乎？"曰："可。"夫吴人与越人相恶也，当其同舟而济，遇风，其相救也，如左右手。是故方马埋轮，未足恃也；齐勇若一，政之道也；刚柔皆得，地之理也。故善用兵者，携手若使一人，不得已也。

将军之事，静以幽，正以治。能愚士卒之耳目，使之无知；易其事，革其谋，使人无识；易其居，迂其途，使人不得虑。帅与之期，如登高而去其梯；帅与之深入诸侯之地，而发其机，焚舟破釜；若驱群羊，驱而往，驱而来，莫知所之。聚三军之众，投之于险，此谓将军之事也。九地之变，屈伸之利，人情之理，不可不察。

凡为客之道，深则专，浅则散。去国越境而师者，绝地也；四达者，衢地也；入深者，重地也；入浅者，轻地也；背固前隘者，围地也；无所往者，死地也。

是故散地，吾将一其志；轻地，吾将使之属；争地，吾将趋其后；交地，吾将谨其守；衢地，吾将固其结；重地，吾将继其食；圮地，吾将进其涂；围地，吾将塞其阙；死地，吾将示之以不活。

故兵之情：围则御，不得已则斗，过则从。

是故不知诸侯之谋者，不能预交；不知山林、险阻、沮泽之形者，不能行军；不用乡导者，不能得地利。四五者，不知一，非霸王之兵也。夫霸王之兵，伐大国，则其众不得聚；威加于敌，则其交不得合。是故不争天下之交，不养天下之权，信己之私，威加于敌，则其城可拔，其国可隳。施无法之赏，悬无政之令。犯三军之众，若使一人。犯之以事，勿告以言；犯之以利，勿告以害。

投之亡地然后存，陷之死地然后生。夫众陷于害，然后能为胜败。

故为兵之事，在于顺详敌之意，并敌一向，千里杀将，是谓巧能成事者也。

是故政举之日，夷关折符，无通其使，厉于廊庙之上，以诛其事。敌人开阖，必亟入之。先其所爱，微与之期。践墨随敌，以决战事。是故始如处女，敌人开户，后如脱兔，敌不及拒。

二、老汤试译

孙子说：用兵的法则，“地势”有散地、轻地、争地、交地、衢地、重地、圮地、围地、死地等。诸侯在本土打仗，叫散地；进入敌国不深，叫轻地；我先夺取对我有利，敌先夺取对敌有利，叫争地；我可前往，敌可过来，叫交地；多个诸侯国交界处，抢先抵达，结下盟约，就能得到广泛支持，叫衢地；深入敌国，越过很多城镇，叫重地；高山、丛林、险要、阻塞、盐碱、沼泽，道路难以行走，叫圮地；入口狭隘，出口迂回，少量敌兵就可击我大军，叫围地；快速奋战生存，拖延迟疑灭亡，叫死地。所以，散地别打，士兵容易溜回家；轻地别停，离家不远，士兵还会开小差；争地不攻，敌已抢占先机；交地队伍紧密相连，不给敌人可乘之机；衢地要和诸侯保持良好外交，不至于四面受敌；重地要抢敌粮草等物资，没有后援；圮地要快速穿过，停留危险；围地要尽早谋划，用计脱险；死地要殊死搏斗，死里逃生。

因此，古代善于用兵之将，能使敌前军与后军不能顾及，小队和主力不能依靠，将领和士兵不能互援，上面与下面不能收拢，士卒散落分离不能聚集，兵众勉强聚合已凌乱不齐。形势有利立即行动，形势不利马上终止。有人问：“大敌当前，人多势众，列队齐整，怎么办?”答：“紧紧抓住敌人要害，他陷于被动就听我摆布。”

用兵关键贵在神速，趁敌措手不及之时，走敌料想不到之路，攻敌没有防备之处。

在敌境内打仗有个规律，深入敌后，我专心致志，敌很难胜我，抢掠富饶乡野，全军粮草充足。谨慎养精蓄锐、不可劳师动众；鼓舞士气、积存力量；部署兵力、运用计谋；机动灵活、高深莫测。把队伍带到无处可逃之地，战死也不投降。死都不怕，怎不竭力？士兵深陷包围反倒无所畏惧，无处可逃就会坚定决心，深入敌后更会遵守军纪，迫不得已定会拼死战斗。于是，士兵不严格管束也谨慎戒备，不鼓舞动员也斗志昂扬，不约法三章也相互团结，不三令五申也认真执行。禁止迷信妖言，去除军士疑惑，至死没有异心。士兵毁弃财物、不留余钱，并非讨厌财物；拼命作战、不怕牺牲，并非不愿长寿。命令颁发之日，死战就要开始，坐着的士兵泪湿前襟，躺着的士兵泪流满面，把队伍带到无处可逃之地，士兵就有壮士专诸、曹刿的勇气。

因此，善于用兵之将，就像“率然”一样快速反应。“率然”是常山一种毒蛇，打它头部，尾巴袭来；打它尾巴，头部袭来；打它中部，头尾一起袭来。有人问：“用兵能否像‘率然’，互相帮助、协调一致？”答：“可以。”吴国人和越国人是仇敌，当他们同船共渡，遇到大风，团结互助，会像一人的左右手，协调、高效。所以，为保持战斗队形，把战马绑起来，把车轮埋起来，不可靠，也没用。大家团结一心、英勇作战，因为将军指挥得当；士兵无论强弱，充分发挥，因为地利优势明显。所以，善于用兵之将，带领队伍携手作战，合作协助如同一人，他设法让大家不得不相互帮助。

将军行事方式：清静深思，公正治军，能蒙蔽士卒耳目，保守军事秘密；变换计划，更新谋略，使敌无法捉摸我的意图；变换宿营地点，迂回行军路线，使敌无法琢磨我的行踪。率军执行任务，就像登上高处去掉楼梯，下不来了；率军深入敌后，就像箭在弦上扣动扳机，一往无前，烧船砸锅，拼死一战；带兵像驱赶羊群，驱使他们前进、撤退，不让他们知道要去哪，聚集全军之众，投到危险境地，这就是将军要干的事。熟悉地形地势变化，分析进攻撤退利弊，了解敌我心理规律，将帅不可不认真观察研究。

凡是攻入敌国作战有个法则，进入敌境越深，军心越稳定专一；进入敌境越浅，军心越涣散思归。离开祖国深入敌后战斗叫绝地；四通八达叫衢地；入敌很深叫重地；入敌很浅叫轻地；后面坚固难以撤退，前面狭隘难以前进，叫围地；到处都没有出路，叫死地。

因此，散地，统一思想、坚定信念；轻地，部队连署、互相监督；争地，紧紧跟上，敌先行动，我后发先至，抢占先机；交地，谨慎防守；衢地，团结诸侯；重地，粮草不断；圮地，快速穿越；围地，塞紧缺口，敌进不来；死地，向己向敌展示我死战的决心。

因此，兵之常情：身陷重围会拼命抵御，迫不得已会努力战斗，遭遇危险会听从指挥。

因此，不清楚诸侯政策谋略、是敌是友，不能贸然实施外交方案、是斗是交；不熟悉崇山、密林、险要、阻碍、沼泽、湖泊等地形，不能带军前行；不倚重熟悉情况的向导，不能掌握便利地形。这四五种情况，九种地势的利害关系，有一种不知，都不是霸之兵、王之兵。霸、王之兵，讨伐最强大的敌国，使敌力量不能聚结和我对抗；用军威震慑敌人，其他国家就不敢合作与我为敌。所以，不和天下任何国家结盟，不让天下滋生霸权土壤，向世界声明我仁义智谋的主张，让军威震慑敌人。一旦战争打响，敌城将被攻克，敌国将被摧毁。可实施没有先例的奖赏，可发布打破常规的命令。指挥全军之众，就像指挥一个人。只命令士兵执行，不告诉他们原因；只说明成功的好处，不告诉他们过程的危害。

把队伍带到亡地反而会存活，当队伍陷入死地反而有生机。军队深陷危境，反而可能取胜。

因此，带兵打仗，重要的是研究敌情顺水推舟，集中兵力进攻敌人，急行千里突杀敌将，这就是运用机巧能成大事。

因此，在战争谋划实施的日子，封锁出入关口，销毁通行文书，不让使者来往，在国家议事堂秘密商讨，研究确定战略战术。敌有可乘之机，立即乘虚而入。先夺敌最重视的东西，不让敌知道我会在何时进攻。遵守作战规律，根据敌情变化，选择最佳战术。于是，开始像文静的少女，当敌放松警惕、打开门户，就像逃脱的兔子，立即行动，敌来不及抗拒就失败了。

第二节 概 览

《地形篇》是物理地形、战术地形，简称“地形”；《九地篇》是人文地势、战略地势，简称“地势”。形，变化不大；势，经常变化。例如：“上海，位于中国东部，长江入海口”，这是物理地形、战术地形，几千年来变化不大，“沧海桑田”是描写变化的夸张手法；“上海是商家必争之地”，就是人文地势、战略地势，这个战略地位近百年来才慢慢形成，今后是不是？不知道。1300 年前，中国最繁华的城市是西安，1000 年前是开封，后来转到了杭州、北京、南京……“旧时王谢堂前燕，飞入寻常百姓家”的转势情景一直在上演；“三十年河东、三十年河西”讲的也是转势故事。

本章的核心思想：使作战行动与客观的地理环境、主观的部队心态相统一。

一、“九地”定义及不同地形下采取的战术

“九地”的定义：“诸侯自战其地，为散地；入人之地而不深者，为轻地；我得亦利，彼得亦利者，为争地；我可以往，彼可以来者，为交地；诸侯之地三属，先至而得天下之众者，为衢地；入人之地深，背城邑多者，为重地；山林、险阻、沮泽，凡难行之道者，为圮地；所由入者隘，所从归者迂，彼寡可以击吾之众者，为围地；疾战则存，不疾战则亡者，为死地。”在本土打，士兵想回家，队伍易溃散，叫散地；离家不远，士兵还能轻易溜走，叫轻地；谁争到了对谁有利，叫争地；我可以来敌可以往，交通方便，叫交地；三省通衢、四通八达，谁先到达就可得天下，叫衢地；深入敌后，穿过很多城堡，进退困难重重，情况严重，叫重地；山林、险阻、沼泽等，道路难行，叫圮地；入口小，撤退难，能以少击多，叫围地；迅速作战还有生机，否则必亡，叫死

地。

战略地形不同采取的战术不同:“散地则无战,轻地则无止,争地则无攻,交地则无绝,衢地则合交,重地则掠,圮地则行,围地则谋,死地则战”。散地,不宜作战;轻地,不宜停留;争地,敌人先得,不可硬攻;交地,我军相互之间保持密切联系;衢地,加强外交;重地,抢敌粮草;圮地,快速穿行;围地,运用计谋;死地,拼死一战。

内容繁多,但逻辑清晰、推理严谨。每一句、每个点展开都有很多故事。

二、激发斗志

有两种激发斗志之道:一是主动激发,积极努力:“破釜沉舟”“投之亡地然后存”;二是客观激发,环境所迫:“陷之死地然后生”“围则御,不得已则斗,过则从。”

让队伍团结一心、锲而不舍,既要主观努力,又要机制设计。主动激发:“吾将一其志”,号召全体官兵团结一心。客观激发:“凡为客之道,深则专,浅则散”,所以要“聚三军之众,投之于险”,离家不远,士兵有开溜的冲动,这是人性;越深入敌后,越没有杂念,必须跟着队伍,无处可走;把队伍带入危险境地,就会上下同心、顽强战斗。恶劣的外部环境有助于内部团结。

三、战争残酷,莫言民主

“将军之事,静以幽,正以治,能愚士卒之耳目,使之无知。”让人保密,最好的方法是不让他知道;要发布小道消息,最快的办法是悄悄告诉好事者:“我有一个秘密,千万不要告诉别人!”这个消息立马像流感病毒传播出去。将军可以爱兵如子,但不能和士兵过于打成一片,要保持高冷,公正治军。没事最好独处,以免一不小心泄露机密,让士兵听不明白我的言谈,看不清楚我的行为,不知道我的作战意图。

“易其事，革其谋，使人无识”，让人捉摸不定。“易其居，迂其途，使人不得虑”，使人无法揣测。

“施无法之赏，悬无政之令。”无法、无政：都是打破常规。战场风云变幻，要因敌制胜，奖赏和命令不是一成不变。这与和平年代国家法令的颁布实施大不相同。

“犯三军之众，若使一人。犯之以事，勿告以言；犯之以利，勿告以害。”指挥三军，人马众多，一切行动听指挥。布置任务，多说利少讲害。

四、从另一角度呼应以往论点

《孙子》前面六章主要讲战略，后面七章主要讲战术，而且前后呼应。“军争为利，军争为危”“合于利而动，不合于利而止”都是讲“利害”，前一个是宏观，后一个是微观。“攻其无备，出其不意”“兵之情主速，乘人之不及，由不虞之道，攻其所不戒也”都是讲快速、出人意料，前一个讲概念、概括，后一个讲实操。“善守者藏于九地之下，善攻者动于九天之上”“始如处女，敌人开户；后如脱兔，敌不及拒”都是表述静守快攻的思想，前者宏大，后者具体。成语“静如处子，动如脱兔”就源于此。

第三节　知识点

一、“能使敌人前后不相及，众寡不相恃，贵贱不相救，上下不相收，卒离而不集，兵合而不齐”

“打散敌人！”这是一个重要战术。组织起来的人群叫队伍；没有组织，人数再多也是一盘散沙。令行禁止的队伍叫军队；指挥失灵，队伍再大也是乌合之众。

汉末，为什么十八路联军竟打不过一个董卓？所谓联军，其实是乌合之众。曹操虽在，但没指挥权，纵使厉害，在乱哄哄的人群里也无法发挥作用。

二、“死焉不得，士人尽力”

士卒敢于拼死，怎会不尽力？岂有不胜之理？《尉缭子》说：“一贼仗剑击于市，万人无不避之者，非一人之独勇，万人皆不肖也，何则？必死与必生固不相侔也。”一个歹徒持剑冲到闹市，众人会吓得四散逃避，并非歹徒勇猛无敌、众人胆怯无能，为何会这样？因为他是亡命之徒，众人不愿枉死。《吴子兵法》说：“一人投命，足惧千夫。”一人要是拼命，足以让千人畏惧。不要命的和不想死的斗，战无不胜，无法匹敌。

三、“禁祥去疑”

《谋攻篇》说：“三军既惑且疑，则诸侯之难至矣。”《黄石公三略》说：“众疑无定国，众惑无治民。疑定惑还，国乃可安。”民众对领导疑虑，国家会不稳定；民众对前景迷惑，百姓就难治理。疑虑解除、迷惑消散，国家才能安定。“禁巫祝，不得为吏士卜问军之吉凶。”军队禁止迷信活动，不得为官兵卜卦、预言军队吉凶祸福，不准扰乱军心。

四、“方马埋轮，未足恃也；齐勇若一，政之道也”

“方”有两种解释：(1)缚，绑住；(2)放，马放走，车停下。“埋轮”：轮子埋住，车不能动。“齐勇若一”有两种解释：(1)号令严明，统一行动，勇者不得独进，怯者不得独退；(2)齐心协力，冲锋陷阵，勇敢战斗，如同一人。无论哪一种解释，结论都是：“方马埋轮”没用，士兵照样逃散。将领不要规定士兵怎么死战，而是让他们合作协同，灵活作战。

婚姻也是一样，一纸婚约把两人绑在一起没用，心心相印才能真正厮守终生。

五、“轻地，吾将使之属”

“轻地”，进入敌境还不深，士兵仍易开小差。要“使之属”：让部队密切连属、靠近。既相互救助，避免敌人袭击；也相互监督，别让士兵逃跑。

中国历史上的“连坐制”很厉害，对社会治安管理效果立竿见影。五家一连，十家一坐，只要有人犯罪，关联家庭受罚。连坐的结果让举报变得合情、合理、合法。举报人不会受到外界和内心谴责：没办法，不举报，我们都完了。

六、“争地，吾将趋其后”

争地：必争之地。“趋其后”有多个解释：(1)快速行动，从敌后超越，抢先到达；(2)要扯敌后腿，在其后面下手，再快速冲锋；(3)我先夺得要地，防敌从后袭击；(4)我先派精锐部队占领要地，如敌来争，我大部队就从后面掩杀过去；(5)贵在快速，驱使后军加速，首尾相连，全部抵达；(6)故意让敌先走，我后发先至，否则，我占领有利地形，敌害怕就不来了。我主张第一种解释。必争之地，志在必得。

七、“过则从”

两种解释：(1)队伍陷入危险境地，不得不从。深入敌后，不跟着部队走不行，逃跑或单独行动都无法生存。(2)下属不服，当他有过错、碰壁，以后自然就听从指挥。孩子出去犯错，才知父母正确，就回来了。不出去，就不知父母英明神武。所以，别怕孩子犯错，“过则从”，发现错了，就听从了。第一种解释更妥，战争，试错成本高昂。

八、“霸王之兵”

“霸王”，不是蛮横。“霸王之兵”是：霸之兵、王之兵。霸是称霸、征服；王是号令天下、让人臣服。霸、王之兵擒贼先擒王：“伐大国，则其众不得聚；威加于敌，则其交不得合。”讨伐大国，威震四海，不要去和小国打，赢了也没威慑力。时机未到，养精蓄锐，等强大了，找准机会，挑个大国狠狠教训，其他国家就服了。

九、“信己之私”

信：申、申明。向外明确宣示我的意图，我的核心能力、秘密武器，本属私用，公之于众。这样做目的是：帮助他国，得到信服；震慑敌人，不战而胜。

十、“顺详敌之意，并敌一向，千里杀将，是谓巧能成事”

“顺详敌之意”，顺，顺着；详，愚弄。未见可乘之机，先要麻痹敌人。老子说：“将欲取之，必先予之”，如要钓鱼，先下诱饵。《黄石公三略》说：“顺举挫之，因势破之。”顺应对手挫败他，因势利导攻破他。《六韬》说：“因其所喜，以顺其志。彼将生骄，必有奸事。苟能因之，必能去之。”投其所好，顺他所愿。一旦得意忘形，必做邪恶之事。一直顺着他，必定干掉他。要害某人，不断纵容，让他变坏。溺爱子女，就是用对待敌人的这种方法去对待孩子！家长要警醒！忠言逆耳。投其所好、百依百顺常是奸臣。领导对这种人要当心，他们可能在对你下套。

“并敌一向”，发现破绽，有可攻之势，集中优势兵力进攻。“千里杀敌”，虽然千里之远，亦可擒杀其将。“巧能成事”，巧攻方能成功。

十一、“厉于廊庙之上，以诛其事。敌人开阖，必亟入之”

“厉”有两种理解：(1)严整，秘密商讨；(2)磨砺、谨慎，反复商讨。我主张第一种。“诛”：谋、治、决定。“敌人开阖”有两种理解：(1)敌打开大门，间谍、使者出来，“阖”为“门”；(2)敌开合未定，进退未决，“阖”为“合”。我主张第一种。“必亟入之”：必急冲进去。

第四节　战略启示

一、从“夺其所爱”与“饵兵勿食”悟激励与被激励

本篇两次谈到敌“所爱”。“先夺其所爱，则听矣”，抢先夺敌珍爱，他就乖乖听我“调遣”；“先其所爱，微与之期”，首先控制敌人要害，不让他知道我何时行动，或微微透露我会何时开战，否则他不来，达不到歼敌目的；接着后发先至，抢占先机。张预说：“敌所爱者，便地与粮食耳，我先夺之，则无不从我之计。”什么是敌“所爱”？有利地形、粮草。我先占领，敌人就被我牵着鼻子走。“所爱”还包括家人、重要东西、有利条件等。

《吕氏春秋》说：“善钓者，出鱼于十仞之下，饵香也。”善于钓鱼的人，他的饵就算高出水面十仞，鱼也会跳起来咬钩，因为这个饵太香了！一个善于掌控权力的领导，了解员工喜爱的“萝卜”、害怕的“大棒”，既能因人而异设置激励，也能严格纪律底线管理。如果不想被操控，就别透露你最爱的“萝卜”、最怕的“大棒”。位高权重者更要注意，小心被人下手。

“夺其所爱”是对待敌人；“饵兵勿食”是提醒自己，这是从两个角度分析一个问题。

二、从“将军之事，静以幽”悟“隐私”

将军要有神秘感，安静独处，以保守军事机密。《黄石公三略》说：“将谋密，则奸心闭。”将军计谋隐秘，间谍无从下手。

中国古代，夫妻之间“举案齐眉、相敬如宾”，这让人不可思议：夫妻每天大眼瞪小眼，怎么做得到？这涉及中华传统中的“隐私保护”。中国传统建筑的庭院分几个区域，叫“进”。四合院也是一样，女性有专门的、独立的活动空间，男性不能进去。夫妻之间要讲礼仪，保持距离。娘子见相公，打扮漂亮，略施粉黛，以光鲜美好的形象出现，而不仅仅是出门前才化妆打扮，是给别人看。夫妻之间的私密空间、公共空间清晰，不能随意闯

入。一次,孟子对妈妈说想休妻,妈妈奇怪:“干吗要休?”孟子说:“我有一次去她房间,看到她有不雅举动。”孟母问:“你有没有先打招呼?”孟子答:“没有,我不小心看到的。”孟母狠狠地批评:“你怎可随便进入人家房间?失礼在先,怎可休妻?”孟子连连称是。

夫妻之间学学“将军之事,静以幽”,互相尊重各自隐私,制造一点神秘,保持一些新鲜感,有助于双方理性行事,减少很多摩擦。中华优秀文化中“礼”的重要作用就是保持距离、尊重隐私。我突然明白:现在大家嚷嚷尊重隐私,因为缺什么呼吁什么。我们失“礼”了!

三、“能愚士卒之耳目,使之无知”之悟

(一)“使之无知”与“民可使由之不可使知之”的多种断句

断句不同,意思不一。

“民可,使由之;不可,使知之。”这样断句传递了科学精神、教化思想。老百姓懂道理、明是非,很好!让他们按自己的理解去做;如果不了解、不知道,就教育、教化他们。

“民可使,由之;不可使,知之。”这样断句传递了民主精神、自由协商。老百姓听你的,就让他们照你的要求做;如果不听,跟他们解释、商量。

以上两种断句适用于和平年代、平常时期。

“民可使由之,不可使知之。”这样断句体现了一种宗教精神。只要告之下属怎么做,不必告诉原因和目的,因为不能透露,或者他们不懂。该断句适用于战争年代、涉密领域。

能让将军的战略意图众所周知吗?能提前告诉士兵今晚要去偷袭吗?大家清楚了,间谍已得知。服从是士兵的天性,只管执行,不问原因。这样,将军才可带领队伍“攻其无备,出其不意”。能把企业的商业机密、核心技术公之于众吗?能告诉员工怎么攻克某个市场吗?大家明白了,对手也严阵以待。所以,要“愚其耳目”。

(二)让士卒“无知”不够,还要让他们“信”

科学、哲学和宗教三者差别何在?科学具有探索精神,揭开神秘面纱,要看到、听到、摸到;哲学重在归纳总结,不需要事必躬亲,而要举一反三,在纷繁之中寻找规律;宗教是你不用懂,信就行。战场,让士卒“无知”不够,还要展现水平,让他们“信”!“一切行动听指挥”,士兵常常是被动听;如果对将军“信”,士兵就会主动听从指挥。所以,良将必备五大素质“智、信、仁、勇、严”的“信”是指将军要有信,士兵信将军。

唐名将裴行俭带着军队抵达一个山坳。傍晚,人疲马乏,驻军宿营,裴将军爬上山头,察看地形后,马上命令部队:立即迁移到山腰!士兵刚刚安顿休息,颇有怨言,但军令如山倒,不得不从。早上醒来,大家傻了:一场山雨,昨天傍晚的宿营地变成深深的水潭。将军救了大家的性命!于是,都“信”了。

四、从“吾将一其志”悟设计机制

“吾将一其志”,将军让所有将士心往一处想、劲往一处使。《黄石公三略》说:“士众一,则军心结”,官兵上下团结一致,军队就会同心同德。和平年代“一其志”可让社会总效用最大化,除了思想教育、舆论宣传,还要设计机制,让“一其志”者受益,让有二心者受损、遭人唾弃。

英国作家康拉德小说《台风》对此有精彩描写。一群水手都有多少不等的金币,都用小木盒锁好放在大铁柜中。遭遇台风,木盒全碎,金币齐混。请掩卷静思:如果你是船长,怎么处理?平均分配显然不行,金币多的人吃亏;每人报数,总额一定大于实际;将汇总数除以实际量得出系数,按每人报的数字除以系数再分,老实人吃亏。最后,船长做了一个智慧的决定:每人报上自己的金币数,如果汇总数高于实际金币,对不起!所有金币统统扔到海里!结果每人都乖乖地写下真实数字。

人性有几种情况:毫不利己、专门利人的很少;利人利己的很多;损人利己的不少;损人不利己的不多;害人害己的几乎没有。如果虚报,害人害己：别人的金币丢海里，我的金币也没了。船长抓住人性的这个特点，进行机制设计："说假话害人害己；说真话利人利己。"他"一其志"，没有苦口婆心地做思想工作，而是把握人性，设计机制，让每人说真话。

好的机制让坏人不敢坏；坏的机制让好人没法好。

五、不同环境下竞合平衡点的移动

（一）"同舟共济"之悟

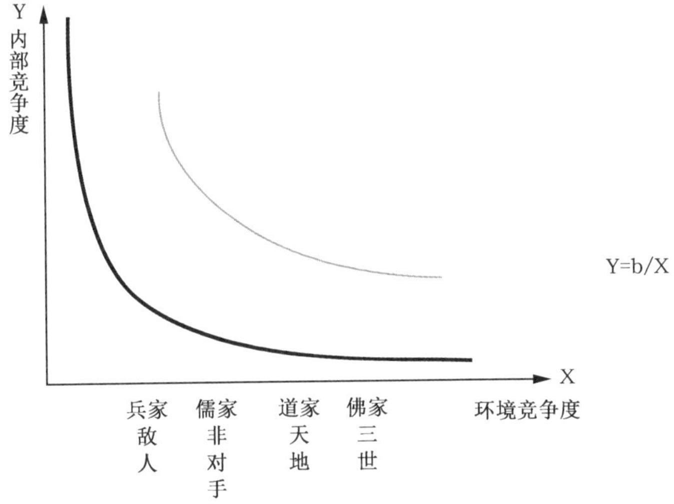

注：X 轴代表环境竞争度，Y 轴代表内部竞争度，b 代表不同行业、组织的竞争系数。

汤氏环境竞争度和内部竞争度相关关系图

我做了大量的实证研究，发现一个规律：环境竞争度越大，内部竞争度越小；环境竞争度越小，内部竞争度越大。其关系是：$Y=b/x$ 。

竞争性组织内部竞争度小，单位里斗得不可开交，到头来都没饭吃了，还争什么争？垄断性企业内部竞争度大，因为垄断，没有竞争，好斗是人的天性，外部不斗，就会内斗。如果领导不想内斗，就要竞争外化，让员工参与外部竞争。本篇说："夫吴人与越人相恶也，当其同舟而济，遇风，其相救也，如左右手。"斗得死去活来的吴、越两国人同坐一条船，大风要将船掀翻了，他们一定会同舟共济如一人。

共产党和国民党曾不共戴天，当日本人发动侵略，两党联合，握手言和，一笑泯恩仇，共同抗击外敌。所以，千万别打中国人，后果很严重，外面看起来一盘散沙，一攻击马上凝聚。

(二)竞争外化与内化对竞合平衡点的影响

管理者可轻而易举让下属内斗。把不同意见的人派到某团队，叫"掺沙子"，马上使竞争内化。刘备为何要立"外来派"代表人物诸葛亮和"本土派"代表人物李严同为托孤之臣？就是要让两股力量相互牵制。组织太团结，领导不好管。

"中华民族到了最危险的时候""同舟而济，遇风"都是竞争外化的典型案例。诸葛亮为何六出祁山？虽无功而返，还坚持北伐，就是要让竞争外化！他知道，如果龟缩在封闭的西川，时间一长，内斗升级，魏国不用打，直接来收拾烂摊子。诸葛亮为了国家安危、人民福祉征战，走之前还交了一篇作文:《出师表》，把上上下下感动得稀里哗啦，如有反对声音，就是和"敌对势力相勾结"，人人群起而攻之。于是，整个蜀国就团结了。

组织内斗，领导不一定有责任;内部团结，领导一定功不可没。

(三)博弈方式的变化对竞合平衡点的影响

中华优秀传统文化中有很多博弈论的智慧。兵家讲究"诡道"，因为短兵相接、性命攸关，还可以使诈:"兵以诈立"，是"一次博弈";儒家讲究合作，同事之间相处很久，不能用诡，更不能使诈，当然，也不会在某个单位待一辈子，"天下没有不散的筵席"，就算是家人，也是要散的，是"短期有限重复博弈";道家角度更高、视野更广，是"长期有限重复博弈";佛家"轮回"则是"无限重复博弈"在人类更高层次的应用。为什么有商家敢在孩子吃的奶粉里加三聚氰胺？因为他不懂报应，无所畏惧。什么都不怕的人最可怕。

兵家、儒家、道家、佛家，从敌人到非对手到天地到三世，视野越来越大，和世人竞争度越来越小，"环境竞争度和内部竞争度"的竞合平衡点越来越向右下方移动。

第六章

火攻篇第十二

第一节　原文与翻译

一、原文

孙子曰：凡火攻有五：一曰火人，二曰火积，三曰火辎，四曰火库，五曰火队。行火必有因，烟火必素具。发火有时，起火有日。时者，天之燥也。日者，月在箕、壁、翼、轸也。凡此四宿者，风起之日也。

凡火攻，必因五火之变而应之。火发于内，则早应之于外；火发兵静者，待而勿攻，极其火力，可从而从之，不可从而止；火可发于外，无待于内，以时发之；火发上风，无攻下风；昼风久，夜风止。凡军必知有五火之变，以数守之。

故以火佐攻者明，以水佐攻者强。水可以绝，不可以夺。

夫战胜攻取，而不修其功者凶，命曰“费留”。故曰：明主虑之，良将修之，非利不动，非得不用，非危不战。主不可以怒而兴师，将不可以愠而致战。合于利而动，不合于利而止。怒可以复喜，愠可以复悦，亡国不可以复存，死者不可以复生。故明君慎之，良将警之。此安国全军之道也。

二、老汤试译

孙子说:有五种火攻:一、焚烧敌士兵;二、焚烧敌军需;三、焚烧敌辎重;四、焚烧敌仓库;五、焚烧敌车队。运用火攻必须具备内应等条件,火攻设备要随时准备。发火要关注气候条件,起火要选择最佳时段。气候条件指天气要干燥。最佳时段指月亮要在二十八宿中的箕、壁、翼、轸。月亮经过这四星宿,就是起风的日子。

凡用火攻,必须根据下面五种情况随机应变:从敌内部放火,外面必须立即派兵接应;火已点着敌却安静,在外等待别贸然进攻,加大火力继续观察,可以进攻马上进攻,不可进攻立即停止;如果火攻可以从外面发起,内应就不要待在敌营,时机一到立即点火;在上风点火,往下风进攻;白天刮风很久,晚上基本没有。军队都必须掌握这五种火攻变化,把握时机遵守规律。

因此,用火辅助进攻,取胜效果明显,用水辅助进攻,威力大大增强。水可隔断敌人救援、进退,获得局部胜利。不像火,可焚毁敌人,夺取全面胜利。

战而能胜、攻而能取,但不积修功德、巩固战果,仍然凶险,结果叫"白干"。所以说:明智的国君要慎重考虑;优秀的将领要认真研究。没被触犯巨大的利益,不要随便动武;没有志在必得的策略,不要动辄用兵;没到非常危险的境地,不要轻易战争。国君不要一愤怒就发动战争;将领不能一生气就打仗冲锋。于国有利立即行动,于国不利马上终止。愤怒可转怒为喜;生气可转愠为悦。国亡难图复国,人死不能复生。所以,明智的君主要慎重,优秀的将军要警惕。这是安定国家、保全军队的重要规律。

第二节 概 览

一、《火攻篇》的峰回路转

本篇一开始讲怎么火攻，但讲到一半，突然峰回路转，苦口婆心地教诲：战争是大事，要冷静，别动不动就打，战争之火点燃易、灭掉难。又回到开篇慎战、不战主旋律。

孙子为何有如此感慨？冷兵器时期，常规战争带来的伤亡并不大。沿历史长河逆流而上，来到古战场：A、B两位将军各带领一支队伍、横刀立马。几个回合，A将军把B将军砍了。A将军刀一举，他的队伍冲了上来，对方掉头就跑。赢了。战场上也有折断胳膊摔断腿的，不小心摔一跤，人踩马踏，不过是踩踏事件而已。但有一种利器：火攻。火攻之烈，片甲不留，不得已而为之！相当于现代的核武器，不可乱用！

二、火攻要具备很多条件

火攻前要熟知地形、地势，故本篇次于《九地篇》。

“行火必有因，烟火必素具。发火有时，起火有日。”火攻不是随便能用的，受到很多约束。火攻要具备一定因素：有卧底、奸细等内应条件；有易燃、易爆等物质条件；有天燥、起风等气象条件。所以，火攻器材平常就必须时刻准备着。发火要等时候，起火要选日子。

三、再次强调“安国全军”的慎战思想

既“胜”且“利”，要“修功”，否则，白辛苦：“战胜攻取，而不修其功者凶，命曰费留”。“修功”有两种理解：(1)修功德，巩固胜利成果；(2)论功行赏。第二种理解格局偏小，且不能得出“明主虑之，良将修之”的深刻感悟和结论。“费留”有两种理解：(1)白干；(2)耗费、留滞。第二种理解意思太窄。总之，要做好战后重建工作。

“主不可以怒而兴师，将不可以愠而致战。”“怒可以复喜，愠可以复说，亡国不可以复存，死者不可以复生。故明君慎之，良将警之。”金玉良言，苦口婆心，合情合理。

第三节　知识点

一、“凡火攻有五”

有五种火攻对象，也称“五火”：“一曰火人，二曰火积，三曰火辎，四曰火库，五曰火队。”火：是动词，烧。火队，有几种理解：(1)烧敌队伍、队仗、战具、武器；(2)队，同“隧”，烧敌粮道、运输线；(3)烧敌运输车队；(4)烧敌船只。我主张第一种。

二、“时者、日者”

“时者，天之燥也。”火攻要等待天时，重要的天时就是气候干燥的季节。

“日者，月在箕、壁、翼、轸也。凡此四宿者，风起之日也。”火攻要等待刮风的日子，月亮在二十八宿中的箕、壁、翼、轸四宿时，就是刮风的日子。二十八宿：坐北朝南。左青龙，东方七宿：角、亢、氐、房、心、尾、箕；右白虎，西方七宿：奎、娄、胃、昴、毕、觜、参；前朱雀，南方七宿：井、鬼、柳、星、张、翼、轸；后玄武，北方七宿：斗、牛、女、虚、危、室、壁。这些天文知识是我们祖先多年观察总结的成果。

三、“火发于内，则早应于外”

火攻不仅让敌死伤，还要引敌惊慌，我趁乱攻击，战果最佳。所以，点火之前，准备充分，一旦火起，掩杀过去。进攻要早，如果晚了，火灭了，敌军稳定，再进攻，效果就差。一个“早”字，道尽先机、战机的重要。

四、“火可发于外，无待于内，以时发之。火发上风，无攻下风”

如果在荒野等易燃之地用火攻，就不要等内应，也不需要安排内应，在里面可能会被烧死、烧伤。时机成熟，立即点火。敌有所备，采取措施，比如自烧野草，清出大片无法燃烧的区域，火攻力度就会大大下降。

点火、进攻都要注意风向，在上风点火，往下风进攻。不能反过来，否则火会烧到自己。敌往下风撤退、逃生时，从后往前追，一口一口地吃掉敌人，如果堵在敌人逃生之路前面，敌会死战，我将遭受重大损失。

五、“昼风久，夜风止”

“昼风久，夜风止。”不是白天刮风、晚上不刮风，而是白天风刮久了，到晚上就没风。“夜风久，昼风止”也成立：晚上风久刮、白天就没了。老子说：“飘风不终朝，骤雨不终日。”风越猛越不会一直刮，雨越大越不会一直下。白天和晚上都是一样。这是流体力学原理，举个例子就通俗易懂：一桶水，龙头开得大，很快流掉；龙头开得小，细水长流。

六、“凡军必知五火之变，以数守之”

“以数守之”包含两层含义：(1)等待合适的时机实施火攻；(2)不能只知使用火攻袭敌，还要严防敌对我火攻，尤其是适合放火的时候，更要提高警惕。

七、“火佐攻；水佐攻”

火攻与水攻之别：“以火佐攻者明，以水佐攻者强。水可以绝，不可以夺。”水从高处冲下，势不可挡。水能分敌之军，敌人兵力分散，我军相对增强。水攻可断敌进退之路，但不像火攻那样直接明了：夺人性命，烧毁军械、粮草等。火攻还是水攻？视情而定。

第四节 战略启示

一、从《火攻篇》悟“怒”

冲动是魔鬼！一生气、不开心就打仗，让人民生命财产遭受巨大损失，万万不行！

“明主虑之，良将修之，非利不动，非得不用，非危不战。”用句工整、层层递进。战争是危事、凶器，要慎重，不得已才用。为什么“三非三不”？要计算风险投资回报率：如果这场战争于国利益巨大、投入产出很高，才能战；如果没有必胜信心、取胜把握、志在必得的策略，不要轻易用兵，很难胜；危机时用兵，国家效率会很高，士兵战斗力会更强。

“主不可以怒而兴师，将不可以愠而致战。”国王不要冲冠一怒就发动战争，将军不能一不开心就带兵打仗。心奴为怒，智者不怒。

“怒可以复喜；愠可以复说”，情绪会变化，心情可调整。发怒可以平息，再高兴起来；生气可以消气，再喜悦起来。怒，生气，形之于色；愠，生气，不形于色。喜，开心，形之于色；悦，开心，不形于色。怒大于愠，喜大于悦。君主用“怒、喜”，将军用“愠、悦”。忿、愠、怒，悦、喜、乐，是生气、开心的三个阶段。

“亡国不可以复存；死者不可以复生”，国亡复国，死而复生，不可能！

二、诸葛亮“火烧藤甲兵”为什么哭？

藤甲兵的藤甲，用桐油浸泡后晒干，既坚固又轻便，刀砍不进，箭射不穿，脱下来还可当船渡河。诸葛亮无奈，只好火攻。穿着藤甲的士兵被熊熊大火吞灭，蜀军大获全胜。目睹这一切，诸葛亮应该很开心吧？应该击掌相庆：“耶！”没有！他站在山顶痛哭，为什么？折寿啊！道家说：诸葛亮不出山可活五百岁，出山只活五十岁。除了鞠躬尽瘁、呕心沥血，这也是原因之一吧？没有永远的敌人，就像孟获，七擒后不就成诸葛亮的“铁粉”

了吗？有一天藤甲兵也归降了呢？岂不把未来的朋友给烧了？火攻，不得已而为之。

三、家庭危机事件的处理

易经八卦，“火”又称“离”，叫“离卦”。家庭生活，慎用“火攻”，会“离”啊！夫妻吵架，不要动不动就闹到父母那。“天上下雨地上流，小两口吵架不记仇。”你俩过几天就没事了，又如漆似胶。但是，两边家长闹起来要恢复关系很难，对你们的好印象要回到原来也不易。夫妻矛盾惊动两边家长就相当于火攻，不是实在没办法，别让父母知道。女性尤其注意！别一言不合就背个包、门一摔，哭着闹着回娘家。父母睿智、冷静还好，脾气暴躁、一点就着，麻烦大了。点火容易灭火难。所以，儿女家和父母家要保持“一碗汤的距离”。距离不远，一碗汤端过来还没凉，可以相互照顾；保持距离，就是设置防火墙，夫妻吵架，摔门而出，一段路让自己冷静下来。

四、中国先哲呼唤和平

不历经大规模战乱，体会不到和平的宝贵。好斗是人的天性，和平一长就容易战争。军事家、将军大多好战，这也合情合理。不打仗，怎么体现实力、怎么立功？“文官不贪财，武官不怕死”，国家才有希望。

德国军事学家克劳塞维茨的《战争论》影响很大，其核心思想是：把敌人完全、彻底、干净地消灭掉，从肉体直到灵魂。第一、第二次世界大战都是德国发动，就在情理之中：出这样军事家的民族，怎能不爆发战争？为什么德国最后都失败了？中华文化早有答案。《孙膑兵法》说：“兵者，不可不察。然，夫乐兵者亡，而利胜者辱。”正确对待战争，不能掉以轻心。穷兵黩武，一定灭亡；争强好胜，早晚受辱。历史证明：喜欢打仗的国家，都以失败告终。冷眼相看，那些欺负中华民族的列强，下场都会很惨。“弱肉强食、适者生存”的丛林法则中国老早经历过；对于竞争、战争之法的理解和运用,西方还很稚嫩;现在国际形势和春秋战国时期很相似,许多事情、许多问题,中国历史早有具体记载、应对方案。

中国曾连年征战,孟子说:“春秋无义战。”春秋战国,诸侯纷争,不讲正义。饱经战乱之痛,方知和平珍贵,先哲反复告诫我们:最好不战!善战者不战!实在要战也是为了制止战争:“以战止战”。连文字都体现反战:武,“止戈为武”,动武是为了制止武力。

孙子是一位反战者,他本着不战谈战,强调战争危害,主张“兵道”“慎战”。《孙子》开篇就说:“兵者,国之大事,死生之地,存亡之道,不可不察也。”战争要慎之又慎!《作战篇》中提醒:“不尽知用兵之害者,则不能尽知用兵之利也。”既看到利益,更关注危害,战争常常两败俱伤、危害远高于收益。本篇中又告诫:“非利不动,非得不用,非危不战。”利益巨大才动武;志在必得才用兵;危急关头才战争。弱者说不战是胆怯。孙子既精通战略又深谙战术,带三万军队,可横扫天下,他说最好不战,发人深省,令人信服。

孙子反战思想影响巨大。“当代孙武”刘伯承元帅是共和国大功臣,他身经百战,被称为常胜将军。他晚年不谈战争经历,不提赫赫战功,不看战争影视。他感慨:“一想到那么多父母向我要儿子、妻子向我要丈夫、孩子向我要爸爸,就心情沉重:还不起呀!”

第七章

用间篇第十三

第一节　原文与翻译

一、原文

孙子曰：凡兴师十万，出征千里，百姓之费，公家之奉，日费千金，内外骚动，怠于道路，不得操事者，七十万家。相守数年，以争一日之胜，而爱爵禄百金，不知敌之情者，不仁之至也，非人之将也，非主之佐也，非胜之主也。故明君贤将，所以动而胜人，成功出于众者，先知也。先知者，不可取于鬼神，不可象于事，不可验于度，必取于人，知敌之情者也。

故用间有五：有因间，有内间，有反间，有死间，有生间。五间俱起，莫知其道，是谓神纪，人君之宝也。因间者，因其乡人而用之；内间者，因其官人而用之；反间者，因其敌间而用之；死间者，为诳事于外，令吾间知之，而传于敌间也；生间者，反报也。

故三军之事，莫亲于间，赏莫厚于间，事莫密于间，非圣智不能用间，非仁义不能使间，非微妙不能得间之实。微哉！微哉！无所不用间也。间事未发而先闻者，间与所告者皆死。

凡军之所欲击、城之所欲攻、人之所欲杀，必先知其守将、左右、谒者、门者、舍人之姓名，令吾间必索知之。

必索敌人之间来间我者，因而利之，导而舍之，故反间可得而用也；因是而知之，故乡间、内间可得而使也；因是而知之，故死间为诳事，可使告敌；因是而知之，故生间可使如期。五间之事，主必知之，知之必在于反间，故反间不可不厚也。

昔殷之兴也，伊挚在夏；周之兴也，吕牙在殷。故惟明君贤将，能以上智为间者，必成大功。此兵之要，三军之所恃而动也。

二、老汤试译

孙子说：凡是调动十万大军，出征千里之外，百姓的费用，国家的开支，每天要消耗千金，国内民众、境外兵士动荡不安，辗转奔波、征途劳顿，耕作无法正常、生活受到影响的达七十万家。对抗数年，目的是要早日夺取胜利，因为吝惜爵位俸禄、百两黄金，不愿在间谍上投入，所以不知敌情、延长战争，这是最不仁义的将军，不能带好军队，不能辅佐君王，不能掌控胜利。因此，明智的君主、贤能的将军，采取行动胜人一筹，获取成功出人意料，因为他们有预知判断能力。怎样具备预知判断能力？不能靠求神拜鬼、祭祀祈祷获得信息，不能靠占卜算卦、具象类比获取吉凶，不能靠夜观天象、经验推演判断趋势，必须通过间谍，获敌情报。

因此，使用间谍有五种类型：因间、内间、反间、死间、生间。五种间谍同时拥有、循环运用，没人知其规律和奥妙，这是神秘莫测的方法，这是国家人民的珍宝。因间，诱导敌之乡绅成我间谍；内间，策反敌之官吏成我间谍；反间，策反敌之间谍成我间谍；死间，我的间谍被认为是敌的反间后，“透露”假情报，敌信以为真，结果上当，该间谍也就死定了；生间，深入敌内，活着把情报带回的间谍。

因此，将军治理全军大事，不应有比与间谍更亲近的关系，不应有比给间谍更丰厚的奖赏，不应有比和间谍更机密的事情。没有圣贤智慧不能运用间谍，不是仁义慷慨不能指使间谍，不能观察细致、心思神妙无法判断间谍送来情报的真实性。非常微妙！非常微妙啊！间谍的妙用无处不在。非常机密的计划还未实施就被间谍泄露，泄密者和知密者要一并灭口。

凡是要袭击敌军、攻克敌城、杀死敌将，必须事先知道敌守城将领、将军左右亲信、通报官员、守门卫兵、贴身侍卫的姓名，我的间谍必须详细了解、准确获得这些情报。

必须密切关注敌人派来刺探我情报的间谍，一旦发现，因势利导、重金收买，动之以情、晓之以理，让他变成反间为我所用。通过反间获取情报，可知敌人哪些乡绅最容易收买，哪些官员有可乘之机，让他们变成乡间、内间为我所用；通过反间获取情报，可以了解敌人内情，派出我的死间，把假情报带给敌人；通过反间获取情报，可以及时掌握信息，让生间带着情报如期返回。这五种间谍的特点，君主必须知晓，其中，反间最了解情况、最为关键。所以，反间不可不厚待。

当初，商朝成功，是因为圣人伊尹非常了解夏政之恶，而成全殷商之美；周朝成功，是因为圣人姜尚十分清楚商王之罪，而成就武王之德。所以，只有英明的君王、贤能的将军才可凭借其优秀的智慧运用间谍，必定取得巨大成功。这是用兵的要诀，全军要根据间谍提供的情报采取行动。

第二节　概　览

一、从战略高度论述用间(知彼)要点

本篇与《计篇》首尾相接，遥相呼应。孙子是信息战、军事情报学的奠基人。

孙子有冷峻的辩证唯物主义思想、清晰的科学观："先知者，不可取于鬼神，不可象于事，不可验于度，必取于人，知敌之情者也。"要想预先知道敌情，不可拜鬼求神，不可用其他事物类比推断，不可让"砖家"搞个数学、

物理模型预测，一定要通过间谍才能准确知道敌情。

如果算出某天为凶日，要不要战？可战可不战。吉凶是一个问题的两个方面，角度不一，结论不同：敌的凶日就是我的吉日。战不战完全看我是否准备好？间谍情报如何？有无可乘之机？结论是：战争中不要卜卦！

大敌当前，祈祷，敌人就不打了？山洪暴发，占卦，洪水就不冲了？求神卜卦或许能预测趋势。战争，针锋相对，你死我活，稍有差错，全军覆没。知敌具体兵力部署，得靠间谍刺探情报。用好间谍回报率最高，重赏间谍非常值得。

国家也是一样。《左传》说："国将兴，听于民；将亡，听于神。"君王问计于民，国家就会兴旺；君王求神拜鬼，国家就要灭亡。人们没安全感，宗教就会盛行。国家动荡，装神弄鬼之事常会发生，陈胜、张角等人都玩这一套。

二、间谍五类型

"用间有五"：因、内、反、死、生。

因间也称"乡间"。内间的级别比因间高。死间有点复杂，例如：抗日英雄王二小有点像"死间"。鬼子进村扫荡，"遇到"正在山上放羊的王二小，翻译官用糖果诱他带路，他装着口水滴答的样子，愉快地答应。于是，鬼子认为王二小成了他们的"反间"，他把敌人带入我军包围圈，当四面枪声响起，鬼子杀害了王二小。

反间最重要："知之必在于反间，故反间不可不厚也。"首先，反间是敌方间谍，掌握敌人核心机密，是我了解敌情的重要来源、主要途径，通过反间，知道谁可成为乡间、内间并利诱之，可以让死间完成使命，让生间及时返回；其次，我的反间要是变为敌的死间我会损失巨大；最后，对反间既要厚待信任，又要长个心眼，非常不易！

三、高手才能用间

“非圣智不能用间，非仁义不能使间，非微妙不能得间之实。”圣，事无不通；智，知人远虑；仁，施恩于人；义，合乎时宜。无仁恩不能笼络间谍之心；不义决无法消除自己之惑。对间谍的情报要甄别筛选，去粗取精、去伪存真，但太过疑惑又是用间大忌。我怀疑间谍，会错失战机、损失间谍；间谍怀疑我，我有灭顶之灾。《唐太宗李卫公问对》说：“或用间以成功，或凭间以倾败。”间谍用好了大获成功，用不好全军覆没。所以，孙子感慨：“微哉！微哉！无所不用间也。”

用间需要进行深入细致的调查研究，战前要了解各种细节：“必先知其守将、左右、谒者、门者、舍人之姓名，令吾间必索知之。”

结尾再次强调上智用间：“故惟明君贤将，能以上智为间者，必成大功。此兵之要，三军之所恃而动也。”《易经·屯卦》“即鹿无虞”告诫：进山林打猎逐鹿，没有熟悉地形、了解鹿性的向导，将劳而无功。用间是战争的重要手段，军之间谍如人之耳目，没有间谍，军队就是聋人、盲人。孙子把间谍重要性上升到无以复加的高度。

第三节　知识点

一、“爱爵禄百金，不知敌之情者，不仁之至也”

孙子从战争经济学角度阐述间谍的重要性：与战争巨耗比，使用间谍回报率极高。“相守数年，以争一日之胜，而爱爵禄百金，不知敌之情者，不仁之至也，非人之将也，非主之佐也，非胜之主也。”战争相持数年，成本多么高昂！间谍提供了准确情报，能帮助打胜仗，提前结束战争。打仗就是打钱，早一天结束就节省“日费千金”。舍不得给间谍高官厚禄、大笔金钱，不了解敌情，让战争持续，最愚蠢不过，不仁不义到了极点，这种人不可“将人”：不是人民的好将军；不可“佐主”：不是君主的好助手；不可“主胜”：无法最后取得胜利。

《孙子》的价值观：仁义为本。战争、不战、速战、权变等，核心都是围绕仁义。只要贴上“不仁”的标签，其行为乃至胜利就要打上问号。何况“之至”！

二、“莫亲于间，赏莫厚于间，事莫密于间”

用间三原则：感情亲近，待遇优厚，行动保密。

“莫亲于间”：全军中，最要信任的就是间谍，自己、军队的身家性命都交给他了。

“赏莫厚于间”：在间谍身上花再多钱也是小钱，他的贡献甚至可以保住整个国家。反之，会造成巨大损失。20 世纪 80 年代，美国中央情报局特工埃姆斯（Aldrich Ames）本来被派去策反苏联情报官员，由于经费原因反被苏联策反，致使中情局十多个间谍被苏处决，100 多名特工险些被抓，让美国遭受无可估量的损失。

“事莫密于间”：行动部署等军事机密被敌获知，后果非常严重。这些情报常常只有将军和间谍知道，所以，间谍掌握机密情报最多。这就是为什么“间事未发而先闻者，间与所告者皆死。”

三、“因而利之，导而舍之”

使用间谍要用巨大的利益吸引。利益行不通，就寻找间谍软肋，比如控制其至亲等，促使其就范。想办法让间谍留下来，多住些时日，各种招待，打感情牌，在这个过程中，寻找、发现线索。《六韬》说：“亲其所爱”“阴赂左右。”亲近拉拢敌将喜欢的人，暗中贿赂敌将身边的人。

四、“昔殷之兴也，伊挚在夏；周之兴也，吕牙在殷”

《用间篇》最后为什么要提到伊尹、姜子牙？两层含义：一、伊、吕了解夏、商，从这个角度，他俩是另一种“知彼”的间谍。二、间谍总给人以阴谋诡计之感。孙子用两位圣人打比方，说明使用“五间”，须用上智之人，如伊、吕之才。用间，合道，会成为圣人；不合道，就沦为诡诈。重回“兵道”主旋律，前后呼应。

据《说苑》《左传》记载，伊尹两次入夏为官，第一次了解很多政情、民情，为制定灭夏计划获取详实材料。第二次不仅刺探情报，还接近夏朝官员，寻找策反对象。他运用“美男计”，成功与失宠于夏桀的妃子妹嬉相爱，获得大量机密。伊尹是“知彼”高手，他建议商汤，攻夏前须试探人心向背。商汤停止进贡，夏桀怒而起“九夷之师”，大举伐商，各路诸侯响应，商汤马上谢罪，恢复朝贡。夏桀陷入孤立，商汤再次停贡，夏桀又召集诸侯，大家不仅不听，还有部落反叛，商汤总攻，一举灭夏。

第四节　战略启示

一、读《用间篇》悟情报的重要性

战争、竞争，获取情报、掌握信息至关重要，千万不要吝惜经费。

朝鲜战争中，美国一个错误，导致损失巨大。当时，对于要不要出兵朝鲜，美国政府、军方意见不一，但关注点都在苏联，压根没考虑中国。他们认为，中国多年战争，筋疲力尽，江山未稳，台湾问题没解决，根本没有精力、没有胆量和美国打。所以，它把全部注意力、外交手段都放在苏联，极限施压，苏联没敢出兵，对中朝的支持都是偷偷摸摸、非常有限。中国打得很艰苦，赢得很不易。

美国兰德公司汇集顶级专家，做了大量调查，反复研究、认真讨论得出一份报告，阐述朝鲜战争要不要打？苏联会怎么行动？中国会不会出兵？等等，并向美国国防部要价 500 万美元。国防部很愤怒：“400 多页的报告，一页 1 万多美元，抢钱呀?!”战争开始，打着打着，发现有问题：朝鲜军队怎么会越打越多？他们不知，中国人民志愿军已秘密开进朝鲜。所以，美国人说他们在错误的时间、错误的地点和错误的对手打了一场错误的战争，压根没想到中国会出兵，而且战士这么顽强。战争打得异常激烈、残酷。他们突然想起兰德公司的报告："哥们，看看那报告呗?""好!一手交钱、一手交货，500 万美元。""都打成这样了，少一点，300 万美元。"兰德公司转念一想：战争一结束，报告就废了。好，成交！打开一看，傻了，报告重要结论：不能打！中国一定出兵！麦克阿瑟将军沉重地反思：不愿意为一份科学的报告支付一架战机的费用，结果付出 830 亿美元和几十万生命的代价。

情报多么重要！孙子说，舍不得在间谍身上投资是"不仁之至"。

二、《用间篇》放在最后，体现孙子的良苦用心

《用间篇》为什么放在最后?

计、战、攻、守、形、势、虚实等兵法，经常运用、交叉使用。火攻与用间有条件才能用，不是用兵的常态，所以放在后面。

李筌说："孙子论兵，始于计而终于间者，盖不以攻为主。"《计篇》《用间篇》都以"伐谋、伐交"为主，不以"伐兵、攻城"为主，《孙子》以《计篇》开始、《用间篇》结尾，目的是反复提醒：战争，要运用"总成本战略"，成本最低、收益最高。

使用间谍最难，难在深微神妙、不易言表，明君贤将才能掌握；使用间谍最难，难在水能载舟，也能覆舟，运用得好能加速成功，处理不当有灭顶之灾。

教人，要从易到难。所以，首先讲计量、校算之法；其次讲攻守、形、势、虚实、军争之术；再次谈行军、九变、地形、地势、火攻；这些弄懂了，最后才可论用间。

中华优秀文化的传播也是一样，先通俗易懂，再步步深入，后自行领悟。一上来就"拈花一笑"，听众云里雾里，大家听不懂、看不懂，就跑了、弃读，达不到传播的目的。

三、读孙子、孔子，得共同结论：不用算命

孙子说：“先知者，不可取于鬼神，不可象于事，不可验于度，必取于人，知敌之情者也。”了解敌情，要用间谍，不能卜卦。这让我感悟：不用算命！

英雄所见略同、表达各异，《论语》中，孔子的观点类似：“富与贵，是人之所欲也，不以其道得之，不处也；贫与贱，是人之所恶也，不以其道得之，不去也。”许多学者如上断句并翻译：“富贵，人所盼望，不用正当方法得到它，君子不接受；贫贱，人所厌恶，不用正当方法得到它，君子不摆脱。”前半部分好理解：“君子爱财，取之有道”，不义的富贵不能接受，更不能主动争取，这是中华优秀传统；后半部分让人困惑：贫贱被人厌恶，怎么还去“得之”？于是，有学者认为，第二个“得之”是笔误，应为“去之”，比如，皇帝昏庸、奸臣当道，君子宁愿贫贱也不肯“去之”：抛弃贫贱而出仕。

不能解不出某数学题就修改条件，不能不理解先哲智慧就更改原文。我认为：孔子两处都用“得之”有其重要和深刻的道理，第二个“得”不仅不能改，而且用得精到、高妙！产生困扰是断句不当，让两个“得之”都有较强的主动性，第一个“不以其道得之”就译成“不用正当方法去得到它”，即主动地通过不正当手段获得富贵；结果，第二个“不以其道得之”就困惑了：非常讨厌的贫贱，怎么还会“不用正当方法去得到它”？不合逻辑、不合情理，于是，就想把“得”改成“去”。

我赞成在“不以其道”与“得之”间断句，为强调“得之”，我主张在后面又断开：“富与贵，是人之所欲也，不以其道，得之，不处也；贫与贱，是人之所恶也，不以其道，得之，不去也。”两个“得之”都是被动获得，但含义和语气颇有差异：第一个是“偶尔得之”，意外惊喜；第二个是“无奈得之”，不甘不平。人性使然。

老汤试译：富与贵，人都期盼，如果不以正当方式降临，即使惊喜，君子也不坦然接受；贫与贱，人都厌恶，如果以不正常方式降临，纵然强加，君子也不刻意躲避。

人生会遭遇许多“不以其道”：“勤劳致富”是常道，有人很辛勤为何身处贫贱？“一分耕耘，一分收获”是常道，有人很努力为何两手空空？“能者上，庸者下”是常道，有人很能干怎么一直不受重用？

即使是令人讨厌、避之唯恐不及的“贫贱”，而且是“不以其道”强加于身“得之”，为何君子还能做到“不去”？身处贫贱、遭遇不公不幸，越是不可思议、“不以其道”，背后可能越有故事、很多想象、未知世界，不要用常人思维怨天尤人、急于逃避，而是坦然面对、变换视角：“行到水穷处，坐看云起时”，就会发现新窗口，看到新天地。说不定是“天将降大任于是人也，必先苦其心志，劳其筋骨，饿其体肤”！上天安排，为何要躲？如果没“降大任”，就用佛家眼光，把时空镜头拉远、拉长：今生的苦难在还前世旧债、为来世修福？再用儒家思想分析人类文明传承：当下的不幸是祖上做错了什么？还是在为后代积德聚福？人生，就坦然了。

不要算命！孔子说：“善易者不卜。”易经高手很少卜卦。别老给自己算命，命越算越薄；别老给别人算命，窥探太多天机不吉利。算出一位好友会出事，要不要说？不说对不起他，痛苦；说了泄露天机，麻烦。这个领域很神秘，有所了解就行。南怀瑾大师告诫：《易经》别入得太深，小心把自己废掉。

何必算命？生命形成刹那，故事梗概完成，虽然可算出，为何要剧透？人生因其未知而精彩。清楚未来发生什么，人生索然无味。何必算命？拥有富贵，取之有道，欣然处之；得之无道，断然拒之。身处贫贱，命该如此，安然受之；不该如此，泰然居之。不必时时、处处“避凶趋吉”：有的凶险无法回避；有的凶险过后，上天常常备了大礼包！为何急于“去之”？

不需算命！《尉缭子》说：“举贤任能，不时日而事利；明法审令，不卜筮而事吉；贵功养劳，不祷祠而得福。”推举贤才任用能人，不挑良辰吉日也能办事顺利；彰明法律严谨号令，不需要占卜问神也会吉祥如意，尊敬功臣重视劳作，不用祈祷祭祀也将天助福佑。

不用看风水！善良是最好的风水。

第三部

享用《孙子》

我学习《孙子》的重要收获就是感悟出“汤氏人生战略三部曲”：“三精”。精心，明确目标选定战略：在哪个领域与谁竞争；精诚，脚踏实地实施战略：集中精力，持之以恒，出奇制胜；精进，实事求是调整战略：没有长期的竞争优势，要与时俱进。

学习《孙子》、践行《孙子》、享用《孙子》，让人生更从容，让生活更精彩，这是永恒的话题。

上篇

从《孙子》悟人生『三精』

第一章

精　心

“精心”的《孙子》战略思维是:“知彼知己,知天知地。”

《孙子》有许多关于“精心”的论述。《计篇》说:“兵者,国之大事,死生之地,存亡之道,不可不察也。”要明确方向和战略。“未战而庙算胜者,得算多也;未战而庙算不胜者,得算少也。多算胜,少算不胜,而况于无算乎!”精心谋划不一定胜,不谋划一定不胜。《形篇》说:“胜兵先胜而后求战,败兵先战而后求胜。”不打无准备之仗。

《管子》说:“凡攻伐之道也,计必先定于内,然后兵出乎境。”计谋等准备工作做好,才能出兵打仗。

第一节　精心思考人生战略

一、“人生战略思维模型”

《虚实篇》说:“无所不备,则无所不寡。”为什么中国共产党从成立到推翻实力强大的国民党仅用了28年?“统一战线”是取胜的重要法宝之一。《毛泽东选集》开篇就是《中国社会各阶级的分析》,开言就说:“谁是我们的敌人?谁是我们的朋友?这个问题是革命的首要问题。”写这篇文章时，他刚过而立之年，就对中国社会阶层有着如此透彻的分析，非常震撼！

人生亦然。要分清敌友，四面树敌会分散兵力。和平年代，虽不言敌，但要弄清楚：谁是竞争对手？谁是重要客户？对手和朋友会随环境发生变化，今天的对手可能会变成明天的朋友。不管怎么变，不忘初心，牢记目标。当目标和理想清晰，对手和朋友的判断也就清晰：阻碍我实现目标的就是对手，就要排除、战胜；帮助我实现目标的就是朋友，就要团结、依靠。战略目标："要"，非常关键。

《地形篇》说："知彼知己、知天知地。""己"就是"我"；"彼"就是"亲""敌"，朋友和对手；"天、地"就是"时"、环境。

根据《孙子》理论，我总结出"汤氏人生战略思维模型"。

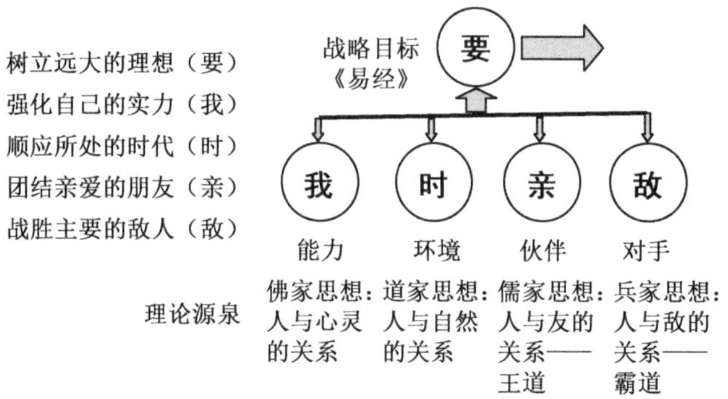

汤氏人生战略思维模型

"汤氏人生战略思维模型"就像一辆战车，上面装的是"要"，下面四个轮子是"我""时""亲""敌"。

要：树立远大的理想；我：强化自己的实力；时：顺应所处的时代；亲：团结亲爱的朋友；敌：战胜主要的敌人。目标是实现理想。

对于组织而言，要：战略目标；我：核心能力；时：所处环境；亲：合作伙伴；敌：竞争对手。行动方案都围绕组织战略目标展开。

该理论从中华优秀文化中汲取了营养。我，研究自我，可求教于佛家，佛家思想对“我”分析透彻；时，研究环境，可求教于道家，道家思想善于分析人与自然的关系；亲，研究伙伴，可求教于儒家，儒家思想讲为人处世，重王道，有很多人际关系理论实践；敌，研究对手，可求教于兵家，尤其是《孙子》，对霸道、取胜有系统的研究；要，寻找目标、判断妥否，可求教于易经，能提供高瞻远瞩的指导性意见。

二、精心选择战略目标

“人生战略思维模型”的灵感因读《孙子》、悟“识势”而得。战略目标很重要，需精心选择。

人生一定要有目标！如果自己没有目标，就要为别人的目标而忙碌！目标要高于现实，又要接近现实。如果目标不高远，动力会不足；如果目标不切实际，与能力偏离太大，便成空想，“心比天高，命比纸薄”很痛苦，目标也会慢慢放弃。

要有远大理想、终极目标，还要精心设置切实可行的子目标，通过努力实现了子目标会增加信心、坚定信念。再设立新的子目标，继续前进。比如，我创业时，一心想发财，4 年后完成了资本的原始积累。我考博时，一直想做汤博士，7 年后实现了。我又设置新的子目标，一步一步朝着理想迈进！

怎样找到真正适合的战略目标？要不断探索，慢慢调整。我探寻、确立传播中华优秀文化这个战略目标，花了很长时间。征途漫漫，艰难求索。

第一个子目标：“不为稻粱谋”。如果生存问题不能解决，传播文化就是一句空话。我刚结婚生子，手头紧，那时的目标就是赚钱，让老婆孩子过上体面的生活。于是，我下海，挖到第一桶金。赚钱是我的子目标。不是终极目标，财富难以传承，文化方可永恒。

第二个子目标：“寻找舞台、登上舞台”。我离开家乡到南方考察，发现有文化底蕴的大都市舞台更大、更适合搞文化，于是闯上海。高校是文化研究、传播的高地，我“挤”进去，从最基层做起。登上舞台重要的是站上高校讲台；站稳讲台的关键是上课要受欢迎。为此我砥砺前行。

第三个子目标：“做有影响的传播”。2012 年 3 月 15 日，我院开展了一项有意义的活动，每个人把五年后的愿望封存于胶囊，埋在校园亲植的树下。5 年后，胶囊挖出，我很感慨、备受激励：我的愿望是“写一本畅销书”。2018 年 1 月，《掌控人生主动权——孙子兵法与人生战略》出版。我离终极目标还很远，要不断前行，设置并实现一个个切实可行的子目标。

中华民族伟大复兴的“中国梦”是远大目标，“两个一百年”就是子目标，切实可行。

第二节　重要的人

怎样精心选择重要的人？分享我的研究成果：“汤氏人生环线理论”。

一、“人际象限图”

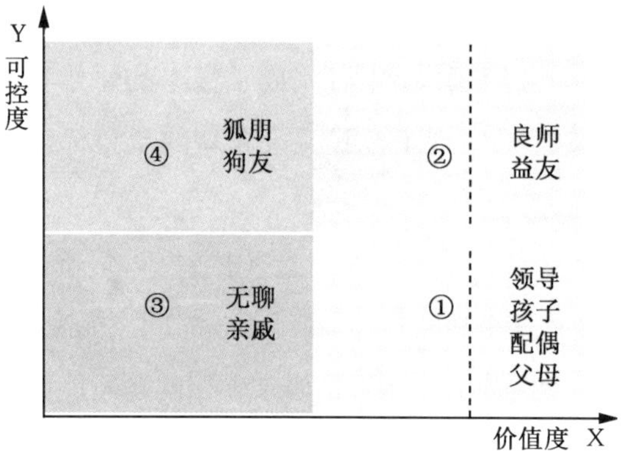

人际象限图

“人际象限图”的 X 轴表示“价值度”：某人对你是否有价值、价值大小？“三观”不同，判断不一，所以，价值度、评判标准每人自定。Y 轴表示“可控度”：身边哪些人无法控制他们的存在、哪些人能控制、程度如何？

人生可选择的不多。无法控制有些人进入我们的生活。

我们无法选择父母。不能因为父母是穷人，就掉头去找个富贵人家投胎，做不到！投胎不是投资，虽然投胎也是个“技术活”，但难度太大，无法掌握。

我们无法选择另一半。这点很多人不认同：“爱人当然是我选的，从十几个人当中挑出来的。”人常常高估自己。你在找到另一半的刹那，有70亿人，你“找”到爱人的概率是70亿分之一。我为什么反复强调要珍惜另一半？配偶不是找的、挑的，配偶是天仙“配”的，是天作之合。就算十里挑一、百里挑一，茫茫人海，为什么是这十个人、这一百个人供你挑选？不是你多有能耐、会挑会选，而是有一种超自然的力量在管控这一切，是中华文化中的“月老”把你俩“配”在一起，他老人家用一根红线，这头绑着你，那头绑着你爱人，跑到天涯海角，都要回到你身边，娶你或嫁你。

我们甚至无法选择孩子。这点也有人不同意：我想要孩子就生呀？其实，孩子也不能选。透露个小秘密：我很想要一个儿子。孩子出生前我准备了十几个名字，全是男孩名，结果，女儿来了。当然，我很爱女儿。所以，孩子不是想要就能要到，不是我们的私有财产，是上天托付的珍贵礼物，我们只是代为保管，要好好养育，再小心翼翼献给社会，交给上天。

领导可选吗？既可也不可。找工作时，十几家单位要你，可选；一旦确定就不可选：谁做领导不由你定。同事常常也没法选，你不喜欢某同事，开不了他，你说了不算。

有些人可选。比如，老师、朋友。你可选我的课，也可不选；课后你可和我继续交往，也可待我视若路人。人际可控度有差异：从父母、爱人、孩子、领导、同事到朋友，可控度慢慢增加。

因此，“人际象限图”就生成四个象限，身边所有的人都可以放入其中。

第一象限：价值度高，可控度低。如：父母、爱人、孩子、领导，等等。

第二象限：价值度高，可控度高。如：良师益友，可以选择，很有价值。

我要遍访天下名师，就是想增加这个象限的人。

第三象限：价值度低，可控度低。如：个别添乱的亲戚，有事有人，无事无人，但没法回避：你没出生，他就在那等你；某位无聊的同事，烦死了，还要天天面对。

第四象限：价值度低，可控度高。如：狐朋狗友、损友，他们常有很强的吸引力，常拉你去吃喝玩乐。虽觉不妥，但自控力差，一只无形的手老把你和他们摁在一起。

二、“汤氏人生环线理论”的理论源泉

“汤氏人生环线理论”的理论源泉首先来自儒家“同心圆文化”：先做好身边的事，但不仅仅是做好身边的事，最后实现世界大同。思想体系非常完整。

第一，“亲亲、尊贤”论。《中庸》说：“仁者，人也，亲亲为大；义者，宜也，尊贤为大。”仁，爱人，首先是爱父母、亲人，如果不爱家人却爱别人不合常理；义，做合情合理的事，要对社会贤达、有贡献者赋予更多尊重；如对渣滓同样尊重，人类社会将是非不分，前进动力严重受损。

第二，“推恩”论。把爱和恩一圈一圈往外推广。孟子说：“老吾老，以及人之老；幼吾幼，以及人之幼。”以爱我父母之心去爱别的老人；以爱我孩子之心去爱别的孩子。孟子还说：“推恩，足以保四海；不推恩，无以保妻子。”有“推恩”的大爱思想可以做王、做领袖，四海之内，人们都愿追随他、接受他的领导、庇护；不“推恩”、自私自利，结果连老婆孩子都保护不了，老婆孩子出去没人管、被人欺，无法生存。

还有一个理论源泉：“邓巴数字”，也称“150 定律”。牛津大学学者邓巴得出一个很有价值的研究结论：人只能与 150 人左右交往。有的人不同意：“我有几千个微信好友。”细想，他们都是“好友”吗？有些人加你后再也没联系过。这 150 人，是经常和你互动，消耗你的时间资源、情感资源。精力旺盛，可与 150 多人联络；内向一点，少于 150 个人，但都在 150

个人左右波动，不会太离谱。

时间有限，你和某人共进晚餐，一定有人离开你三小时左右，与你互动的人数总量不变。一人进入你的圈内，必定有人从你圈里出去。

三、“汤氏人生环线图”

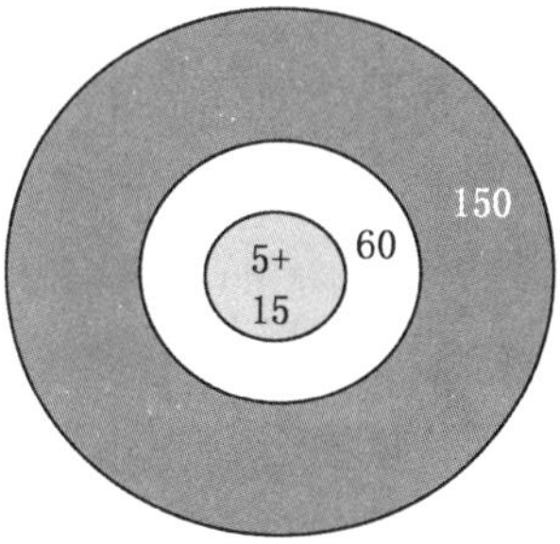

资源占用
——内环20（核心5），资源70%
——内中环40，资源20%
——外中环90，资源10%

汤氏人生环线图

“同心圆文化”“150 定律”，引出了“汤氏人生环线图”。我们的人际圈就像大都市的内环、中环、外环。内环内有 20 个席位，只能容纳 20 人，包含 5 个核心人物和 15 个非核心人物；内环、中环间有 40 个席位；中环、外环间有 90 个席位，总计 150 个席位。

不同圈层的人对你的资源消耗不同，内环的 20 个人消耗 70%左右；内中环的 40 个人消耗 20%左右；中外环的 90 个人只消耗 10%左右。

生活中有各种群：大家庭群、工作群、同学群等。同学群又分博士群、硕士群、本科群等。很多“超短群”不必理会。将各群人员按重要度排序，如工作群，领导、紧密合作的同仁排前面，然后汇总到“人生环线图”中，许多群的许多人都进不了环线内，能进来的位置也不一样。比如，领导无疑排在工作群最前面，由于三观不同、爱好不一，领导在每个员工的“人生环线图”中排位迥异：事业心强的员工，领导在他的内环内；以家庭为中心的员工，领导在内中环；事业心不强的员工，领导在中外环。

夜深人静时分请回忆一下，近半年、一年来，与你交往最频繁、消耗你70%时间资源和情感资源是哪20个人？而你最想接触的20个人，最应该把大部分时间、情感资源奉献给他们的是谁？两份名单对照，如果重叠度很高，祝贺你！你的人生效率很高，把宝贵的人生资源奉献给了应该奉献的人。如果重叠度很低，人生效率就不高，应该反思：为什么把宝贵的光阴浪费在不值得、不愿意的人身上？

这就是"汤氏人生环线理论"的研究要点：把宝贵的人生资源献给值得的人和事！

四、"汤氏人生环线理论"感悟：提高人生资源效率

（一）提高交往质量

1. 管理时间、提高质量

别老刷微信朋友圈。我的研究表明：刷朋友圈是把80%的时间花在外环以外的人身上。朋友圈可以让我们足不出户了解世界，但不能一天到晚刷。如果有上千个微信"好友"、几十个活跃的群，一一互动，会掉入时间黑洞，宝贵时间会消耗殆尽。我规定自己在某个时段去看一下微信，朋友在群里和我讲话，要@我，我才去"爬楼"、互动，不会没事就"爬"，爬不过来。和我聊，私信我，有急事，打电话。

提高交往质量。面对面交流是提高交往质量的有效途径，比线上交往效果好很多。文字只能表达20%左右的内容，音调高低、语速急缓、肢体语言、脸部表情、眼神等表达的内容更多。有人在和重要人物交谈时还老看手机，既不尊重人，又损失机会。

2. 眼神交流

有一种重要的方式线上无法实现：眼神交流。文字、语言可以骗人，眼神不能，眼睛是心灵的窗户，爱的火花常常是眼神碰撞出的。眼睛对视很有讲究。跟领导或重要客户近距离谈话，眼神常常很难处理：不看他，

不礼貌;看久了,会尴尬。为什么会这样?光线具有能量,距离越近,能量越大。眼珠盯眼珠,大眼瞪小眼,焦点相聚,会产生压迫感(如下左图所示)。换一种方式对视,不盯他的眼睛,而盯他的鼻尖,就没那么咄咄逼人。如果他也盯着你的鼻尖,双方感觉会更舒服。光线是发散的,但视线没聚焦:感觉彼此在看着对方,各自又都没压迫感,既有礼貌,又不尴尬(如下右图所示)。

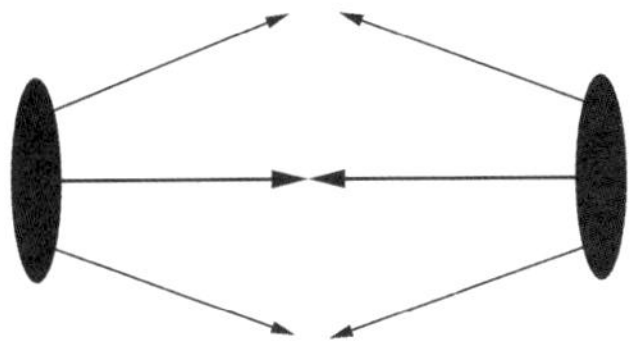

两目相对

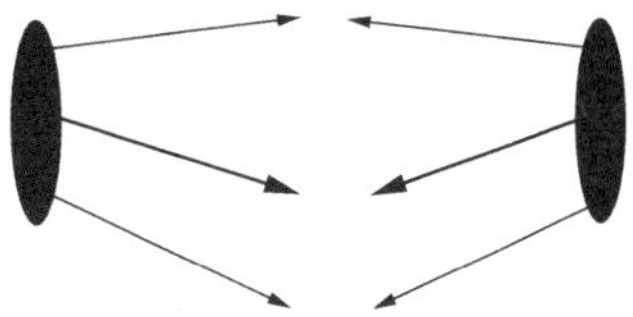

盯着对方的鼻尖

这个技巧适合近距离交流。距离一远,能量衰减,就不会有压迫感。领导在台上做报告,你就要盯着他的眼珠。而且,领导也不可能一直看着你,懂演讲技巧的人会“扫描”。扫一下,看到你盯着他,再扫一下,又看到你盯着他,领导心里会很喜悦,盯累了,再做做记录,领导会更开心。如果条件允许,偶尔提个比较有深度的问题,效果更佳。

3. 小动作流露真相

和人并行而坐,双脚摆放这个不经意的小动作会透露内心世界,让人知晓真相。

拿谈朋友打比方,想知道他对你有没有兴趣,找机会和他并排而坐,看他的腿怎么翘就一目了然。如果他的身体老不由自主地侧向你,离你远的那条腿就会很自然地翘过来,说明他对你有兴趣、喜欢你,你就乘胜追击;如果他的身体老不自觉地侧离你,离你近的那条腿就会自然地翘开去,说明他对你没兴趣,就别浪费时间。当然,前提是他没有听过老汤的课,懂这个套路,不跷二郎腿,你就傻了。

这些细节、信息都需要面对面交流才能获取。

(二)加强沟通深度

1. 改变人生的饭局

2004 年初,我陪夏大慰院长去拜访南怀瑾老师,见到久仰的大师,我非常激动。老师邀请我们共进晚餐,安排夏院长坐他右边、我坐他左边,老师很慈祥,不停地夹菜给我吃。我如此崇拜的大师就坐在身边,那么和蔼可亲。我很长时间都沉浸在幸福之中,脑海里经常浮现老师给我加菜的情景。半夜时分,我还拨通夏院长电话,与他分享我幸福的心情。这是一次改变我人生的饭局。从此,我下定决心,追随南老师学习、传播中华文化。后来我才知道,那天晚上一桌人,客人只有两个:夏院长和我。

那顿饭还让我有个重要收获:悟出请客的奥妙。

2.“汤氏请客 2 - 4 法则”

很多人不会请客,请一大桌,海吃一顿后,有些来宾是谁都搞不清,吃了白吃。白吃事小,排位没搞好,客人不开心,吃出意见、吃出矛盾,问题就大了。中国人对排位很讲究,排错了很麻烦、得罪人,会说你不懂规矩,甚至说你太功利。

如何请重要客人吃饭?最好是两个、四个地请。两个,我左边一个,右边一个;四个,我太太坐对面,她左右再两个,不能请太多。如果有五个以上的贵客要请,分两次、多次。这样,沟通得更顺畅、更深入。这就是我的“汤氏请客 2 - 4 法则”。

人多还有一个问题,有些人话痨,整晚就他一个人在说话,别人插不上嘴,如果话痨的人水平低,这顿饭的档次就严重下降,请客效果大打折扣。主人要掌控场面,让在座的人都能说上话,不要有人被冷落。

(三)提高圈层质量

1. 定期梳理

能交往的人数有限,你身边只能聚集 150 个人,环线内只有 150 个席位。有人进场,必定有人离场。要珍惜这 150 个席位,他们的层次决定了你的层次。什么叫不断进步?不断有高层次的人进来。当优秀者进到你的圈内，不优秀者会自然出局、慢慢离场，不是你故意不跟他玩。

西方有一个研究结论让人震撼：一个人的收入约等于他四个好朋友收入之和除以 4。小汤质疑：怎么可能？如果我跟马云好，那我岂不也是亿万富翁？老汤答：是的。你如果是他四大好友之一，很有可能。你如果是总统最亲近的四个朋友，通常能进内阁。这就是"物以类聚，人以群分"。所以，我们要不断地、慢慢地提高人际圈层质量。

2. 别去混圈子

提高圈层质量不是去混圈子、赶场子，参加各种鸡尾酒会。别以为跟人碰个杯、合个影、加个微信、交换名片，就能进入他的圈子，没用，一转身就不认识你了。还不如把宝贵的时间用在与良师益友深度交流，不断提升自己，水平高了，就会吸引优秀者来到身边。

我经常在课堂上做调查：现在还常和幼儿园小伙伴一起玩的请举手。几乎没有！有些家长费钱费力，拼命把孩子送进贵族幼儿园、贵族小学，如果目的是让孩子进入高档次圈层，长远来看效果不大。孩子以后的朋友圈要靠他自己去建立。

(四)互为 150

1. 益友难觅

找益友很难，难到什么程度？我的定量研究分析结论是：找一位最佳益友的难度系数是找一个恋人的两倍以上。比如，谈恋爱，是找异性，这样，人口基数缩小一半。益友不分男女老幼，基数大了一倍以上。

找益友和找恋人有个相同特征，就是"互为益友"：我认为你是益友，你也认为我是益友，我俩才是益友，我称之为"互为 150"：你在我的 150 圈内，我也在你的 150 圈内，这才是真正稳定的结构。我一厢情愿黏你，但你老不带我玩，我进不了你的圈内，时间一长，你也会离开我的圈。所以，益友的选择难度很高。

2."无友不如己"

《论语》中，孔子两次谈到"无友不如己"：朋友志同道合、比我优秀，才能走到一起，奋发向上。朋友比我差，层次会向下。

问题来了：我要与比我强的人交友，比我强的要找比他强的人交友，我们怎能有交集？我抱着土豪的大腿："土豪，我们做朋友吧！"土豪说："滚！"比我水平高、地位高的人不跟我玩，怎么办？

孔子没给答案，留下很多想象空间。我提供几个建议。一、学习朋友优秀的地方，同时，你有突出的长处让他学，两人才能互为益友。二、拜师。他各方面都比你强，你还进入不了他的圈子，怎么办？拜他为师。中华文化有一个特点：当你诚恳拜倒在某人门下，认他为师，通常很难被拒绝，因为孔子说过："有教无类"，只要有人诚心求学，不管阶层、水平，都应施教，这才是合格的教育工作者。老师收了你，你不断努力、进步，水平慢慢接近，甚至有些地方还超过他。先做"登堂"弟子，后成"入室"弟子。先在课堂听课；再到老师家里一对一交流；再亦师亦友。老师鼓励你去拜能力更强的人为师，你就这样不断前进。

孔子有"弟子三千，贤者七十二"，很多弟子和孔老师互动得很好。

第三节　重要的事

一、轻重缓急之思

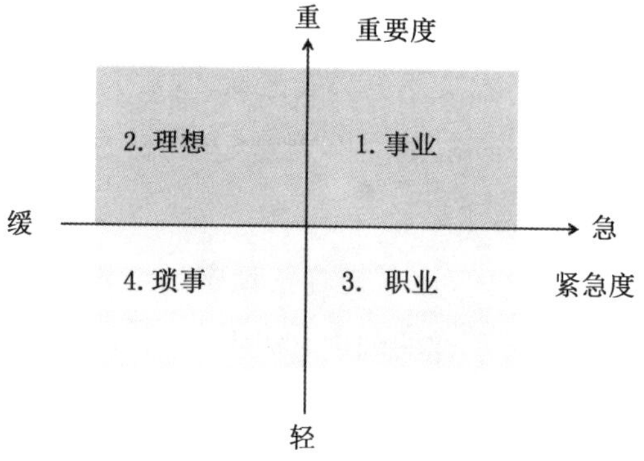

人生轻重缓急分析图

(一)生活的轻重缓急

根据美国管理学家科维“时间四象限法”，凡事可分为四类：一、重要又紧急；二、重要但不紧急；三、紧急但不重要；四、既不紧急又不重要。这就是中华文化的“轻重缓急”。第一类先做、第四类后做没异议，最让人纠结的是第二、三类同时发生，先做哪件？

我们常常会去做紧急但不重要的事，因为这种事紧紧纠缠，压力山大。如果老做紧急但不重要的事，若干年后会突然发现：我们在宝贵的岁月里却做着无聊的事情。人生为什么会“碌碌无为”？辛苦忙碌，却一事无成，盖源于此。

有些重要但不紧急的事，慢慢会拖成既重要又紧急，甚至因来不及补救而悔恨终生。比如，锻炼身体、孝顺父母、教育孩子等。

当紧急但不重要遇上重要但不紧急，怎么办？我突然接到通知外出开会。紧急，离出发只有一个多小时；不重要，无趣的会。锻炼身体重要，但不急，几天不炼出不了事。我下班后通常慢跑一小时，今天计划要泡汤了。怎么办？马上跑一个小时，冲个凉，出发。如果心里惦着，就会想方设法，只要感到重要，总能挤出时间。

(二)人生的轻重缓急

事业既重要又紧急；理想重要但不紧急；职业紧急但不重要；琐事既不紧急又不重要。如果不经常梳理、思考并付诸行动，很容易被琐碎事务纠缠而疲于奔命。

要追求事业，这点通常没有疑义。但一到现实生活，我们就常常分不清职业和事业的差别。战略目标清晰，愿意为之奋斗的是事业；为了一份收入，每天得过且过的是职业。还有更简便的判断方法：盼着早点上班的是事业；盼着早点下班的是职业。

都知理想重要，当和现实遭遇、冲突，理想常常输得一败涂地。所以，很多人辛苦忙碌后会迷茫，原因是没有方向。如果觉得理想太空洞，请养成静思的习惯，经常在夜深人静时花十分钟问自己：“今天干了什么重要的事？明天要干什么重要的事？未来最重要的事是什么？”久而久之，理想就会喷薄而出。

我的博士论文研究结论：闲暇消费决定品位；可控闲暇决定未来。人的差别就看夜深人静时他在做什么？人的差别常常就在这十分钟。

认真观察人生才能有正确的人生观；好好谋划未来才会有美好的未来。

二、《孙子》与“SWOT 分析”完美对接

怎样才能有效地做“重要的事”？界定领域是关键，清楚地知道该在什么领域竞争，对应的战略、主要业务等也就清晰。可用战略管理“SWOT 分析法”处理这个问题。

很多竞争研究、战略理论，都能在《孙子》里找到源头，比如“SWOT 分析”。

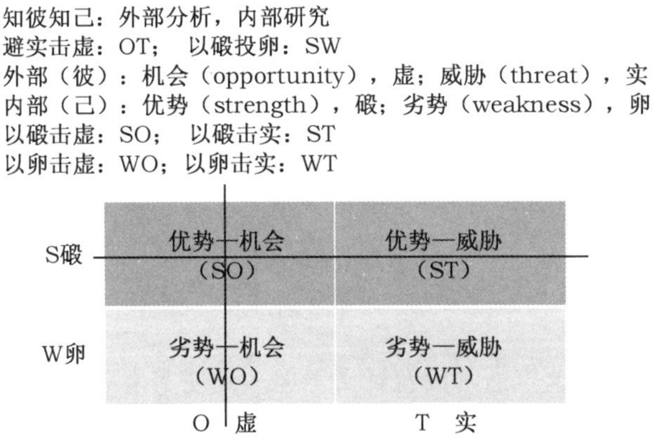

《孙子》与 SWOT 对接图

《孙子》的“知彼知己”对应“SWOT 分析”的外部分析、内部研究。

《孙子》的“避实击虚”“以碫投卵”对应“SWOT 分析”的机会、威胁、优势、劣势分析。“避实击虚”是避敌之实、击敌之虚。在此，孙子有个潜

台词:“以实击虚”,以己之实,击敌之虚。磨刀石砸鸡蛋,以己之碫投敌之卵,战无不胜:“以碫投卵”;以己之碫击敌之碫:“两败俱伤”;以己之卵击敌之卵:“没啥卵用”;以己之卵击敌之碫是重大战略失误:“以卵击石”。

“SWOT 分析”的内、外部分析。外部分析(“OT”,机会和威胁分析),对应《孙子》的“避实击虚”。紧紧抓住外部机会:“彼之虚”;及时避开外部威胁:“彼之实”。内部分析(“SW”,优势和劣势分析),对应《孙子》的“以碫投卵”,充分发挥自己的优势:“己之碫”;了解并规避自己的劣势:“己之卵”。

“SWOT 分析”的四象限分析。“优势—机会分析”(“SO 分析”):用我的优势迎接外部机会,以己之碫击敌之虚,容易取胜。“优势—威胁分析”(“ST 分析”):用我的优势迎接外部威胁,以己之碫击敌之实,难以取胜。“劣势—机会分析”(“WO 分析”):用我的劣势迎接外部机会,以己之卵击敌之虚,难以取胜。“劣势—威胁分析”(“WT 分析”):用我的劣势迎接外部威胁,以己之卵击敌之实,必败无疑。

“避实击虚”“以碫投卵”的战略思维:寻找己之实、彼之虚的机会,发起进攻;寻找己之碫、彼之卵的位置,实施打击。“SWOT 分析”就是寻找自己优势与外部机会的交汇点,实现“S”与“O”的完美结合。资源有限,不能平均分配时间、精力,不要均等分析四个象限,要重点研究“优势—机会”象限,进行“SO 分析”。

第四节　重要的竞争对手

一、竞争对手其实不多

一位朋友向我诉苦:近来诸事不顺,各方面关系处理不好,今天还被块石头绊了一跤。他苦恼地问:“为什么整个世界都和我作对?”有这种感叹,是因为他把周围许多人甚至事都当成了竞争对手。

《虚实篇》说:“备前则后寡,备后则前寡,备左则右寡,备右则左寡,无所不备，则无所不寡。寡者，备人者也；众者，使人备己者也。”越是身处竞争激烈的社会，越要重视对手的选择。注意：上级不是我的对手；下级不是我的对手；很多平级也不是我的对手，竞争对手其实不多。有了这种态度，我们的生活才会从容。

即使有许多对手，也要将竞争者分为主要竞争对手、次要竞争对手、潜在竞争对手。将主要竞争对手再细分为：第一、第二、第三竞争对手。时间、精力、资源有限。如果要争，一定要集中优势兵力打歼灭战，然后各个击破。重要的是紧盯第一竞争对手，一旦发现战机，“攻其无备，出其不意”，快、准、稳，夺取胜利。

没有永远的对手，对手可能变朋友。但有一个对手与我如影随形、陪伴终生：自己！能征服天下的是英雄；能征服自己的是圣人。战胜敌人不易；战胜自己更难。《孙子》可以指导我们战胜最大的敌人：自己！每天进步一点点，让今天的我超过昨天的我。战胜了自己，才能真正掌控人生主动权。

二、“无所不备则无所不寡”之悟

波特构建了“五力竞争模型”，他认为决定行业竞争有五大力量：现有竞争者、新进者威胁、替代品威胁、供方议价能力、需方议价能力。据《孙子》“备前、后、左、右”的警示，如果对这五力都调集资源防守甚至对抗，会疲于奔命、痛苦不堪。

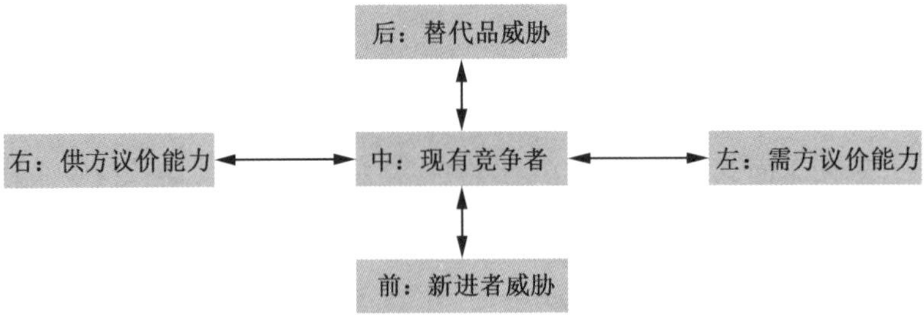

孙子“无所不备则无所不寡”与波特“五力竞争模型”

(一)思想之备与行动之备

读《孙子》和“五力模型”,我得出一个重要感悟:要分清思想之备与行动之备的差异。

小汤问:“无所不备”的警示与“防人之心不可无”的古训矛盾吗?老汤答:不矛盾。你可以心中有剑,但不要拿着剑到处乱晃。

“无所不备”的语境是战争年代,需要行动之备。要拿出实实在在的兵力、资源来守卫,以防敌突然袭击。兵力有限,处处设防会导致兵力分散、防守薄弱。战地防守成本很高,所以,孙子反对“无所不备”。

“防人之心不可无”的语境是和平年代,只需要思想之备。不知对手是谁,不知对手何时会伤害你,在思想上保持警觉就行,不需要行动,也无法行动,总不能一个个去问:“你会伤害我吗?”害你的人不会说真话,不害你的人会觉得荒唐。和平年代冲突不剧烈,回击对手进攻的反应时间相对充分,“防人之心”成本不高,多“心防”,又何妨?

(二)如何应对“五力模型”的前后左右

研读《孙子》,我对“五力模型”的新进者威胁和替代品威胁感悟颇深。因为“威胁”尚未付诸行动,对待“威胁”只需“防人之心”,不必动用太多资源,而且,防不胜防。如果想在某个行业做百年老店,降低利润率,就降低了进入威胁;利润率太高,再防也无济于事,一定会吸引新的竞争者进场。

替代品无处不在!应特别留意其他行业的变化,“螳螂捕蝉,黄雀在后”,当今社会风云变幻,运用“工匠精神”的同时,我们一定要让产品适应时代,有应变力。我的“人生战略思维”三部曲的第三部就是:“精进”,不能故步自封。

对于“供方和需方的议价能力”要客观看待,我认为把这两者也看作竞争力量欠妥。供需两方和我是相互依存的关系,是友不是敌,要整成合作关系。我和供需方在利益上存在冲突矛盾很正常,组织内部还有矛盾冲突呢!解决这个问题的重要智慧是:不要贪心!别把所有好处都占了;同时也让供需方明白:我若无利可图,大家关门回家。

(三)现有竞争者的对抗

与现有竞争者的对抗是《孙子》研究的核心,几乎通篇都在讨论这个问题。要经常站在对手的角度分析:如果你是对手,会怎么回应?回应的可能性多大?有效性如何?速度多快?这样,你就会拿出更有效的行动方案。

每个竞争者都是独特的,同一竞争者在不同时空下情况都不一样。成功无法复制,要因敌变化。每个竞争者各自认定的主要竞争对手不同。所以,要低调,不激怒对手。

三、案例分析

(一)黛、钗竞争分析:关注点不同,结局不一样

黛玉小心眼,经常为宝钗与宝玉斗气。有趣的是,宝玉常常与其他丫头耍闹,有时尺度还比较大,但黛玉从不吃醋,因为她的竞争对手定位明确。

"精心"的关注点不同,道路选择不一样,风景、结局会不同。黛玉关注宝玉,把注意力全都放在他身上,她得到了宝玉的心;宝钗关注长辈,面面俱到,平衡各种关系,深得大家喜欢,在"父母之命,媒妁之言"时代,她得到了宝玉的人。

黛、钗都没学好《孙子》。黛玉要是在王夫人身上多花点心思,处理好宝玉身边人的关系,会胜算很大;宝钗要是在宝玉身上多用点心思,同时可得到宝玉的人和心。这就是为什么毓鋆老师主张女孩子出阁时,家长要送一本《孙子》当嫁妆。

(二)可口可乐的竞争对手

很多人认为可口可乐的竞争对手是百事可乐。其实,可口可乐有一个强大的竞争对手,一个几乎不要钱的替代品:水。可口可乐所涉行业本来毫无发展空间和盈利潜力可言,如果它以"解渴"作为产品诉求,会被水打得一败涂地。可口可乐发现并挖掘了一个最大化其核心竞争力的点:

文化。

第二次世界大战时期，可口可乐成功地把它和美国紧密地联系在一起，美国士兵捧着它仿佛就拥抱着祖国。可口可乐的重要性居然和武器弹药相提并论，作为战略物资配送到前线。所以，美国国防部会为它在全世界建厂，帮它快速实现全球化扩张。

可口可乐进入中国市场是抓住了国人崇洋媚外的心态。可口可乐的口味其实不适合中国人，很多人都觉得它像“马尿”。但是，它又成功地抓住了“文化”这个牛鼻子，把喝可口可乐和美国饮食文化紧密结合：要过美式生活，先喝可口可乐。虽然国人不喜欢这种口味，但不喝就不时尚、不洋气。于是，捏紧鼻子喝，喝着喝着就习惯了。

“文化+造势”，可以创造并获得巨大的盈利空间。

(三)干式复印机的竞争者选择

以前的复印机是湿式的，刚印出的复印件一不小心油墨就糊了，不方便，还很贵。

威尔逊发明了干式复印机，快捷方便，但有和湿式复印机相同的毛病：贵。用一个贵的新东西取代一个贵的旧东西，难度可想而知。

他们采取的商业模式是：不售产品，只售服务。不以湿式复印机为竞争对手，不与其发生直接冲突，而是用《孙子》“迂其途”的打法，以帮助客户解决问题为目的，不推销昂贵的复印机，而是把机器租给单位，按复印张数收费，客户不需要购买机器，却能享受方便、廉价的服务。因为顾客的本质需求是复印件而非复印机。于是，湿式复印机自然出局。

第二章

精　诚

“精诚”的《孙子》战略思维是：“我专敌分”。

《孙子》对“精诚”有诸多论述。

“精诚”要求目标专一：“我专而敌分。我专为一，敌分为十，是以十攻其一也，则我众敌寡。”（《虚实篇》）

“精诚”有主观上坚定不移的斗志：“故为兵之事，在顺详敌之意，并敌一向，千里杀将，是谓巧能成事者也。”“吾将一其志。”（《九地篇》）

“精诚”有客观上破釜沉舟的设计：“善用兵者，携手若使一人，不得已也。”“帅与之期，如登高而去其梯；帅与之深入诸侯之地，而发其机，焚舟破釜。”“投之亡地然后存，陷之死地然后生。夫众陷于害，然后能为胜败。”（《九地篇》）

《庄子》说：“真者，精诚之至也，不精不诚，不能动人。”真挚的感情才能打动人，自己都感动不了，怎能感动别人？积我多年的上课经验，发现一个规律：研究最多、思考最深、投入情感的内容，最能吸引听众。“精诚所至，金石为开”，锲而不舍地做一件事，常常战无不胜，攻无不克。《六韬》说：“凡兵之道，莫过于一。一者，能独来独往。”“一者，阶于道，几于神。”用兵之道，莫过于精诚。精诚，就不受干扰，能独来独往。精诚，是悟道之梯，能接近神明。《尉缭子》说："兵以静固，以专胜，力分则弱，心疑者背""专一则胜，离散则败"，沉着冷静军心稳固，合力专注容易取胜，兵力分散战力减弱，军心疑惑队伍溃散。"精诚"是胜利之本。

第一节 核心能力

"精诚"是积聚并最大化自己的核心能力。核心能力又称核心竞争力，有四大特征：价值性、稀缺性、不易替代性、难以模仿性。核心竞争力分析有三个阶段：(1)梳理：摸清我拥有的资源和能力；(2)分析：这些资源和能力哪些可成为竞争力；(3)确定：这些竞争力中哪些是我的核心竞争力，然后把时间和资源往这方面投。打造核心能力是一项长期、艰苦的工作；最大化核心能力需要智慧和机缘。

一、个人品牌

这是《孙子》研究的"形"。

(一)"貌、智、德"品牌建立法

建立良好的个人品牌是打造核心能力的重要内容，需要精诚的力量。和大家分享我的"貌、智、德"品牌建立法。人生有三件宝贝，可以从三个方面去塑造自己的品牌：容貌、智慧、德行，一个比一个重要：容貌只到半老；智慧可助一生；德行能管三代。

容貌的重要性不言而喻，父母给了你姣好的容貌、帅气的长相，你要感恩不尽。"颜值"在哪个时代都很重要，庞统虽有"凤雏"之才，但他长得丑，到处碰壁，险被埋没。当然，容貌只能到半老："徐娘半老，风韵犹存"，徐娘已是中年女子，还能迷人、有吸引力，靠什么？风韵。不是"美貌犹存"，而是"风韵犹存"：气质！谁都无法一直用容貌去吸引人，韵味尚在、气质犹存已很不易。据说驻颜术可去皱、装嫩。不要装！装，就是人为，就是"伪"。60 多岁了还化妆去演 18 岁的小姑娘，让人感觉不舒服。20 多岁的小伙长得帅，招人爱，六七十岁的大叔，还能靠"帅"闯江湖？

“帅”已不在线，魅力已不靠长相。

初始“颜值”无法掌控，万一拼不过别人，没关系，进入下一轮竞赛：智！智慧可以管一生。著名歌唱家、教育家、“中国夜莺”周小燕老师，享年99岁，一直受到众人膜拜，大家是膜拜她的容貌吗？不！是她的智慧、精神！智慧可以管一辈子，智慧散发光芒时，后面会跟一群粉丝，与容貌无关。当然，周先生年轻时很漂亮。颜值很高，又很智慧，还很勤奋，请接受“我的膝盖”。

德行最重要。《易经》教导：“积善之家，必有余庆，积不善之家，必有余殃。”德行可以影响三代，积德行善，不但自己受益，而且荫及子孙，几百年后，儿孙后辈还自豪地怀念：“哇！先辈××多么了不起！对我们影响巨大!”中国古代，四世同堂、和睦相处的大家庭，必有一位德高望重的长者在那安坐。如果做坏事，不仅害人害己，还会殃及子孙。

(二)美德之悟

拥有美德不易，守护美德更难，需要家庭和社会共同呵护。《论语》中，孔子感慨：“吾未见好德如好色者也”，我从没见过喜欢美德就像喜欢美色的人。“爱美之心人皆有之”的“美”常常指“美色”。《孟子》中，告子说：“食、色，性也。”喜欢美食和美色是人性。而美德常不为人性所喜好。守护美德就像守护城堡，只要有一处薄弱环节，城堡就会被攻陷，尤其是富庶之城、战略要塞、兵家必争之地，遭受的进攻会更加猛烈。所以，越是考验人性的美德，比如“廉洁”“从一而终”之类，要守住，越难。

“美德”要具备以下几个条件：(1)对社会有益、对他人有利；(2)难以做到、难以坚持；(3)长期教化、自然而为；(4)非功利性。

第一点很好理解，否则，也不会备受推崇。

第二点要举例说明。“孝顺父母”“养育儿女”都满足第一个要求，但前者是美德，后者就谈不上。生儿育女都能做到，是人的天性，甚至是动物的本能；但孝顺父母不是每人都能做好，“久病床前无孝子”，一如既往地孝顺更难。

第三点，高尚的品德需长期教化、潜移默化，涉及原生家庭，从小耳濡目染，父母言传身教，光有后天学习不够。品德高尚者所作所为，别人看来很不容易，对他而言自然而然，毫不刻意做作，一直受到熏陶，这些美德已化在他身上、融入他心里。才，可通过上课、培训等方法获取，专业知识短时间就能掌握，相对容易。所以，中华文化重“德”。德，就像钢铁的材质；才，是把这个钢材制成某种器具。品德教育是把孩子锻造成什么样的材质；读各种班是把孩子制成某个器具。材质锻造需千锤百炼，器具制造则相对容易。所以，品德教育才是家庭教育最首要的任务、最重要的根基，孩子材质不过关，未来挑不起大梁，班读得再多也是“朽木”，结果是“不可雕”。

最后，高尚的品德很难靠商业打造出来，美德不能功利化，一旦功利，必然变质。所以，“打造好人”的商业策划不可取。中国古代有许多教训。汉朝主张“圣朝以孝治天下”，一个孝子不一定是忠臣，但不孝之子一定成不了忠臣。所以，选忠臣要到孝子中去选，于是，人才选拔开启了“举孝廉”的推选制度，各地把孝子推举出来，进入朝廷做官。后来的统治者也推崇备至，于是，涌现了很多感人的孝道事迹，比如晋人王祥“卧冰求鲤”等。“旧时王谢堂前燕”中的“王”，就是王祥家族，王祥不仅自己做官，家族也成望族，孝顺不仅荣华富贵，还可福及子孙，太有吸引力了！人们争相仿效，涌现出许多造假事件。有人孝顺不是发自内心，而是有目的，是作秀，让孝顺变味，出现“举孝廉，父别居”的假孝。为证明自己孝顺，大兴厚葬之风，大量财富被埋地下，浪费巨大，同时催生一个暴利行业：盗墓。父母过世守孝三年，本为寄托哀思，在父母坟前搭个棚子，守三年，结果，守墓是怕人盗墓。一种人间美德在追名逐利之下面目全非。尤其是当某人的美德给他带来荣誉地位、巨额财富时，针对他的围猎就开始了。

个人品牌很重要、很珍贵，打造要花很久，毁掉只需一下！

二、自我营销

这是《孙子》研究的“势”。自我营销就是自我“造势”。有一个著名典故：“姜太公钓鱼，愿者上钩。”姜太公用直钩钓鱼，他是在钓鱼吗？不！他是在吸引眼球，在“造势”“钓人”！果然，文王派武王来请。不去，要老爸亲自来，继续“作”。文王来了，他还要文王拉车。如果他找周文王自荐，效果会大打折扣。这是历史上最早的自我营销成功案例。

(一)“天生我材必有用”

李白名句：“天生我材必有用。”通常的翻译是：“老天生下我这块材料一定能派上用场。”这种理解会有什么问题？

初出茅庐、走向职场，常有一种想站在高山之巅的冲动。豪情万丈，胸脯一拍，向全世界宣告：“天生我材必有用，我来了！”五年过去了，没人用；十年过去了，还没人用；快退休了，仍没人用。这时就会难过，会冒出大家熟悉的“怀才不遇”怨叹，其痛苦之源就是对“必有用”的期许。谁能保证天生我材就“必有用”？万一没有用呢？遇见“必”要长个心眼！站在哲学视角分析：有“必”吗？

我经常跟同学们讲：“你以前不认识汤超义，不是你我的错，现在听了我讲的《孙子》、上了我的“营销管理”课程，五年、十年后，你来看我，可以跟我说说人生坎坷、遭遇不幸，我会倾听，给你做心灵按摩。‘不如意事常八九，可与人言无二三’。如果你垂头丧气地说：‘我怀才不遇啊！’我会批评你：谁该对‘怀才不遇’负主要责任？自己！”

“天生我材必有用”被误读了许多年、贻害了很多人！该名句看似洋溢着强劲的正能量，实则包裹着巨大的负能量。这不是李白的错，而是人们把“用”理解成：为他人所用、为社会所用。这可能导致两种后果：一种是认为天生我这块材料必定有人用，不着急，慢慢来，是金子总会发光，消极等待，错失良机；另一种是踌躇满志、意气风发，满怀信心等待别人重用我、投资我，等着刘备式的领导“三顾”我，结果空等一场。于是，哀叹“怀才不遇”,人生一片黯淡。

如果换个角度,把“用”理解成:为我所用!格局一下变得海阔天空。我会告诫自己:不辜负上天的礼物和恩赐,要冷静分析:我是什么材?该用在何地?主动出击,毛遂自荐,积极营销。即使天生我材“不被用”,也不怨天尤人,而是检讨自己、从容应对。“致人而不致于人”,人生主动权就掌控在自己手中。

(二)孔子师生的自我营销

“造势”!营销自己!这是人生永恒的主题。这不是我的原创,而是要追溯到孔子和他的学生子贡。

1. 孔子为什么这么容易就见到各国领导人

孔子周游列国传播自己的思想,历经坎坷、四处碰壁、狼狈不堪,惶惶如丧家之犬。他的理论适用于和平年代、大一统国家,在“春秋无义战”、诸侯纷争的动荡时代不受欢迎。有一种现象令我好奇:虽然孔子的思想不被接受,但他每到一国都能见到国君等高层领导。见国家领导人咋这么容易?我去美国留学、做访问学者,待那么久,美国总统一次都没接见我嘛!

我仔细研究孔子和学生的八卦,突然发现个中奥秘。原来,孔子的学生中有一位大企业家,深谙营销管理,他就是子贡。孔子每到一个国家之前,子贡就托关系拜访该国的大臣、君王,告诉他们,我老师多么牛、水平多么高,他的理论一定让你受益匪浅。造势工作一做,王公贵族的好奇心被激发,然后孔子出场,在各国君臣中“点击率”自然就高。

2. 产品不同,手法不一

孔子和子贡师生俩是营销管理的鼻祖,其重要依据来自《论语》中一段精彩对话。

子贡曰:“有美玉于斯,韫椟而藏诸?求善贾而沽诸?”子曰:“沽之哉!沽之哉!我待贾者也。”

今天人们津津乐道的“自我营销”理论,早在2500多年前,孔子和子贡就提出来了。二人由于年龄大小、水平高低及影响力差异，营销的方式和特点各不相同。

子贡自我营销的特点是“求”。子贡年轻，道行不够深，影响力不大，他要向君王大臣们、向世界主动营销自己，不允许“怀才不遇”事件发生在自己身上，虽然酒香，还要吆喝。我将其称为“主动式营销策略”。

孔子自我营销的特点是“待”。孔子年长，阅历丰富，水平高深，他就不能急吼吼地到处自我兜售，这样做价值会被低估，应该略微增加神秘感，优雅淡定地坐着，等待别人造访，我将其称为“造势式营销策略”。

如果买家不来怎么办？这就需要孔子师生联手。子贡在自我营销、“求”的时候，运用“捆绑式营销”法，他不仅要营销自己，还要营销老师，借老师的势造自己的势，与此同时，也提升了老师的“势”，增加了老师的“价”。

3. 对象不同，特点各异

还有一个重要因素，就是营销对象的差异。对方特点不同，商业模式各异，对应的营销方式也不同。

中国传统的经商之人有两大类型：商、贾(gǔ)，其重要差别是：行商坐贾。商，主动到各处跑，寻找业务，开拓市场，重信息、助流通；贾，开店，等待顾客上门，重产品质量、客户维护、顾客口碑。

如果向这两大类商家营销产品、自我营销，其手法不尽相同。对“贾”得“求”，他要守店，坐等顾客，你也“待”，他也“待”，就没有交集、没有信息的交流和沟通，就会错失商机；对“商”要“待”，“商”的消息广，容易知道你，发现你的价值，你就不必过于主动营销，而是适当制造神秘、制造稀缺，等对方出到一个合适的价才成交。对于“贾”也可先“求”后“待”，派出类似子贡这样优秀的门人弟子，先上门营销，等“贾”动心了，老师仍在家中端坐，这样，会出现料想不到的好效果，成语“待贾而沽”就源于此，“贾”是“价”的通假字。

“求善贾而沽诸”的“贾”，念“gǔ”，坐商。“我待贾者也”的“贾”，念

"jià","价"的意思,通过"贾"的读音,可测试一个人对《论语》这段话的了解程度。

我试着翻译这段精彩对话。子贡问孔子:"我有一块美玉,我是把它密封在盒子里,小心翼翼藏起来?还是去找一个识货的店家卖掉?"(老师当然知道这个聪明的学生不是来谈买卖宝玉,而是在商讨人生价值、自我营销。)孔子连声回答:"卖掉吧!卖掉吧!我也在等待一个好价钱、好平台,把自己营销出去,让自己发挥更大效用。"

第二节 持之以恒

精诚,锲而不舍、持之以恒。《道德经》说:"孰能浊以静之徐清?孰能安以动之徐生?"怎样让一瓶浑浊的水变清澈?老晃荡肯定不行,要长时间不动它,慢慢地它就清澈了;怎样移动一个静止的重物?使蛮力肯定不行,要设法一点点、慢慢地让它动起来。

一、"我一定要发财!"

(一)立常志

我刚从政府机关下海创业时,一直找不到感觉。一天,我读《了凡四训》深受启发:"有志于功名者必得功名;有志于富贵者必得富贵。人之有志如树之有根,立定此志,须念念谦虚,尘尘方便,自然感动天地。"立志且持续努力,立志功名就能得到功名,立志富贵就能得到富贵。人有志如树有根,要树立远大志向。每时每刻、每个动念都做到谦虚谨慎。人在尘世,与人方便自己方便,开心地做好事、帮别人,时间一长自然感天动地。

人生最重要的财富是我们强大的内心、锲而不舍的精神、与时俱进的斗志,是心中那盏不灭的明灯。立志非常重要,立志,"天线"就打开了,就能不断接收到前方的信号。立志可为"精诚"提供持续不断的动力。

怎么立志?妈妈常教育我:"有志者立常志,无志者常立志。"什么叫"立常志"?树立远大目标,坚定不移前行,每天对自己说"我要!"要的是同一样东西、奔的是一个明确的目标；什么叫“常立志”？心血来潮就立个志向，一遇挫折就马上放弃。目标飘移，都达不到，最后没志，人生迷茫。《大学》说：“知止而后有定”，知道在什么地方“止”，才能有定力。“立常志”是“知止”的具体表现。

(二)楼梯口捡十万元

《大学》指引、了凡启示和妈妈教导，让我在创业征途大受裨益。

我和岳父不在同一个城市，一天，我发现岳父家楼梯口装了一个新东西：声光控制器，利用声音和光线控制路灯开关，省电。那是 20 世纪 90 年代初，这种节能产品还很少，我敏感地意识到这是一个商机，我找到供应商，中间商要赚差价，不肯透露厂家。我想方设法找到厂家，并把产品推广到我所在的城市，挖到了创业的第一桶金。

岳父后来常讲这个故事：“想要赚钱，光说没用，要付诸行动，女婿在我楼梯口不声不响地捡到十万元巨款。”

为什么其他人天天路过都没看到商机，而我却一眼就发现了？因为我做了个“机制设计”，每天早上都对自己说：“我一定要发财！”不知不觉，我头顶那根发财的“天线”就伸出、打开、发射电波，不断扫描，机会一出现，我就捕捉到。这个方法简单吗？简单。容易吗？不容易！喊几天可以，要坚持很难。我坚持喊了四年，终获成功。

很想发财不一定能发大财，没有强烈的发财愿望一定发不了大财！

二、坚持的力量

(一)坚持的故事

某演说家到美国一所著名大学做讲座，大厅内座无虚席，他在讲台中央吊了一个几吨重的大钢球，然后安坐在后侧，用个小木槌有节奏地轻轻敲击，钢球纹丝不动。半小时过去了，下面议论纷纷；一小时过去，人走了大半；两小时过去，听众寥寥无几；三小时左右，奇迹出现，沉重的钢球竟大幅度摆动，演说家缓缓起身，深深鞠躬，只说了一句话：“各位，我的演讲叫:坚持的力量。”大家起身长时间鼓掌,有的人热泪盈眶。这不是普通的演讲,而是行为艺术,坚持下来的人震撼一定巨大、感悟一定深刻吧?

我“转型”进入上海国家会计学院后,做了一个有意义的尝试:从2002年起,我坚持给EMBA、EMPAcc、MPAcc等我服务过的每位学员打生日祝福电话。

校友聚叙,常谈到我的生日电话。一位银行家校友把我打生日电话的故事讲给客服经理们听,其中一位颇为不屑:“这有什么难?”于是开始实施,三年后就坚持不下去了。那位校友感叹:不能坚持,还不如开始就别行动。

(二)不要乱“坚持”

很多事情看似很难坚持,但发现其中奥秘,其实不难。

不要乱“坚持”!没有意义、无趣甚至痛苦的“坚持”不可持续。

首先,要有意义。大家一开始没在意我的电话,四五年后才开始关注。很多校友动情地说:现在过生日,如果没接到汤老师的电话,感觉就像没过。有一天,我忙到晚上才打电话,有位校友激动地说:汤老师,我等了一整天,我给家人说过,您一定会打电话的!有一次,是位校友的大生日,所有人都忘了,包括其父母、丈夫,她接到我的电话就哭了。

其次,要有乐趣。朋友们担心这会成为我的负担。如果把它当任务,趁早别做。我是心甘情愿,其乐无穷,深深体会到孔子“知之者不如好之者,好之者不如乐之者”的道理。这样,我每年至少可和每个校友联络一次,关注他们的发展变化、成功失败、欢乐忧愁,与他们同喜同悲,每个校友都是一部人生画卷、一本生动的书,经常翻翻,何乐不为?

最后,要成习惯。有人问:怎么能坚持这么多年,难道不会忘记吗?我反问:你早晚刷牙“坚持”了多少年?会忘吗?他会心地大笑。如果成为习惯,并没有想象的那么难坚持。我这习惯还影响到家人,太太常问:“生日电话打好了吗?”

我服务的校友从刚开始1个班56人,增加到50多个班近3 000人。

2017年初，我离开项目，但我仍然坚持下去。

第三节　背水一战

还有一种精诚叫“背水一战”，其源头来自《九地篇》的“投之亡地然后存，陷之死地然后生”。《吴子兵法》说：“必死则生，幸生则死”“用兵之害，犹豫最大，三军之灾，生于狐疑”，抱必死决心反能生存，想侥幸生存反而灭亡。战争最大的危害是犹豫不决，军队最大的灾难是狐疑不定。当断不断，必受其乱。精诚，是致胜的法宝。

一位同学听了我的《孙子兵法与人生战略》课程，尤其是《孙子》“投陷”名句非常震撼，想辞去上市公司高管去创业。他说，如果没有“破釜沉舟、背水一战”的决心，就无法真正走上创业之路。我钦佩这种勇气，肯定了他的决心，但给他提出注意事项。

一、全面了解“投之亡地然后存，陷之死地然后生”

（一）“投”“陷”有别

“投”比“陷”主动性更强。“投之亡地”：主动把军队放到危险境地，像“背水一战”“破釜沉舟”案例，是主动“背、战”，主动“破、沉”；“陷之死地”，军队被动进入死地，“死地则战”。梅尧臣说：“地虽曰亡，力战不亡；地虽曰死，死战不死。”虽是亡地、死地，等死不如战死，力战、死战还有生机。

也有“置之死地然后生”之说，置，虽然主动，但没有“投”目的性强。比如，买房有“投”“置”之分：有一种叫“投资”，侧重盈利；还有一种叫“置业”，偏重稳健。房子用来炒的叫投机；房子用来住的叫置业。

（二）分清战略和战术

以“生、存”为战略目标，以“死、亡”为战术手段。

受“破釜沉舟”“背水一战”等壮烈故事影响，很多人曲解“投之亡地然后存，陷之死地然后生”，没有读出这句经典的关键字：“生、存”！这才是目的、战略目标，要围绕这两个字做文章；“投之亡地、陷之死地”是战术手段，是为了最大化部队战斗力、最大化士兵的潜能。正如《六韬》所说："勇斗则生，不勇则死。"

很多人把重心落在"死、亡"，动不动就"破沉、背水"，非常危险！"死、亡"只是手段。如果战略目标不明、战术手段不当、敌情分析不够，就会落入"小敌之坚，大敌之擒"的结局，敌强我弱，敌碫我卵，负隅顽抗，全军覆没：要么战死，要么被俘。

辞职创业要目标明确，要反复问自己：我为什么创业？答案清晰才行动。创业要有情怀，如果仅是一时激情或工作不开心辞职，激情过后，发现创业也不开心，怎么办？

二、"背水一战"的真相

不要轻易"投、陷"。如果被动遭敌"投、陷"，成活概率很低；即使主动"投、陷"，也要有章法、有预案。

很多人以为"背水一战"是韩信把全部军队临河布阵，让士兵没有退路，只好拼死一战，最后取得胜利。只要认真阅读《史记·淮阴侯列传》，就会恍然大悟、明白真相。

韩信三万兵马与赵国二十万大军对峙，力量悬殊。韩信首先精选两千轻骑兵，半夜埋伏在山上；天亮了，再把一万多人布在水边。如此荒谬布阵引得城墙上的赵军大笑：这不成了瓮中之鳖吗？只见韩信一马当先，帅旗飘飘，带领另外一万多将士向赵军挑战；大战良久，汉军不敌，退到水边与那里的军队汇合；看到汉军"溃败"，赵军激动不已、倾巢而出、争先恐后：捉韩信、立大功、受大赏。这时，埋伏的轻骑兵冲进无人防守的城堡，关上城门，拔掉赵旗，插上汉旗，击鼓呐喊，响声震天。城外苦战、焦头烂额的赵军回头一看，都城陷落，城门紧闭，顿时大乱，汉军趁机掩杀，大败赵军。

三、“背水一战”致胜的本质及感悟

人们的关注点一直只在“背水”，因为惊险精彩，娱乐性强，吸引眼球。仅仅看到背水，不做全面分析，会被蒙蔽，贻害无穷！如果只是“背水”，希望“置之死地而后生”，全部兵力投入战斗，打不赢再退到水边，面对赵军七倍的兵力，汉军再怎么殊死搏斗也无济于事。了解韩信的完整部署，透过现象看本质，不要受名称所惑。“背水”只是系列部署中的重要一环。打着帅旗，韩信亲自出场，高调在阵前挑战，“输”了后“溃逃”，才引得赵军全体出动。水边的汉军以逸待劳，先头部队打累了，退到水边，两军会合，休整好的军队再冲锋，轮番休整、轮番冲锋，以维护持续的战斗力。而且没有退路，必须死拼，汉军是保命，赵军是争功，斗志差别很大。关键一招是那支轻骑兵，运用《孙子》“攻其无备，出其不意”“以正合，以奇胜”的战略，取得了出奇制胜的战果！

创业者要有全局观，既不被困难吓倒，又不被片面的经验忽悠，许多成功只能借鉴，不能复制。创业前要认真选好领域、产品和服务，分析商业模式，《形篇》说：“胜兵先胜而后求战；败兵先战而后求胜”，做好前期准备，有了胜算才战；没准备好就贸然冲锋，想侥幸取胜非常危险。

没有做好准备，就是准备失败！

第四节　读书的“精诚”

一、精诚多维度分析法

《庄子》说：“吾生也有涯，而知也无涯。以有涯随无涯，殆已！”人生苦短，学海无涯，方法不对，就会迷失。多年来，我一直在思考：中华文化博大精深，什么才是中华优秀传统文化？怎样让公众在不长的时间能大致了解？

一次我去拜访南怀瑾老师，正好有个妈妈带着儿子来求教，孩子读了

南老师很多著作，老师问："读过《论语别裁》和《原本大学微言》吗?"男孩说："没有。"老师说："这两本书最能代表我的思想，你要读我的书，先从这两本开始吧。"我大受启发。

我运用"精诚多维度分析法"：盯住这个领域钻研，多个维度分析比较，找出内在联系，发现个中规律。最后，得出行之有效的中华优秀传统文化学习法。

(一)中华优秀传统文化的两个维度

中华文明能历经几千年不衰，要感谢中华优秀传统文化。中华民族要继续昂然屹立于世界民族之林，必须浇灌好我们的根。

中华文化精髓何在？中华传统文化体系宏大，诸子百家就让人目不暇接。从中理出优秀者，很难，但又很必要。怎样轮廓性地了解中华优秀传统文化的主要内容？怎样搭建该框架？多年来，我一直在研究、思考，也理出了一个较为清晰的脉络。

我从两个维度分析。第一个维度，对人类的贡献度。在历史长河中，对中华民族贡献最大、影响最深、耳熟能详的是哪些学派？第二个维度，对人生的重要度。哪些学派对现实生活帮助很大？如果某学派同时满足这两个要求，能在这两个维度有交集，就能称之为中华优秀传统文化。

先看第一个维度，站在历史的角度分析，几千年来，对中华民族有重要影响、现在还继续发挥作用的主要学派有兵家、儒家、道家、佛家、易经。它们在中华民族发展过程中作出了重大贡献，这是不争的事实。再看第二个维度，经过反复比较、认真梳理，我发现，对人生帮助最大的同样是以上这几个学派。

综上分析，兵家、儒家、道家、佛家、易经是最重要的中华优秀传统文化。

(二)中华优秀传统文化对人生不同时期的帮助

中华民族是一个战天斗地的民族，太阳多了，射下：后羿射日；洪水泛滥，治理：大禹治水；大山挡路，搬开：愚公移山。要生存、要发展，就必须锐意进取，要与天斗、与地斗、与人斗、与己斗，要把无序的争斗变成有章法的奋斗。所以，要懂战略、懂兵法，而《孙子》是兵法之宝、兵经之首，他的“不战而屈人之兵”“致人而不致于人”“全胜”等经典理论，在我们奋斗历程中帮助巨大。

人生不能一直处在竞争、战争状态。孔子说：“君子无所争”，我们的人际关系大部分是非竞争关系，如家人、领导、朋友、事业伙伴等，这就必须懂得为人处世，实施多赢的“王道”。“物竞天择”是物种的低级阶段，一个文明的族群，即使竞争也是有序竞争、优雅竞争、君子之争。儒家文化对此有系统的研究、完整的学说，“中庸之道”“忠恕之道”等智慧，为个人进步、社会安定提供了重要滋养。

人生有高峰低谷，四季有酷夏寒冬。人最容易在高潮和低潮时出问题，处在顶峰时容易摔死：不知道前面是很陡的下坡；处在低谷时容易吓死：不清楚接下来是上坡，以为还会下跌，绝望了。如何面对人生的跌宕起伏？道家提供了解决方案：鼎盛时不能得意忘形，老子告诫：“功成、名遂、身退”，主动从山上走下去，不要被人从山顶推下，上山看好下山的路，边际效用开始递减就要撤。低谷期不必失意忘形，这正是养精蓄锐的好时机。老子安慰：“知其荣，守其辱，为天下谷”，因为“受国不祥，是为天下王”，知道怎么荣耀，但却安守羞辱，受尽天下委屈，为国吃尽苦头，这是何种人等？必为君王之才！拉升高度，俯瞰世间，给人鼓舞、希望。

荣华富贵生不带来死不带去，不管主动被动，人生都得放下。突然放很痛苦，要循序渐进。佛家说，物欲慢慢放下，灵魂徐徐升腾。我们会到何处？该做什么准备？佛家给出了答案。比如，“轮回”就是博弈论在人生最高层次的运用，人生看似漫长，其实只是无限重复博弈中的一次而已，认识到这点，才会胜不骄、败不馁，才能笑看人生潮起潮落，而且会让“我死后管他洪水滔天”者心存畏惧。

《易经》是中华文化之源，它是不同于语言文字的符号体系，它用图像表达出大自然和人生的规律。读懂了《易经》，世间万事都能明白、通晓，就可进入一个神奇的境界;成为《易经》研究大师,很多事情了如指掌。《易经》研究主要有占卜和易理两大方向,占卜研究预测、算命,易理研究人生和自然的道理。由于对未知世界的恐惧、对未来生活的好奇,人们大多关注占卜。老汤心得:学《易经》重在懂易理,掌握人生道理。

从主要研究对象看,兵家研究人和对手的关系,儒家研究人和对手之外的人际关系,道家研究人和自然的关系,佛家研究人和心灵的关系,易经研究阴阳和合、万事万物的关系。从兵家、儒家、道家、佛家、易经看待人生,镜头从特写慢慢拉向全景。

中华优秀传统文化浩渺深邃。我悟出学习的顺序:先学兵家,再学儒家、道家、佛家,最后学易经。按照这个方法学,效率会很高,对于自己核心能力的塑造大有裨益。

中国四大名著是以上理论的最好诠释和案例分析,教给我们不同环境下的生存之道:从《红楼梦》学习家族的生存之道;从《三国演义》感悟庙堂的生存之道;从《水浒传》掌握江湖的生存之道;从《西游记》了解彼岸的生存之道。

因此,我为本校"中华优秀文化研修班"设计的课程是:"孙子兵法""儒家思想""道家学说""佛家认知""易经智慧"及"四大名著",以期让中华文化爱好者能在较短时间内,对优秀传统文化有轮廓性了解。

二、打底的书

要成为某个领域的专家,一定要"精诚"。选好研究的大领域后,还要选择子领域,再深研该领域的经典,反复读、深入读,读好几百遍,读出不同味道。正如陈寿在《三国志》所说:"读书百遍,而义自现。"这就是"打底的书",就是读书的"精诚"。

什么是我"打底的书"?《孙子》当然是,拙著《掌控人生主动权——孙子兵法与人生战略》就是我十几年读《孙子》的心得。我还有一本"打底的书":《论语》。为了让大家了解怎样读"打底的书"、为什么"打底的书"值得反复读？分享我《论语》第一章的学习历程。

(一)和很多人一样，我曾把《论语》第一章读错了

经典的第一章通常很重要，《论语》也不例外。《学而第一》是这样开篇：子曰："学而时习之，不亦说乎？有朋自远方来，不亦乐乎？人不知而不愠，不亦君子乎？"通常这样翻译：孔子说："学习而且能经常复习，这不是很愉悦吗？有朋友从远方来看我，这不是很快乐吗？别人不了解我，我也不生气，这不就可称得上是君子吗？"

受了南怀瑾老师和毓鋆老师的点拨，我深感以上翻译不妥。我举几个亲历的反例证明。

我经历了三十多年的应试教育，每次复习迎考都是一件令人痛苦的事，何悦之有？反倒是考完后，把书一扔，去 K 歌，去嗨，那才很愉悦。不是说：学习时经常复习，是一件很愉悦的事吗？怎么我复习时开心不起来呢？

假如一个儿时的伙伴多年不见，突然告诉我：他在浦东机场，刚下飞机，第一次到上海，要接一下。我正在上课，怎么能去呀？我回复他："哥们，不好意思！我正在上课。"朋友生气了："汤超义现在牛得不得了，要他到机场来接我一下都不肯，说是在上课，鬼知道是不是真的。"回到老家，在朋友圈里黑我一把，我就难做人了。不是说有朋友从远方来是一件快乐的事吗？我这回怎么快乐不起来呢？

马路边卖红薯的老太不知我研究《孙子》多年、不知道我的课很受欢迎，我没有不高兴。稍有修养，便可为之，连这点都做不到，水平也太差了吧？如果做到了就可称为君子，那么君子的标准也太低了吧？

(二)读 100 遍的收获

当《学而》读了 100 遍时，我发现原来的理解有问题，主要对以下几个字误读：

"学"：不只是读书学习，而是学问、学做人做事、提高修养。

"时"：不只是经常、时常，而是关键时刻、合适时候顺应潮流。孔子被称为“圣之时者”,《寒窑赋》中“时也、命也、运也”之叹,与本处的“时”词义相近。

“习”:不仅是复习、实践,而是恰到好处、充分运用。“習”,鸟数飞。老鹰训练小鹰,反复指导,小鹰一直不愿飞,飞了几米就掉下来。动物和人一样,都有惰性,要克服地球引力很辛苦。鹰妈妈知道,鹰如果不能飞,和家禽没什么两样,早晚要成某种口粮。一天,鹰妈妈看到时机成熟,就把孩子带到悬崖边,叼起小鹰就往山谷下扔,小鹰像一块石头做自由落体运动,快要着地、粉身碎骨的刹那,生存的本能把它的潜力激发出来,妈妈多次教的技能立即用上,小鹰展翅高飞,此刻,它才真正成为雄鹰。这就是“时习之”。它的内心一定非常自豪、喜悦!比如,你学了《孙子》,运用兵法理论在关键时刻、重要场合,成功搞定重要客户或领导,这就是“学而时习之”;你会感到很欣喜、愉悦,这就是“不亦说乎”。

“朋”:不能作“友”解。在古汉语中,“朋”“友”有别:友,是指我们今天的朋友;朋,则是志同道合的铁哥们、朋党。

“来”:也不仅仅是今天的“过来”,而是“来帮助、投靠”的意思。比如,“近者说,远者来”的“来”就是指“投靠”。

比方说,我要辞职下海,但一直没方向。一天,我正在上课,突然接到老同学在浦东机场发来的留言:“Tom,我是××,我辞掉了纽约的高薪回国,和你一起共创辉煌!”我会非常激动,立即回话:“哥们,我太兴奋了!我正在上课,马上让最好的朋友来接你!”这样的同学才是“朋”,这个时候我才会兴奋,才会欢乐。

“人”:古汉语的“人”是有位之人,和今天的意义不同,“黎民”才与现在“人民”同义。因避李世民名讳,唐后,人、民混用。今天,“人民”“百姓”意思一样。

“知”:不仅是知道,还有赏识、知己、智慧之意。

马路边买红薯的老太不知道我有什么关系?如果是我的领导,我跟了他十几年,我既能干、且肯干、又忠诚,他还不把我当回事,还不提拔重用我，还把我当空气，我仍然能做到不郁闷，优雅淡定，这才难得，才可称为君子！

老汤试译：认真做好学问，关键时候充分运用，我怎能不感到愉悦呢？在我最需要时，志同道合的铁哥们从远方赶来相助，我怎能不兴奋得跳起来呢？领导对我不了解、不赏识，我没有闷闷不乐，仍然淡定优雅，这不就是君子的德行吗？

(三)读200遍的收获

“不亦说乎、不亦乐乎”的“说”“乐”能否互换？《学而》读到200遍时，我有了新的收获，感悟到中华文化的“悦乐精神”，明白“说”“乐”在此不能互换。

“说”：悦，内心喜悦、偷着乐；“乐”：欢乐、喜形于色。

“学而时习之，不亦说乎。”所学知识在合适场合、恰当时候发挥了作用，为什么还要偷着乐？比方说，你用《孙子》理论说服了领导后，蹦起来说：“领导，我跟汤老师学了《孙子》，刚刚我就是用兵法搞定你的，耶！”能这样吗？你虽然很开心，但只能偷着乐：“说(悦)”。最多悄悄跟我分享：“汤老师，谢谢啊！我用您教的方法搞定了领导！”

“有朋自远方来，不亦乐乎”，为什么铁哥们来了要乐？甲同学接待乙同学，甲热情好客，乙内敛含蓄。甲挑了高档餐厅，备好佳肴，早早等候，乙到了，只是冷冷地打个招呼。甲激动的心情一下就会变凉：“来了？”“来了。”“喝什么酒？”“不喝酒。”一场精心准备的晚宴草草结束。比如那位朋友辞掉高薪，回国跟我创业，我应该表现出非常兴奋，要拥抱他：“哎呀！太激动了！太高兴了！”如果只是淡淡地问候一声：“回来了？”人家心里会拔凉拔凉的！该乐的时候就要乐给人家看。

佛家把帮人叫“布施”。“财布施”，给人钱财，授人以“鱼”，简单；“法布施”，教人知识技巧、赚钱门道，授人以“渔”，不错；“无畏布施”，某人失去信心，给他指明方向、鼓舞勇气，传递大无畏精神，更棒！还有一种布施叫“颜布施”，和颜悦色，给人舒心的微笑、大笑。管理者情绪是组织的人文环境：给员工真诚的笑容，他们效率会提高；老是黑着脸，效率会下降。有些管理者总是端着，制造威严。正负相差，损失很大！

有人批评中国人太含蓄，不像西方人热情奔放、善于表达。其实，儒家提倡“悦乐精神”：既含蓄内敛又热情奔放，知道何时内敛何时奔放。这才是中华文化的精髓，这才真正体现中华民族特征。

(四)读300遍的收获

1.《论语》第一章中的人生三境界

《学而第一》读到300遍，我将其与《孙子》结合，感悟出人生三境界。

第一境界：“学而时习之，不亦说乎。”既有价值，又有滋味。人生首先要“聚形”，关键是“学”，就是兵法的“积”。养精蓄锐，功底扎实，打磨核心能力。知行合一，学以致用，不仅小用，而且大用。“说”就是兵法的“隐”，谦虚谨慎，即使成功，也不张扬，偷着乐。“学、时习”主要为社会活，活得有价值；“说”主要为自己活，活得有滋味。

第二境界：“有朋自远方来，不亦乐乎。”带领团队，创造辉煌。机会降临，用兵法的“识势”，拥有施展才华的平台；协同作战，用兵法的“造势”“借势”组建团队、广纳人才，借力使力；调动力量，用兵法的“运势”。志同道合的铁哥们来帮我，不仅要“说”，心里高兴；而且要“乐”，喜形于色：我很满意！很感恩！把这种情感表达出来，用“乐”鼓舞士气，他们就会有认同感、成就感，“士为知己者死”的豪情会油然而生。

第三境界：“人不知而不愠，不亦君子乎。”身处瓶颈，坦然面对。一个人如果4年上一个台阶，40年后能做到总理。可能吗？人生总会有停滞期、低谷期，怎样度过？考验智慧。“人”为何“不知”？有时是领导真不了解，你没进入他的视线；有时是领导装作不知，明知你有能力，压压你的锐气；有时是没台阶可上，再上老板就被取而代之。不被赏识、重用，不仅不能“怒”：公开生气；而且不要“愠”：内心不爽。难道内心不悦都不可以吗？不可以！别小看“愠”，不爽会变成心怨，久之会变成口怨，怨言传到领导耳中，会产生恶性循环，万一情绪管理不好，就会转化为“怒”：和领导直接冲突，后果不可挽回。

2. 领导不赏识怎么办？

首先，分析自身原因：如果是专业能力不够、核心竞争力不强，就要继续努力，发现自己的不足，弥补短板；如果是营销能力不够、宣传不到位、领导不了解，就要努力为自己造势、借势、运势，向领导和社会展示自己；如果是“知彼”没做好，对领导真正的需求研究不够，抓紧做好这方面的功课。反求诸己，有何好“愠”？

其次，分析上司原因：如果上司昏庸，不识人才，那是自己遇人不淑，按孔子“危邦不入，乱邦不居”的指示，别在昏君那里浪费时间；如果领导了解，甚至赏识，但不重用，是我的才华不对领导胃口、核心能力与组织需求不匹配，就要“良禽择木而栖”，寻找适合的舞台。果断撤离，有何好“愠”？

最后，分析时代原因：时机不对？不合时代？如果是时机原因，就要进入“藏”的阶段，“藏”不是消沉遁世、哀叹抱怨，而是积蓄能量，等待时机；如果是才华与时代之需不符，要认真分析，调整航向，“精进”！

处于第三个境界，要开启下一阶段的“学”，继续打磨自己，这样的人生将螺旋式上升，波浪式前进。

孔子这 30 个字，不同时期、不同的人生阅历可以有不同感悟。“精诚”无处不在，读书亦然。有些经典值得我们反复研读。

第三章

精　进

“精进”的《孙子》战略思维是:“因敌制胜”。

天上有一种星叫“恒星”,天文学家说:没有一颗星是永恒的,恒,是相对的。人生亦是,没有一劳永逸的成功,要不断“精进”。

先哲非常重视“精进”。《大学》记载,商汤时,澡盆会刻几个字:“苟日新,日日新,又日新”,这句话意义深远:定期洗澡,及时除掉身上的污垢,保持一个洁净的自我;思想也一样,要及时更新,与时俱进。

就像航拍《孙子》时的“汤氏石头”,把石头辛苦地搬到敌人要经过的山顶,敌人从山脚下走过,不早不晚,把石头推下去,攻其无备,出其不意,砸中敌人,就胜了,这轮搬石结束。要取得新战绩,必须开始新一轮搬石活动。任何成功都属于过去,要取得新胜利,必须“精进”,从头再来。

《孙子》对“精进”有一系列论述。

不断出奇。“以正合,以奇胜。”因为“奇兵”用久了就会变成“正兵”,所以,“善出奇者,无穷如天地,不竭如江河。”

灵活机动。“巧能成事”,要用计用巧;“易其事,革其谋,使人无识;易其居,迂其途,使人不得虑。”战争残酷,情况复杂,要变换技巧。

没有常胜。“五行无常胜,四时无常位,日有短长,月有死生。”任何战术都有破解方法，不存在战无不胜、攻无不克的常胜套路；万事万物都在运动变化，没有永久的核心竞争力；尺有所短，寸有所长，没有优劣，关键看你怎么使用。

因敌制胜。“夫兵形象水，水之形避高而趋下，兵之形避实而击虚；水因地而制流，兵因敌而制胜。故兵无常势，水无常形。能因敌变化而取胜者，谓之神。”孙子反对“教条主义”，主张根据敌情的变化及时调整战术。

辩证有度。“乱生于治，怯生于勇，弱生于强。治乱，数也；勇怯，势也；强弱，形也”，事物发展到一定程度会走向其反面；“视卒如婴儿，故可以与之赴深溪；视卒如爱子，故可与之俱死。厚而不能使，爱而不能令，乱而不能治，譬若骄子，不可用也”，做什么事都要有度，做好事都不能过。

陈明哲教授创立的动态竞争理论有一个重要理念：没有可永久保持的竞争优势！要因应对手的变化而变化。创建暂时竞争优势并累积成长期优势，总是领先对手一步。竞争行动与响应明显加快，要及时、主动掌控竞争互动。市场的引领者和跟随者都要关注竞争规则变化。动态竞争理论与《孙子》“精进”论述异曲同工。

第一节　“精进”之“努力—满意相关性”模型

一、模型研究缘起

有段时间，我诸事不顺，动辄得咎，多方受挫，心生退意。女儿小汤获知，从太平洋彼岸发信息安慰：“老爸，我们拥有太多，要付出更多，才能配得上我们的拥有。”我漫步校园，反复品味，感觉相当震撼！这是先哲派一个二十多岁的孩子用天籁之音来指引迷途羔羊吗？我为之汗颜，也为之骄傲，对很多事一下就释然了。

细想，我情绪低落，究其原因是误读老祖宗金句“一分耕耘，一分收获”。它源于农耕社会：春天辛勤劳作，秋天有所收获，收获因变量与耕耘自变量正相关。但它被商业社会演绎得急功近利：今天耕耘明天就要收获，最好是“一手交钱，一手交货”。社会因此浮躁不安、俗不可耐，物质生活越丰富，精神世界易贫乏。

耕耘有时不一定产生对应的收获，于是感慨：“有心栽花花不发，无心插柳柳成荫”。这句话负能量很大！这是对上苍垂青的幸福、赐予的财富不思感恩，对自己付出没得到期望的回报怨天尤人。柳荫不好吗？为什么心里只有花？

“一分耕耘，一分收获”有其前提条件。死守教条会失望、痛苦：这个结论有时不成立。于是，有了一个重要的研究结论：“努力—满意相关性模型”。

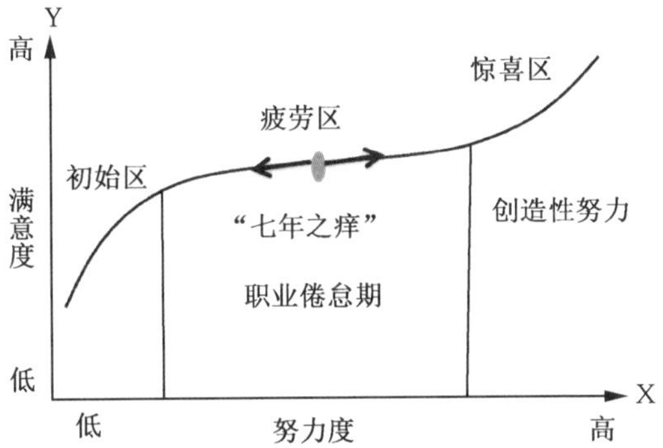

“努力—满意相关性”模型图

二、模型分析

(一)初始区

“努力—满意相关性”模型横轴表示努力度，纵轴表示满意度。满意度和努力度的相关性如何呢？

先讲一个故事。在我们那个年代，两情相悦，女孩喜欢上了一个男孩，通常送的定情之物是一条亲手织的毛线围脖。男孩收到围脖会很激动、会写诗。关系再近一点，就从围脖升级到毛衣，工艺更复杂，他收到女孩织的毛衣，会非常兴奋，到处嘚瑟：“这是我女朋友织的毛衣，漂亮不？”天气热了还穿着。关系再进一步，女孩会给男孩子洗内衣，那可是重大事件，今夜无眠。“一分耕耘，一分收获”在这个时候完美适用，你努力度的增加会让他的满意度直线上升，而且斜率很大，这个阶段叫“初始区”。

（二）疲劳区

有一天或某个晚上，一个关键时点出现，女孩跟男孩说：“亲爱的，从今往后，我就是你的人了。”这就进入了人生的重要拐点：结婚。女同学们，结了婚，你再给他织围脖、打毛衣他会很激动吗？你再给他洗内衣他会很兴奋吗？哪天你没洗，他还会奇怪：“怎么今天内衣没洗？”你还是那样努力，对方的满意度却没什么增加：他越来越习惯了，这条直线几乎变平，斜率接近0。所以，有些女生会很痛苦：“结婚前对我那么好，现在怎么这样了？”这个阶段叫“疲劳区”，这是人性所致，是人生的困顿期。对婚姻来说叫“七年之痒”，是危机期。因为，你继续前行，苍苍茫茫，不知路在何方？你往后退，对方满意度直线下降，甚至掉到原点：一场婚姻宣告结束。

刚入职场，你兢兢业业、勤勤恳恳、吃苦耐劳，领导一看：哇！这年轻人不错！加薪，提拔。五年、七年过去了，你还是那样兢兢业业、任劳任怨，领导会一直提拔你、给你加薪吗？他已经习惯了，觉得你应该这样，你的努力度增加不会让他的满意度增加太多。这就是职业倦怠期。你不那么勤勤恳恳，他却会奇怪，你的努力度下降，他的满意度会急剧下降，甚至不欢而散。继续加油，前路茫茫；如果懈怠，回到原点。怎么办？

（三）惊喜区

一天，在美国做访问学者的我，躺在波士顿学院的大草坪上，仰望天空。突然，灵光乍现，眼前浮现了一卦：“恒卦”。恒卦由震卦和巽卦组成。上面是雷，下面是风，故称“雷风恒”。雷、风都是一种短暂的自然现象，春雷阵阵，微风徐徐。没有哪个雷会“轰隆隆”从早响到晚，风越大越刮不久。《道德经》说：“飙风不终朝。”短暂的雷、风，合在一起，为何能形成永恒的“恒卦”？我顿悟了！

爱情最大的杀手是什么？很多人回答：“时间。”不！是平淡无奇的时间！再怎么轰轰烈烈的爱情、肝肠寸断的离愁、海枯石烂不变的忠心，在平淡无奇中都会慢慢地消磨殆尽。要让爱情之树长青，就要不断注入新鲜血液、赋予勃勃生机，爱人就会不断惊喜：“哇！哇！”爱人的满意度不断拉升，进入一个新区域：“惊喜区”，爱情开启了新旅程。

职场亦是，不要一成不变地加班加点、一直没有创意地吃苦耐劳，开始可以，只会这样是上不去的，要创造性地努力，刷新领导的期望值，让他“哇！”领导就进入了惊喜区。

这就是《势篇》的：“善出奇者，无穷如天地，不竭如江海。”不断出奇、不断创新，才能不断取得胜利。

三、没人“哇”，别沮丧

万一创造性努力也没有人“哇”，怎么办？

分享种稻与种树之别。种稻谷，当年播种，当年收割，第二年不种就没收成，这是短线投资；种果树，当年没有收获，还要经常施肥、剪枝，甚为辛苦，若干年后才开始结果。有些“爷孙树”，爷爷种树，孙子才能吃到果实，但后人只要稍加打理，每年都有收成，这叫长线投资。

《论语》中，“子夏为莒父宰，问政。子曰：‘无欲速；无见小利。欲速则不达；见小利则大事不成。’”子夏当了官，向老师请教为政之道。孔子教导：别一上任就急吼吼想干出政绩，不要目光短浅盯着蝇头小利。想快反而慢；眼浅不成器。时至今日，“欲速则不达；见小利则大事不成”仍是朗朗上口的大白话。孔子教诲也是对“种稻种树”的最好诠释。官场任期制让官员们着急上火，种果树的少，种稻子的多，专干立竿见影、速出政绩的活，甚至“不存方寸地，留与子孙耕”。如此“政绩”怎能经得起时间检验？

常有千年古树，谁见两年老稻？

都江堰是世界文化遗产。2200 多年前，李冰带领民众修建都江堰，积劳成疾死在工地，儿子接着干才把工程整完。当时并没当成什么大事，也没列个碑记载一下“政绩”，说不定还挨批呢：既不见 GDP 增长，还造成大量财政支出。都江堰的价值慢慢显现，李冰治水的功绩到东汉被点赞，唐代开始建李冰祠，北宋李冰的故事慢慢变成神话。都江堰到现在还发挥着重大作用，但李冰父子的生平却成史学之谜。

有些耕耘不是马上就有收获，甚至在有生之年都看不到收获，却能福荫千秋万代。孔子吃尽千辛万苦，为传播他的思想，周游列国，几次被厄，差点丧命，但他明知不可为而为之。历经曾子、子思、孟子，直到汉代董仲舒大力弘扬，孔子的思想才广为传播。

如果创造性努力也没人“哇”，别沮丧，不放弃。“一分耕耘，一分收获”常常是看得见的小收获。辛勤耕耘，长时间乃至今生今世都看不到的收获，可能是大收获！

第二节　从“小敌之坚，大敌之擒”悟“精进”

一、胜利无望，果断退场

《谋攻篇》警示：“小敌之坚，大敌之擒。”敌强我弱，兵力悬殊，越是坚持，越会被消灭或俘虏。这给“坚持就是胜利”提了个醒：必须方向正确，面对万丈深渊，坚持前进，后果严重。坚持的重要前提是有希望曙光。胜利无望，果断退场！《左传》曰：“既不能强；又不能弱，所以毙也”，既不具备实力击敌，又不承认弱势避开，就会被消灭。

唐朝古灵禅师诗云：“空门不肯出，投窗也太痴；千年钻故纸，何日出头时。”一只苍蝇想从白纸糊就的窗户飞出，一直撞纸，撞死也出不去啊！苍蝇死脑筋，旁边就有一扇敞开的大门，却非要从那个窗穿过，何时才有出头之日啊？“空门”指代佛家，“遁入空门”就是出家。“故纸”，比喻过了时的知识、时代不需要的理论。表面是嘲笑苍蝇，其实是批评迂腐的读书人：“钻在故纸堆里不肯出来”，钻研那些没用的古旧知识，再多、再久，有什么用？要学习的是先哲智慧！

《孙子》中该警句以及这首诗对我触动很大。我研究、传播中华传统文化，重点关注优秀内容在今天有何作用？对人生有何帮助？挑选我感触最深的金句奉献给大家。不可以自说自话、自我陶醉，否则会在浩瀚无垠的文化海洋中迷失方向。

二、为“工匠精神”提个醒

社会浮躁，有识之士呼唤“工匠精神”，号召人们踏实做事。“工匠精神”值得弘扬，其竞争战略诠释就是：锲而不舍奋斗，打造核心能力。但要注意，科技日新月异、变革风起云涌，辛苦打造的核心竞争力，是否与时代需要、未来发展相匹配？

有许多精湛手艺失传，人们扼腕叹息，这可能是不肯外传、传男不传女等弊端所至，还有更重要的原因：这些工艺因不适应时代而被遗弃。

《庄子》记载，一位叫丁的厨工，多年来练就一门解牛本领。他非常熟悉牛的结构，刀刃从不碰到骨头，在牛节骨间下刀，三下五除二，肉与骨分离，像一堆泥土散落在地。普通厨工每月砍坏一把刀，他的刀用了十九年，解了几千头牛，刀刃锋利如初。这是很励志的“熟能生巧”“游刃有余”的故事。

一次，我受邀参观好友打造的作品：上海“一九三三老场坊”，让一个废弃的屠宰场旧貌换新颜。这是1933年由英国人设计，在上海建造的远东最大的自动化屠宰场，运用与汽车生产线相反的原理，一头活牛进去，出来时，毛皮骨肉整齐分解。机器实现了“庖丁解牛”。试问，今天还有人会毕其一生学“庖丁解牛”吗？

小汤的大姨聪明、敬业，是一位高级技师。她十四岁学车工，三十多年，她用“工匠精神”把车工技术打造到极致，能将直径一毫米的钢丝车成精致、标准的小圆球，精度达微米级。她获得奖励、荣誉无数。临近退休时，她几十年来用“工匠精神”打造出的核心能力黯然失色：数控机床比她的手艺更加精细。

柯达把胶卷做到极致，却被数码时代踢出局；索尼锲而不舍地打造一流硬件，却被亚马逊和苹果淘汰……令人唏嘘，发人深思。

谨记孙子教诲，用“工匠精神”打造核心能力，不要让其成为前进的羁绊，要回顾历史、关注当代、展望未来，创造出既适应时代，又面向未来的作品，做“精进”的工匠。

三、以史为鉴：阿斗，识时务的影帝

“精进”的一个重要智慧是：识时务。这方面阿斗做得最好。

（一）“扶不起的阿斗”其实很聪明

阿斗是中国历史、文学史上一位著名人物，其品牌知名度如此之高，有赖于《三国演义》中的人物塑造。“扶不起的阿斗”成了懦弱、愚笨的代名词，这个艺术形象非常成功、深入人心。说到阿斗，一个傻傻的形象就会浮现在我们眼前。

刘备那么聪明，阿斗怎会这么愚笨？赵云在万千军中杀个七进七出，最后背着小阿斗冲出重围。当赵子龙浑身是血，把完好无损还在熟睡的阿斗交给刘备，刘备的第一反应是把孩子丢在地上：“小兔崽子，为了你差点损我一员爱将。”感动得赵云下拜痛哭：“肝脑涂地，无以报主公知遇之恩！”是不是那次阿斗被摔傻了？哈哈！

我一直追问：阿斗笨吗？糊涂吗？我用史料证伪。诸葛亮说：“朝廷年方十八，天资仁敏，爱德下士。”刘禅只有十八岁，但天资聪明、仁慈，品德高尚，礼贤下士。

小汤问：会不会是诸葛亮拍马屁？

如果诸葛亮对刘备说：“这孩子好聪明！”可能有拍马之嫌。就像朋友带着孩子，我们第一句通常是：“你孩子真漂亮”，如果不漂亮就夸：“这孩子很聪明”，实在不聪明就说“孩子好乖”。诸葛亮说这话时，刘备死了好几年，诸葛亮被刘禅称为相父，辈分比他高、能力比他强，根本不需拍马，所以，这话应该客观。诸葛亮说刘禅"天资仁敏"；你说阿斗口水滴答、扶不起。听谁的？

裴松之，南朝史学家。南朝离三国才100多年，他掌握的情况应该更多、更可靠。他说："后主之贤，于是乎不可及"，刘禅的贤德一般人无法企及。愚笨、懦弱者会被历史学家称为"贤良"吗？

我统计分析过三国时期所有皇帝在位的时间，三国时间不长，皇帝很多，因为常被人干掉。三国时期的皇帝做得最久是谁？很多人以为是孙权。孙权排第二，干了31年，孙权智勇双全，曹操感叹"生子当如孙仲谋"。父兄把天下交给他时，孙权还小，他出道早，在位时间长。不过，最长的是阿斗，干了41年，基本见证三国全过程。三国从公元220年开始，历时才60年，但风起云涌，在历史上留下灿烂辉煌的篇章，给人感觉比那些混乱不堪或波澜不惊的百年王朝时间还长。人生也是一样，不在数量，而在质量。

小汤问：因为阿斗有诸葛亮扶持吧？

诸葛亮只扶了他12年，他独自干了29年，这是一个纷纭复杂、兵荒马乱的年代，吴魏两国频频换主：9个皇帝，4个没干过10年，其中一位还被司马昭杀了。只有刘禅坚守岗位，如果真傻，怎么可能干那么久？他未必聪明过人，但一定不是传说中的阿斗。

(二)阿斗是天才的演员

阿斗为什么会给人留下那么深刻的愚笨印象？小汤答：他不战而降。

这不是重要原因。东汉末年，诸侯纷争、军阀混战，降来降去，不足为奇。他老爸刘备就到处投靠。关公降曹还降出了千古英名。

1."乐不思蜀"是阿斗被黑的主因

分析"乐不思蜀"事件。怕大家质疑演义的真实性，我以《资治通鉴》为据，这是一部著名、客观的史书。

王问禅曰："颇思蜀否？"禅曰："此间乐，不思蜀。"郤正闻之，谓禅曰："若王后问，宜泣而答曰：'先人坟墓远在陇、蜀，乃心西悲，无日不思'，因闭其目。”会，王复问，禅对如前，王曰：“何乃似郤正语邪！”禅惊视曰：“诚如尊命。”左右皆笑。

这段描写非常精彩，画面感很强。刘禅降魏，被送至洛阳，待遇还好。一天，司马昭把刘禅及部分降臣召集在一起喝酒，弹奏蜀国音乐，勾起蜀人思乡之情。有的人默默流泪，有的人不禁抽泣，只有刘禅哈哈大笑。司马昭问刘禅：“想不想念蜀国啊？”他回答：“在这里太快乐了，不想。”这就是“乐不思蜀”的由来。刘禅起身如厕，谋士郤正跟来耳语：“领导，你说乐不思蜀就回不去了！假如晋王还这样问，你最好哭着回答：‘先人坟墓远在甘肃、四川，每望西边，心中悲伤，我无时无刻不思念故乡。’实在挤不出泪，就把眼睛闭上。”刘禅说：“好！”刘禅一回到席上，司马昭果然又问同一个问题，刘禅闭着眼睛，把郤正的话重复了一遍。司马昭笑了：“怎么像是郤正说的话！”刘禅惊讶地睁大眼：“啊！您怎么知道？就是他说的！”在场的人哈哈大笑。“扶不起的阿斗”流传千年。

2. 阿斗非常危险

分析“乐不思蜀”的记载，我发现，整个过程都充满杀机。司马昭为什么办西蜀音乐会，弄得蜀国旧臣们痛哭流涕？刘禅为什么哈哈大笑？如果群臣哭、刘禅哭，哭成一团，后果会怎样？“哭什么哭！想复辟吗？亡我之心不死！拖出去砍了！”他“乐不思蜀”、傻傻地笑，伸手不打笑面人，没理由杀吧？

刘禅上厕所时，郤正告诉阿斗该怎么说，阿斗一字不漏地照着说，司马昭当场点破：“怎么跟郤正说的一样？”恐怖吧？说明到处有探头啊！刘禅处在全方位、无死角监控之下，他的每句话、每个动作都在司马昭掌握之中。郤正没注意到，这体现出刘禅的高明。如果郤正说到一半，刘禅马上打断：“嘘！有探头。隔墙有耳。”后果怎样？同样被“咔嚓”，为什么？司马昭震怒：“好嘛！原来乐不思蜀是装的，你小子装吧！拉出去砍了！”

我们把这段画面回放一下。“会，王复问”，为什么刘禅一回来，司马昭就问同一个问题？好像郤正和司马昭串通了似的，好诡异呀！这说明司马昭挖了一个巨大的坑等刘禅跳！“禅对如前”，刘禅快速的反应能力、高超的应对技巧立即体现。晋王还问：“颇思蜀否?”刘禅仍答“乐不思蜀”，后果也是“咔嚓”，第三次被砍。因为刘禅、郤正对话被全程、实时监听。“刚刚郤正明明告诉你，要怎么说，你也表示同意，还说乐不思蜀，那不是装是什么?”欺君之罪，斩！

3. 阿斗非常高明

刘禅很智慧，对事物判断透彻、反应敏捷。他不能跟郤正解释，必须继续按郤正刚刚教的去说、去做，继续演戏。更改剧本，非常危险！

“禅惊视”的这个“惊”用得绝妙！表面上是：当晋王问“这话怎么像郤正说的?”刘禅很惊讶，望着司马昭，嘴巴张得老大：“确实是郤正说的。领导，您太神奇了！您怎么知道?”实际上，刘禅真是惊出一身冷汗：“果然是有探头啊！”虽然不是刀光剑影、硝烟弥漫的战场，但却杀机四伏！

补充介绍一个时代背景。刘禅虽投降，但有一个了不起的人物要光复蜀国：姜维。魏国被他搞得鸡犬不宁。所以，司马昭对蜀国君臣一直不放心，总想找个茬收拾他们。

结局是“左右皆笑”，喜剧收场。这个“笑”用得很传神。司马昭他们的笑，是舒心大笑：哈！这小子傻到家了，孔明再世也无力回天，可以放心，警报解除；郤正他们的笑，是无奈苦笑：哎！扶不起的阿斗，算了吧！还光复啥呀？没救了，不玩了！

刘禅这位天才“影帝”不仅瞒过司马昭，连他亲近的大臣们都被瞒了，保护了自己及身边的人。据史书记载，他安享晚年，病逝洛阳，子继爵位。装傻很难！容易被人发现；装傻没人看出，那才是高明；装傻当时不被发现，一千多年还不为人知，这是何等高明！

四、识时务者为俊杰

(一)人在江湖,要么别赌,愿赌服输

小汤问:就算刘禅聪明,为保全自己和群臣,假装“乐不思蜀”,但这不是贪生怕死吗?一个人失败了,卧薪尝胆、东山再起才符合中华传统价值观吗?

这是非常好的质疑!“卧薪尝胆、东山再起”在中华文化中影响很大,让人血脉偾张、斗志昂扬,但有几个注意事项。

首先,要保存实力,保全生命。命都没了,拿什么“卧”“起”?弘扬视死如归的英雄气概是我们民族的主旋律,但应全面了解、灵活掌握中华优秀文化。孙子反对以卵击石、无谓牺牲:“小敌之坚,大敌之擒”,该退要退、该撤要撤、该逃的逃、该降的降。

小汤反驳:《孙子》只讲怎么打,没讲怎么降。老汤回答:深入研究就会发现,《孙子》虽没“投降”字眼,但在此清楚告之:不能死抗,不要硬拼。

其次,要系统分析大局,评估东山再起的可能性。卧薪尝胆不一定能东山再起,翻盘要看机会,勾践那样好运的人不多。倘若大势已去,光着身子卧薪都没用,一天到晚舔胆也白搭。人在江湖,要么别赌,愿赌服输。

刘禅卧薪尝胆可以,东山再起无门。细想他也挺不幸,一辈子生活在一帮绝顶聪明之人的阴影下。他虽然聪明,但怎能有诸葛亮智慧?怎么敌得过司马懿父子?司马家族太强大,孔明都搞不定,阿斗怎么弄?能熬那么久实属不易。“司马昭之心,路人皆知”,曹家当权者被一个个干掉,魏国天下都不保,刘禅怎么能翻盘?选择投降,保全百姓;选择装傻,保全自己,不得已而为之。

(二)输了不服的哀歌

分析两则输了不服,让征服者不爽的历史故事。

死得很难看的刘辩。《三国演义》《资治通鉴》都记载:汉少帝刘辩因作怨望之诗,被董卓派人“以鸩酒灌杀”。刘辩是历史上一位短命皇帝,董

卓废了他，把他的弟弟刘协推上皇位。刘辩作诗发泄怨恨："何人仗忠义，泄我心中怨"，董卓马上得知，命令刘辩喝毒酒："还想要找忠义之士报仇雪恨？喝！不喝？灌！"死得一点尊严都没有。刘辩呀刘辩！既然你不愿死，写什么怨望诗？要么装聋作哑、安享晚年；要么养精蓄锐、等待机会。既贪生怕死，又怨气冲天，会死得难看。

选错了专业的李煜。刘辩知名度不高，李煜大家都很熟：伟大的文学家、优秀词人。但他"高考"时选错专业，毕业分配做了"职业皇帝"，和他的爱好完全不相匹配，于是亡国。"春花秋月何时了？往事知多少。小楼昨夜又东风，故国不堪回首月明中。雕栏玉砌应犹在，只是朱颜改。问君能有几多愁？恰似一江春水向东流。"不朽之作，千古流传，但这首词却让他丧命。南宋王铚《默记》记载：宋太宗恨李煜有"故国不堪回首月明中"之词，赐牵机药毒毙。李煜啊李煜！你不是当皇帝的料，能力不行，做阶下囚，输了不服，还发牢骚："不堪回首！""问君能有几多愁？"有什么好"回""问"的？本来人家一直在找借口把你干掉，这下授人以柄："怎么？还想回？想复辟？喝毒酒！"

所以，如果有东山再起的机会，就卧薪尝胆；如果没有，就装。

(三)卧薪尝胆也要低调

愿赌服输，不是消极认命，而是保存实力，保全自己，这是失败者的战略，是人生低谷期必须接受的磨难。

要想东山再起，必须卧薪尝胆！卧薪尝胆和东山再起的关系正如《孙子》的"形"和"势"的关系。有"形"没"势"，徒唤奈何；"势"来无"形"，后悔莫及。没有卧薪尝胆的历练和准备，就不会有东山再起的可能，即使机会降临也"起"不来。不管有没有机会，卧薪尝胆总是占优策略。所以，卧吧！尝吧！万一机会来了呢？

卧薪尝胆有套路：悄悄卧，偷偷尝。《虚实篇》"形人而我无形"告诫我们：让敌人在明处，我在暗处。别卧室放着席梦思，客厅却摊一堆柴，让来宾们都看到：你在"卧薪"；别到处去买各种胆，挂了满满一阳台，让全世界都知道：你在“尝胆”。让敌人警觉，翻盘难度大增。

人生，要习惯坐冷板凳。吃苦，悄悄地吃；奋斗，低调地干！高手，成就于别人不知不觉中，收获良多却无人知晓。

(四)何时愿赌服输，何时视死如归

小汤问：阿斗保全自己，甘作“影帝”，愿赌服输。但我们从小受的教育是坚贞不屈、视死如归、血战到底呀！就像抗日战争，我们怎么能认输、投降呢？那不是汉奸吗？

这个问题太尖锐，老爸出汗了。小丫头挖了一个大坑，如果我回答视死如归，就把愿赌服输的观点给否了；如果我回答愿赌服输，就成汉奸了。

何时“愿赌服输”，何时“视死如归”？视情况而定。

苏轼在《留侯论》中说：“千金之子，不死于盗贼，何者？其身之可爱，而盗贼之不足以死也。”“匹夫见辱，拔剑而起，挺身而斗，此不足为勇也。”要有自我保护意识，不能一时冲动，会受到伤害。千金之躯不可死于盗贼之手，生命太宝贵，死在小毛贼手里不值得。小不忍则乱大谋，一受屈辱，就拔剑而起，挺身决斗，不是真勇。“愿赌服输”是暂时退避，等待下一轮博弈，如果本输光了，还怎么玩？

死得其所，生何足惜？重于泰山，死何足惧？如果死更有意义和价值，能激起人民斗志，事关民族大义，应该视死如归；如果要完成使命，必须忍辱负重；如果重复博弈，就要愿赌服输。

蜀魏之争和抗日战争性质不同。一个是内战，一个是抵抗外敌入侵，两个不同的江湖，适用不同的套路。

蜀魏两国连年征战，当时看来，那可是你死我活的斗争。千百年后回望历史，不过是一帮洛阳人和一帮成都人打了场群架而已。再把时空的镜头拉到两千多年前，中华大地有两个敌国：吴、越，两国世仇，百姓相遇都会打起来。吴国在江苏；越国在浙江。今天，江苏人与浙江人还会恨对方吗？还会一见面就打架吗？

“古今多少事，都付笑谈中。”站在这个高度看历史、看未来，是非成败就会坦然。

第三节　与时俱进、抢占先机

一、怎样具备“持续的赚钱能力”?

小汤问:那么多曾经风光无限的企业都销声匿迹,到底怎样才能具备“持续的赚钱能力”?这是一个很有意义的话题。回答之前,先参与一个学术讨论。

(一)“守则不足,攻则有余”的思考

《形篇》说:“守则不足,攻则有余。”对此,有几种解释,也引发了一些争议。

第一种解释:兵力不足,就要防守;兵力有余,才可进攻。《十一家注孙子》中,曹操、李筌这样注解。但我有疑问:兵力不足就要防守,防得住吗?我被团团围住,敌强我弱,黑云压城,怎么防?兵力有余就可进攻,攻得了吗?敌据有利地形,严防死守,以一当十,怎么攻?

第二种解释:唐太宗说,防守,示敌以不足,诱敌来攻;进攻,示敌以有余,让敌害怕。前面合情合理,后面有些瑕疵:不符合《计篇》“能而示之不能,用而示之不用”思想。进攻时故意显示我兵力强大,岂不让敌严阵以待?何不示敌以不足、麻痹敌人?

第三种解释:防守,是取胜条件不足,所以等待;进攻,是胜敌时机成熟,所以出击。不到百胜的条件不战;没有万全的把握不斗。该解释有点问题:会错失良机。当“有余、成熟、万全”时,战机也失去了。

第四种解释:防守,则知兵力不足;进攻,则知兵力有余。

甚至还有意思完全相反的版本:“守则有余,攻则不足”,防守会让自己兵力有余,进攻会使自己兵力不足。我不同意这个版本。

老汤试译:被动防守,兵力分散,会导致力量不足;主动进攻,兵力集中,可实现战力有余。我“以经解经”,用《孙子》解释《孙子》。“无所不备,

则无所不寡”，处处防备，会处处兵力不够。如果不知敌会从何处进攻，会觉得到处都不安全，防不胜防，谈何制胜？“我专而敌分，我专为一，敌分为十，是以十攻其一也，则我众敌寡。”势均力敌，我兵力集中，敌分兵防守，我就是以众击寡。比如，敌我兵力相当，敌平均分兵十处防守，我集中兵力攻任何一处，都是以十倍的力量打击他，容易取胜。进攻是主动的防守、最好的防御，决定胜利的常常是进攻。

《六韬》中，武王问姜太公“敌众我寡、敌强我弱”怎么办？姜太公答：“利以出战，不可以争”，应该主动出击，不应消极防守，要打进攻的游击战，而非防守的阵地战。井冈山革命时期，毛泽东同志的游击战本来打得风生水起，李德等人一到，实施“阵地对阵地、堡垒对堡垒”的战术，根据地很快丢失，红军被迫“长征”。

防守，容易造成“我分而敌专”；进攻，可以实现“我专而敌分”。防守，不一定是兵力少，而是战机还没出现；进攻，不一定等兵力多，战机到来，马上出击。

(二)生活中的“攻、守”

《吴子兵法》说：“战胜易，守胜难。”守住战果比夺取胜利更难。生活也是一样。为什么创业不易、守业更难？守业是防守，有了一些胜利成果，反而容易患得患失。辛辛苦苦积累点成果，一不小心会付诸东流，人就容易保守、小富即安，决策就会犹豫不决，难以抓住新的机会。创业是进攻，机会成本低，没有成功包袱，没有既得利益，可以轻装上阵，常常不怕失败，决策起来压力不大。

为什么改革的动力后来会成为改革的阻力？变革的先行者、倡导者会成为社会进步的阻碍者？因为不与时俱进，没有“精进”。康有为是“公车上书”的领头羊，维新运动倡导者、戊戌变法领导者，在中国近代史上留下耀眼的篇章。然而，中国那段时期变革剧烈，发展很快，康有为没跟上。辛亥革命后，他反对共和，忠于清朝，成为保皇党领袖，谋划溥仪复位，逆历史潮流而动，结果以失败告终，他在后半生画上了一条“高开低走”的阴线。还有人调侃他:“晚年像个过气明星,靠卖字为生”。

回到小汤的问题,怎样具备“持续的赚钱能力”? 看似简单,其实是个很大的命题! 这是在探讨怎样具备持续的核心竞争力,难度非常大!

这个世界变化太快! 替代品无处不在。未来,很多行业都将被“人工智能”替代,包括会计,一个存在了几千年的行业或将消失,到时,他们有没有其他谋生技能? 会计领域众多的教师、研究者有没有持续赚钱能力?

国歌非常激励人:“我们万众一心,冒着敌人的炮火。”然而,和平年代,看不到炮火,看不清敌人,更悲剧的是,调集很多资源对付的其实不是敌人,结果莫名其妙被踢出局。无法防守,因为防不胜防、守无可守。要具备道家的视野,跳出迷雾,俯瞰地球,看到常人看不到的远方;要具备兵家的思维,不能坐以待毙,“守则不足,攻则有余”,不局限于防守,要有持续的学习能力,与时俱进,不断精进,寻找进攻机会;要以国歌的结尾作为人生指引:“前进! 进!”

二、先机之悟

(一)先发优势:在时空上抢占先机

战机有时机与先机之分。时机是恰好进入某个时空、遇到机会;先机是比别人更早发现机会。时机靠等、靠耐,侧重客观因素、机缘巧合;先机靠敏锐的判断力、前瞻性,快速行动、出其不意,侧重主观能动性,要主动出击。时机主要靠“等”,先机主要靠“抢”,所以,叫:等待时机、抢占先机。先发优势,就是在时空上抢占先机。

《虚实篇》说:“凡先处战地而待敌者佚,后处战地而趋战者劳。”强调先发优势的重要性:抢先抵达能从容应对,落后赶到会疲于奔命。这对日常生活也大有裨益。我经常提醒自己:早 5 分钟抵达会晤地点,可以不提前进场,一定要提前候场,既给人以尊重,也不行色匆匆。人生也是一样,要制定五年规划、十年规划。结果就会总比同龄人抢先一步。商界也是一样,主动出击,总是领先一步,做市场引领者。关注竞争规则的变化,不拒绝、不排斥新规则的出现。

(二)后发优势:学习经验,变弯为直

《军争篇》说:"以迂为直",变弯为直。"后人发,先人至。"为何比人后出发却可先到达?主观的"后",是故意后,知道敌怎么走,他一动我就行动,抢先到达。客观的"后",是敌已先走,我有后发优势,想办法抄近路,走到前面。虽然晚出发,但悄无声息跟在后面,开路、架桥等工作对手做掉了,省去我很多劳力,快到目的地,对手疲惫不堪,"先驱"容易变"先烈"。我突然冲锋,抢先抵达。这一招长跑比赛常用,紧紧跟在第一名后面,根据流体力学原理,减少空气阻力,快到终点,发起冲刺,常常能超越对手。

运用于商业模式,如果是市场跟随者,不能正面战胜对手,就努力改变竞争规则超越:颠覆性技术、新产品、新流程等,照样可抢占先机。我曾参加一个扶贫活动,给该地区领导上课,谈到"后发先至":中国未来最宝贵的将是清新的空气、干净的水源和宁静的心灵。请保护好你们的青山绿水,不久的将来,就是你们扶助我们,我将带着学生到你们这潜心修炼,请予接纳。他们长时间地鼓掌。

人生是长跑,不会输在起跑线上,可以实现"后发先至"。不一定要让孩子上贵族小学、贵族幼儿园,重要的是培养孩子的品德,训练他不断奔跑的能力。把握转折时点,打好关键战役。

注意!后发,处理不当就是落后,处理得好才成优势。

《尉缭子》说:"正兵贵先,奇兵贵后。或先或后,制敌者也。"正兵贵在先发制人,奇兵贵在后发制人。不管先发、后发,重在克敌制胜。

(三)出人意料:最高明的抢占先机

《计篇》说:"攻其无备,出其不意",出人意料是最高明的抢占先机。因为对手没想到,甚至没想过,我在突进过程中,如入无人之地。《虚实篇》说:"出其所不趋,趋其所不意。行千里而不劳者,行于无人之地也;攻而必取者,攻其所不守也;守而必固者,守其所不攻也。故善攻者,敌不知

其所守；善守者，敌不知其所攻。”在敌未设防之处进攻、没料到之地防守，就会攻而必取、守而必固。《六韬》说：“兵胜之术，密察敌人之机而速乘其利，复疾击其不意。”用兵取胜之法：密切观察敌人，迅速抓住可乘之机，出其不意快速袭击。

放弃过去的成功，是最大的出人意料。精进之难，在于患得患失，因为每一个成功都来之不易，成功之后常陷入两大误区：回顾成功全过程，会把全部功劳归于自己的聪明才智、英勇神武、当机立断，全然无视机缘巧合等偶发因素；成功之后做各种经验总结，然后洋洋得意：“我的成功可以复制”。《虚实篇》说：“其战胜不复。”别重复上次的取胜之法。任何成功都无法复制！可以忽悠对手，不能自我陶醉，让对手去复制吧！再如《势篇》：“善出奇者，无穷如天地，不竭如江河。”不断出奇，捉摸不定。两军对垒，你死我活，没什么不能放弃！活着才是硬道理。

(四)与时俱进：持续抢占先机

《虚实篇》说：“兵无常势，水无常形，能因敌变化而取胜者，谓之神。”兵势，是一种不断变化的状态，士兵气势不会一直斗志昂扬，也不会一直萎靡不振。战争态势不会一直对我有利，也不会一直对我不利。就像水，没有固定形态，采取的战术不能一成不变，要根据敌情变化、环境不同，机动灵活。

《黄石公三略》说：“因敌转化，不为事先，动而辄随。”根据敌情调整对策，不事先确定一成不变的战术，敌人行动调整，我的策略也要随即调整。

人生亦然，不断学习、迭代，与时俱进，步步为营，日积月累，定会取得巨大成功。

第四节　“精进”与自由

“精进”，重要目的就是“自由”，掌控人生主动权，不走极端，不一条路走到黑。人生有三大自由：财务自由、生活自由、生命自由。要实现三大自由都需要“精进”。

一、财务自由

(一)财务自由的定义

人生一个重要的自由就是“财务自由”,“掌控财务自由权”是一个永恒的话题。什么是财务自由?很多人的第一反应是:“赚很多钱”“想买就买”“想用就用”等。这不是真正的财务自由。

陶渊明挂冠而去时说:“不为五斗米折腰。”我认为还应补充一句:“但有一斗米管饱”,生存得到保障才有尊严,才能从容优雅地谈情怀,才能“挂冠”。

我研究“掌控财务自由权”,不太关注如何赚钱,重点关注如何管理财富。赚钱方法万千种,怎样把拥有的财富效用最大化才是我的研究重点。赚钱体现能力,花钱考验智慧。对待财富的态度是掌控财务自由的核心:操控财富还是被它操控?做金钱的主人还是奴隶?花钱的感觉比有钱还重要,怎样把十万元花出一百万元的感觉?这里有中华优秀文化的智慧。

介绍几个概念。“消费性资产”,一种会带来现金流出的资产;“投资性资产”,一种会带来现金流入的资产;“资产性收入”,投资性资产带来的现金流,通俗而言:财生钱。同是资产,但对财务自由影响大不一样。

为简明起见,我用大家熟悉的房产打比方。购买一套房子,如果自住,就是“消费性资产”,占有了房子的使用价值,该资产会产生水电煤费、物业管理费、维修费等现金流出。如果出租,就是“投资性资产”,转让了房子的使用价值,该房产变成另一种资产,成了“小型印钞机”。租金就是“资产性收入”。

假设手上只有一千万元,没有别的资金来源,有两种极端的消费方式:一种是用一千万元购买一套房自住,这会带来的问题是无以为继:没钱交各种费用。另一种是用一千万元购一套房出租,每年租金收入三十万元,自己在旁边租个“老破小”的房子,每年租金支出三千元,这会带来的问题是怀疑人生:要那么多钱干什么?

正常的理财方式是一千万元买两套房：一套出租、一套自住。大房出租、小房自住，还是反之？这就体现你对待财富的态度。而且，不要等有了千万、亿元资产才考虑理财，对财富的安排是一种重要的人生态度。如果只有十万元，我也建议：一部分用来消费，另一部分用来投资。

财务自由不是工资收入大于日常支出，而是资产性收入大于日常支出。这样，就没有生存压力，即使失业也不影响生活，就可用事业的标准选择职业，也可带着伴侣、孩子来一场说走就走的旅行。《大学》说："生财有大道：生之者众，食之者寡，为之者疾，用之者舒，则财恒足矣。"财富积累的不二法门：赚的多，花的少，做得快，用得慢。清崎的《富爸爸穷爸爸》中观点类似。

掌控生活主动权才是财务自由的真谛。财务自由的关键不在"财务"，而在"自由"，赚钱、理财是手段，自由才是目的。否则，拥有多少都不够。

(二)财务自由的"修道保法"

我用《孙子》的"修道保法"来分析怎样实现财务自由。

修道：重视财务自由。赚钱很重要！掌控人生主动权必须先掌控经济主动权，这是"不为五斗米折腰""不为稻粱谋"的重要保障。历经荣华富贵、见过沧海桑田才能真看破。要勤勉地挣钱、聪明地赚钱、智慧地花钱。

保法：怎样实现财务自由？

1. 增加资产性收入并管理消费胃口

选好投资性资产。投资性资产要能带来稳定现金流，还要尽可能保值、增值。没有永远保值、增值的投资品。与时俱进，及时调整投资结构，要"精进"。《形篇》说："善守者，藏于九地之下；善攻者，动于九天之上。"要观察哪些机会属于我、哪些不属于我，发现合适机会就快速行动。寻找价值洼地，认真关注身边的投资机会，手头既要有现金又不能有太多现金。

管理消费胃口。任由欲望膨胀，人生永无自由。“想什么就买什么”不是财务自由，有一个亿，当想买的东西价格是 1.1 亿元仍感缺钱，十亿百亿道理一样。我调研时发现一个很有意思的现象：人有一两亿元时幸福感常不高，容易哭穷、嫌少，让普通百姓不可思议：矫情！这种感觉很真实，刚刚踏进亿元俱乐部，身边很多人有几十亿、几百亿元，隔壁老王随随便便的“小目标”就是一个亿，做个小投资，钱甩出来都以亿元为单位，如果只有一两个亿，站在旁边，就会觉得缺钱、郁闷。管理欲望和消费胃口是财务自由的必经之路。

2. 将支出转化为投资

汽车是消耗品还是投资品？很多人答：“消耗品。”一辆新车开回家第二天卖掉，就要按二手车打折。一辆车开十年，每年折旧 10%，加上各种税费，无疑是普通家庭的“出血点”。我曾就“何时买车？买什么车？”做过细致研究，得出“消费性购车的 5%原则”：车价不超过家庭净资产的 5%；用车年支出不超过家庭年收入的 5%。汽车于我是消耗品，大家不会因我开辆破车就不听我的课吧？功底内涵、授课质量才是人们关注的。假如我开辆破车去谈生意，初次见面，信任度会大打折扣，客户可能不愿跟我做业务，我因此损失一辆好车。此时，车就是门面、投资品。

服装是消耗品吧？穿过后几乎就卖不出去了。时装贬值速度更是惊人，一位女士穿着时装在巴黎大街上狂奔，行人诧异问何故？答：“跑得太慢，到家就过时了。”服装于我是消耗品，为尊重听众、有仪式感、留下好印象，我上课只要穿着正式、干净整洁，不必穿名牌时装。而对一些时尚领域的从业者来说，品牌时装可能就是投资、名片了。

(三)年轻人为什么要先过苦日子

“先苦后甜”大家耳熟能详，这是中华文化中的重要理念。为什么会、怎样才能先苦后甜？我试着用模型解释。

喜欢先苦后甜的人，投资性资产比例偏高；喜欢及时行乐的人，消费性资产比例偏高。我建议年轻人先吃苦，慢慢积累资金，增加资产性收入，做投资族，不做月光族，月光族无法实现财务自由。

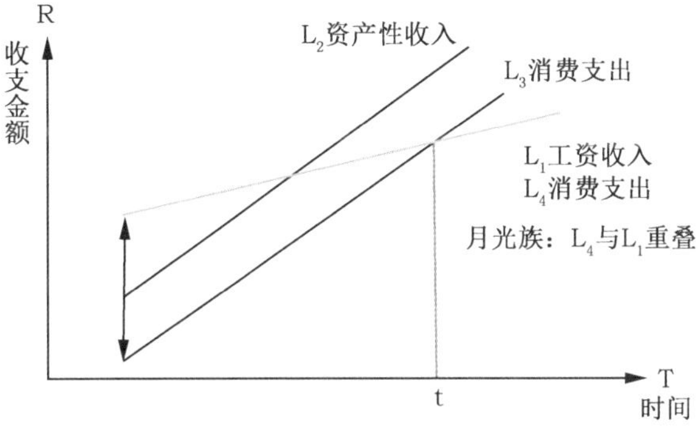

投资族与月光族收支曲线比较图

由“投资族和月光族收支曲线比较图”可以看出，假设某人工资收入曲线是 L_1，如做月光族，消费支出与工资收入相等，其支出曲线 L_4 与收入曲线 L_1 重叠。如做投资族，省吃俭用，将工资收入转化为投资性资产，产生资产性收入 L_2，且根据资产性收入确定消费支出 L_3，消费支出低于资产性收入，L_3 与 L_2 平行，且在 L_2 下方。一开始，投资族消费支出曲线 L_3 在月光族消费支出曲线 L_4 下端，t 年后，L_3 就超过 L_4，投资族先苦后甜，且消费水平与月光族越拉越大，月光族起初及时行乐，最后乐不起来，甚至受苦。

L_2 与 L_3 斜率大小，影响 t 的大小；L_2、L_3 越陡，t 越小，反之越大。投资族一开始越节俭，超过月光族消费的时间越短，反之时间越长。这也可以解释为什么年轻人开始吃的苦越多，超过同龄人的时间就越快。如果继续吃苦，就会绝尘而去。

为什么月光族掌控人生主动权的能力差？因为消费支出曲线与工资收入曲线重叠，工资收入增加，消费水平上升；工资收入减少，消费水平下降。如果失业，就会不知所措。没有任何一项工作是稳定的！所以，月光族安全感不高。

为什么投资族掌控人生主动权的能力强？因为消费支出曲线与资产性收入曲线平行，且在下端，消费水平与资产性收入相关，与工资收入关联度不大。这样，投资族就不担心失业；能以事业的心态选择职业；“不为五斗米折腰”，不符合职业规划就可“挂冠而去”；也可忍辱负重，等待机会，不过，这时已是《孙子》的“善守者，藏于九地之下”，心态完全不一样。选择很多，主动权在自己手中。

二、汤氏“财富—愉悦相关度模型”

(一)研究缘起：为什么有人会“视钱财如粪土”？

财富！一个永恒的话题。

《孙子》的财富观非常鲜明：打仗就是打钱！财富对战争至关重要，“日费千金，然后十万之师举矣。”没钱，队伍无法开拔，就别说打仗了。“力屈、财殚，中原内虚于家”“则诸侯乘其弊而起，虽有智者，不能善其后矣”，军力受挫，国库空虚，百姓贫穷，诸侯们趁机闹事，再高明的人也无力回天。“爱爵禄百金，不知敌之情者，不仁之至也。”舍不得给间谍封官、花钱，因此不知敌情，延长战争时间，是不仁不义到了极点。

孔子对财富的态度比较客观、合情合理，《论语》对此有清晰的描述。“子罕言利”，孔子很少谈及财富话题，这是孔子的高明之处，他不是企业家、经济学家，在这个问题上思考不多，乱发表意见，容易讲外行话，徒留笑柄。有一些学者出名之后，在各种领域充当专家，什么台都敢站，结果被人鄙视，甚至身败名裂。

率直的孔子毫不隐讳对财富的渴求：“富而可求也，虽执鞭之士，吾亦为之。”财富这玩意如果努力就可获取，就是执鞭做个马车夫我也愿意。古代，马车夫是一种低贱职业。由此可得以下结论：(1)像孔子这样，做过大官、见过大世面的高级知识分子都愿意放下身段追求财富，说明财富是好东西，追求财富不丢人。可见，“视钱财如粪土”不是儒家思想。(2)获取财富不是一件容易的事，不是努力或放下身段就可以，要掌握正确的商业模式。“勤劳脱贫”可以；“勤劳致富”未必。

于是，智慧的孔子开启了掌控人生主动权模式：“如不可求，从我所好”。发财致富是一项专业技术性很强的活，而且牵涉到神秘的超自然力量，很难把握。所以，还是去我熟悉的领域耕耘吧！这才能让人生价值最大化。

孔子义正严辞表达了对富贵的态度：“不义而富且贵，于我如浮云”，通过不正当手段获取的财富和地位，对我来说就是浮云。不法之财、不义之贵不可拥有，君子爱财取之有道，合理合法的尊贵还值得追求。有人断章取义，去掉了非常重要的前提：“不义！”得出“富贵于我如浮云”的结论，不知“视钱财如粪土”是否从此引申而来？

中华文化重“富”，《书经·洪范》说：“一曰寿、二曰富、三曰康宁、四曰攸好德、五曰考终命”，这就是“五福临门”的“五福”，“富”是重要的“福”。

我经常思考：为何读书人会“视钱财如粪土”？为何普通人会觉得钱越多越好？为何李叔同这类高人会弃钱财如粪土？钱是好东西，值得为之奋斗，但是否值得花上毕生精力？在一线城市、中小城市、农村等地，过上还算体面的生活大概要多少钱？最少需要多少？是不是越多越好？多少就够？于是，得出汤氏“财富—愉悦相关度模型”。

(二)模型介绍

根据定性比较分析理论（QCA），人生愉悦度受多因素组合影响，由多种路径形成“因果路径”，要寻找关键路径组合，发现“最关键路径”，抓主要矛盾。

影响愉悦度的自变量有财富地位、知识水平、生理状况、自我感受、人际关系等。其中，财富和地位（富贵）非常关键，两者之间，财富又是一个更为重要的指标，其拥有量低到一定程度会导致其他变量下降：贫穷，会影响受教育程度、身体健康、心理健康、人际交往等。于是，我重点研究财富对愉悦度的影响，得出汤氏“财富—愉悦相关度模型”，分析结果显示：财富与愉悦非正相关。

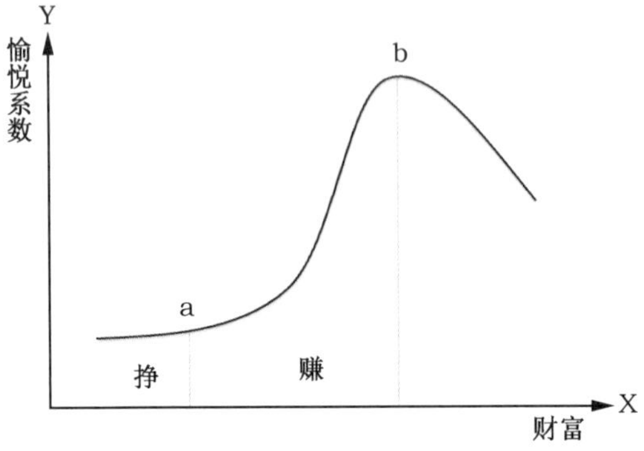

“财富—愉悦”相关度模型图

当财富处于较低水平时，用力“挣”钱：“力＋争”，愉悦度影响不大，斜率不变。创业艰难，财富增长不大，所付代价很大，愉悦度不高，为挣那么点小钱，有时还要失去尊严，“为五斗米折腰”，甚至“跪着挣钱”，心里非常不爽。读书、学习，进入某个精神世界，则会非常开心、幸福，理解读书人为什么会“视钱财如粪土”了吧？他们真的不是矫情，因为“挣”钱很辛苦甚至痛苦，而读书带来的愉悦感远比“挣”钱要大。

当财富达到一定程度时，用脑“赚”钱：“贝＋兼”，钱生钱，发现财富创造的奥秘，找到盈利模式，让聪明、智慧、知识转化为财富，这时就到达拐点 a，斜率变大，愉悦感增加，因为投资回报率很高，就会有“钱越多越好”的感慨。这时钱还不够多。

当财富达到很高程度时，到达拐点 b，斜率变负，边际效用递减，财富变成负担，财富带来的麻烦接踵而来，就会发出高层次“钱财如粪土”的感慨。

所以，发现自己的拐点(a、b)，并实施相应的行动，意义重大。这就是《孙子》说的：“因敌变化”。如果还没到达拐点 a，就如孔子所说：“从我所好”，如果读书、知识或某项事业可以让自己的愉悦度更大，就不必老盯着财富，以免给自己带来太多痛苦，甚至可以“视钱财如粪土”以自我安慰。

如果还想在财富上有所斩获，就要把获取财富作为奋斗目标，忍辱负重、锲而不舍、坚定前行。清楚地认识到资本原始积累的艰难性甚至残酷性，这时的每一个铜板都如马克思说的："滴着血"，有些是自己的血，有些是别人的血。当到达拐点 a 时，就要趁热打铁，完成自己的原始积累，并且让财富快速增加，为下一个人生目标储备能量。当到达拐点 b 时，"钱越多越好"就变得一厢情愿了，财富带来的烦恼远大于财富带来的愉悦，这时，就应该思考人生真正的意义，开启新的征程。比如，马云转型成为"马校长"，有些企业家投身于慈善、教育、文化等事业，有些成功人士希望向"青史留名"的目标进发，等等。

要经常问自己：钱赚多少才够？有多少才能快乐地生活？没有标准，三观不同，结论迥异。想明白这个问题，人生就通透了。

三、生命自由

人生的自由除了"财务自由"，还有"生活自由"和"生命自由"。

"生活自由"：人生有选择才能优雅，要有预案，但慎重选择。我在下篇对此还会详细分析。

我们要努力实现"生命自由"，这是人生一种高段位的自由，尤其需要"精进"。生命自由分三个层次：

（一）卫生

"卫生"典出《庄子·庚桑楚》。今天"卫生"的概念主要是来自于近代西方，是卫护生命、维护健康的意思。西方医疗理念和手段对"卫生"效果很好，贡献巨大。这是生命自由的初级阶段，这个阶段容易出现的问题是"头痛医头、脚痛医脚"。

（二）养生

"养生"是根据生命规律，主动进行物质与精神的身心养护，典出《庄子·养生主》："吾闻庖丁之言，得养生焉。"通过"庖丁解牛"寓言中庖丁对牛筋络的了解，庄子感悟出养生的道理。这个阶段的技术含量就更高了。

道家把身体看成是一个小宇宙，要尊重规律，顺其自然，系统分析身体各个部件的运行状况和相关性。中华传统文化中有“十道九医”之说，就是因为道家理论阐述出了人体医学的本源。

(三)摄生

摄生就是掌控生命的主动权，这是生命自由的最高境界，典出《道德经》:“善摄生者，路行不遇兕虎，入军不被兵甲。”善于“摄生”的人，走在山野碰不到犀牛、老虎之类的猛兽；进入战场不会受敌人兵器的伤害。为什么会这样神奇？不是他练就了猛虎不搏、刀枪不入的神功，而是他善于化解生命中的各种危险。换言之，在任何危境中都可化险为夷。

南怀瑾老师对“摄生”做了很好的诠释:“成仙成佛完全操之在我，修道的人，要能把握得住自己的生命、做得了主。”当我们能做到摄生的时候，就实现了生命的自由。生命的自由最后就是心灵的自由、灵魂的自由。

要融会贯通，生命的自由就是要掌控人生主动权。用《孙子》的理论表述，就是:“致人而不致于人”；用道家的理论表述，就是：把生命从虚妄的状态中摆脱出来；用佛家的理论表述，就是：做一个觉悟的自我。

财务自由有助于生活自由，生活自由有助于生命自由。

附:“三精”案例分析:亨利八世离婚案

一、案例梗概

(一)事件缘由

“亨利八世离婚案”是英国历史上著名的事件。亨利八世是英国伟大的君王，刚武、果敢，男子汉气息浓烈，但他有一个特点：好色。他的这个特点居然改变了英国历史。

有一天，亨利八世去看望情人玛丽·波琳，发现玛丽身边一位姑娘比玛丽长得还漂亮，一问是玛丽的姐姐安妮·波琳。他心动了，非常巧妙地与安妮建立了联系。他又非常恰当地请她到皇宫担任女侍官。日久生情，亨利认为时机成熟，选了一个合适的时候、合适的场合，说了一句合适的话："亲爱的安妮，能不能做我的情人？"国王表白！通常的桥段应该是：安妮很激动，最多假装矜持一下，然后扑过去。然而，并没有。安妮冷静地说："不。"亨利八世非常诧异、震惊：在我的管辖区居然有人跟我说"不"？他半天都缓不过神来，问：为什么？安妮说了一句改变英国历史的话："要么娶我，要么别碰我！"

男人就是这副德性，你越不让他碰，他就越想碰。这句话可把亨利八世的豪情给激发起来了，他桌子一拍："我，一定要娶你！"

(二)奇葩的亨利八世

问题来了，亨利八世要娶安妮有许多障碍，最大的有三个。

第一大障碍是王后凯瑟琳。凯瑟琳可不是一般人，她娘家有人，她是西班牙王室的后裔。介绍一下历史背景，当时西班牙非常强盛，是海上霸主，有着世界第一的海军：无敌舰队。亨利八世怎样当上国王的？一开始国王是他哥，凯瑟琳是王后。他哥刚去世，西班牙王室找亨利谈话："亨利，想不想做国王？""当然想！""继承王位的同时继承王嫂，愿意吗？"凯瑟琳很漂亮，没有孩子，后台硬，江山美人同揽怀中，何乐不为？亨利八世毫不犹豫，欣然答应。现在，他突然要与凯瑟琳离婚！后果怎样？一定会导致西班牙进攻，意味着一场战争就要爆发。

第二大障碍是罗马教廷。西方结婚时要去教堂，神父问过男女双方："愿意娶她吗？""愿意。""愿意嫁给他吗？""愿意。"而且，在上帝面前发誓："不论贫穷，无论病痛，终生厮守。"亨利，你们既不贫又不穷，既没病又没痛，人家凯瑟琳没犯任何错误，凭什么把她休了？你怎么面对上帝？

第三人障碍是人臣们。如果开战，英国必败，人臣们小日子本来过得好好的，亨利为一个女人发起战争，让他们受牵连，做阶下囚，当然不干！有些大臣还死谏。

尔。”要像没有污泥、杂质的水一样，澄静、清净。放下、解脱就是要安静，沉淀、清除心中的杂质，让心像纯净水一样。

第二节 人生如烧水

“汤氏开水理论”是《孙子》“致人而不致于人”在生活中的运用。物理学与兵家、道家等学说都相通，与人生也是相通的，所以跨学科研究，常常能发现妙不可言的情景。

一、水的100度现象

物理学知识：常温常压下不能把水烧过摄氏100度。因为，气化过程会带走大量热能，直到烧干，水还是100度。

这个现象给人生什么启迪？做任何事都有极限、有玻璃顶：看似可以达到，其实难以企及。这时就要警觉：还要不要无谓地消耗生命？比如，在某个位置干了十年八年，看似可以上个台阶，但总也上不去，就要认真思考分析，要问自己：“为什么再怎么努力也上不去？是不是遇到人生的玻璃顶？我的水是不是已烧到了100度？”

二、水的99度现象

水温从摄氏99度升到100度，比99度以下时升温1度，所需热能要多很多，因为从液态向气态转化时，尤其在气化的一刹那，能量消耗巨大。

这个物理现象给我重要的人生启迪。为什么“黎明前的黑夜最黑暗”？因为漫漫长夜，等到后来，身心俱惫，仿佛黑暗无边无际，“最黑暗”更多是一种心理感受。老子说：“民之从事，常于几成而败之。”常人做事，常常在快要成功时失败，功亏一篑，为什么会这样？因为一直努力，但一直没有成功，以为没戏了，其实，离成功只有一步之遥，却在这时放弃，令人扼腕叹息。为什么人们不容易拥有坚持的力量？除了惰性之外，还有一个重要原因：看不到希望的坚持难以坚持。

三、烧最多的开水

在能源有限的约束条件下，怎样烧最多的开水？两种办法：第一，“换水”，如果只是一口小锅，水烧到100度就要用保温瓶装好，换水再烧，一直烧，燃料烧光了，水快干了，还是100度；第二，“加水”，如果是一口大锅，当水烧到接近100度时，往里注入冷水，再烧，不让它处于100度。要么“换水”，要么“加水”，这样才可以用有限的能源烧出最多的开水。

人生处于瓶颈期、遇到玻璃顶时，有两种办法：一种是创业，重新找工作，干别的事情，从事一个与原来不同的行业；另一种是创新，如果觉得单位挺好，还想留下来，或者某些特殊原因不能离开，但时间长了，意志会慢慢消退，生命会无谓消耗，就要创新！转型升级！发现突破点，找到新乐趣。虽然还在这个单位，甚至还做相同的工作，但是，让内容富有新意。

第三节　“开水理论”实践

分享我用“开水理论”指导人生实践的故事。

一、人生因其不可预知而精彩

我大学毕业后，被分配到一家国企，半年不到被提拔为中层领导。两年后，调到市政府，26岁被国务院授予国家级先进个人，27岁被提拔为市政府某局中层干部。那时，机关的职数少、位置少，很多朋友都看好我。但有一件事改变了我。一天晚上，我散步路过一位刚退居二线的市领导家，以前门庭若市，现在门可罗雀。我突然意识到要去看看老领导，就敲开了门，我还记得当时老领导眼中掠过的一丝落寞。我陷入沉思：如果继续在政府机关按部就班地走下去，这就是我60岁时的场景。当一个人能看到自己30多年后的情景，人生会索然无味。喜欢足球的朋友们为什么要熬到凌晨看直播？老婆们不理解：傻瓜，半夜三更不睡觉，看什么看？明天不是有重播吗？为什么不喜欢看重播？都知道结果了还有什么意思。不知结果，那颗心才会和那个球一起在绿茵场上翻滚，才会为喜欢的队加油，才会发出“哇！”的欢呼、“哎！”的懊恼。结果都出来了，还有什么好“哇”“哎”的？

人生，因其不可预知而精彩。

二、挣两万元比赚两百万元开心

不久，我做出一个重要选择：下海。当时没学《孙子》，不知先要“庙算”，既不知彼，也不知己，不知市场凶险，也没从商经验，刚下海就被呛得奄奄一息。我借了10万元，一年不到亏了7.8万元，我那时一个月工资才98元，这意味着66年不吃不喝都还不起这笔钱。领导很好，体贴我，帮助我，让我回去。我谢绝了，不服输，要证实自己。我锲而不舍，历经千辛万苦，终于反败为胜。我清楚地记得赚到人生第一个两万元的幸福感、兴奋度，我换成现金，装进袋子，拎回家，门一关，上好锁，往地板上一倒：“哗！”和太太一起点钱。很开心！当我赚到人生第一、第二个200万元时，突然发现：我的心情还没当初赚两万元时激动、幸福，边际效用递减。我冷静地意识到：我对钱不是那么渴望，够用就好。虽然我那时还没“开水理论”，但“下海”这锅水已经烧到99度，该烧人生另外一锅水了。

三、闯上海

接着，我又做出人生一个重要选择：闯上海。在上海漂泊期间，有一个事件改变了我。孟子说：“有恒产者有恒心。”我来上海做的第一件事就是买房，我走街串巷选房。夏天的傍晚，夕阳的余晖洒在街道，金黄金黄的。十字街头，绿灯一亮，人流潮水般涌动，淹没在滚滚人流之中的我，突然感到阵阵孤独：茫茫人海，一个人都不认识。我闯上海的初始动机是继续开公司，此情此景让我清醒：做生意最重要的是人脉、网络。一无所有，在上海怎么做生意？所以，我又做了一个重要选择：重回大学校园读书。进大学读书是建立人际圈最快捷、有效的方法，也正是在上海财经大学校园，我思考得出“开水理论”。

后来我到美国留学，完成学业回国。小汤常“嘲”我：“爸爸一迷茫，就读书。”

四、从“换水”到“加水”

我加入上海国家会计学院，遇到贵人、恩人，我非常热爱这份事业，几乎把全部时间都献给学院。为平衡好事业与家庭的关系，我还用了一点“兵法”，让太太成为学生。这样，我很多活动她也能参加，家庭时间和工作时间就可以有机地结合。领导很器重我，我从零做起，一步一个脚印，从普通员工到副科、正科、副处、正处一直到院党委委员，十年时间平均两年上一个台阶。同样，我发现行政这锅水也烧开了。这时“热水理论”已经完善，可以理论指导实践，我在“换水”还是“加水”、创业还是创新中艰难选择。多少个难眠之夜，我认真思考分析，得出结论：我爱这个学院！我做出又一个重要选择：留下，创新！转型升级，进入新天地，在学术领域奋斗！眼前一亮，海阔天空。

我开启了又一次创业的征程。我徐徐地往这口大锅中加水，水温很低。我告诫自己：我是教育战线上的新兵，必须谦虚谨慎、不断学习。每天清晨，手机闹钟一响，我“闻鸡起舞”，立即起床学习，秉承“刚时读经，柔时读史”原则，提高人生效率。我要坚定目标、忍受寂寞、享受孤独、不断前行。希望有一天，关爱我的人能自豪地说：“我看着他一步一步前进。”

五、“汤氏开水理论”的“三精”“形、势、胜”分析

精心，做好布局。用小锅还是大锅？各有优、缺点。小锅水少，水温上升快，容易有成就感，但要准备好保温设备，注意及时换水；大锅避免了频频换水的麻烦，但因水多，温度上升慢，容易失去耐心、中途放弃。

精诚，要一直烧。尤其是到 99 度时，更要锲而不舍地烧下去。

精进，关注水温。水开了，就要实施行动方案：锅小换水，并将烧开的

水做好保温处理;锅大加水,没保温设备或不愿换水就得有大锅。

聚形,火焰不灭,一直烧水。运用“工匠精神”,朝着既定目标坚定地前行。做好“十年寒窗无人问”的心理准备。

运势,用有限的能源烧尽可能多的开水。用小锅还是大锅?先找一个小领域取得成绩,积累经验,增加信心;或者一开始就选定一个大领域,不断地、耐心地努力。

致胜,把烧好的水用到最需要的地方。抓住时代赋予的机会,成为人生赢家。全力以赴为社会做出最大的贡献,给世界留下宝贵的精神财富。

第二章

掌控人生主动权三重境界

第一节 “兵者,国之大事”:积极入世,参与竞争

《计篇》开门见山:“兵者,国之大事,死生之地,存亡之道,不可不察也。”运用到人生,就是积极入世、参与竞争。这是掌控人生主动权的第一重境界。

一、“放下”的故事

中华优秀传统文化这么好,为何还不怎么招人待见?因为有些传播者把对象搞错了,跟不合适的人讲不合适的文化,就会效果不佳,遭遇尴尬。

小汤读大学时,我们父女俩一起听了整整两天的佛学课,结束后,自然进入“爸,聊聊”模式。

老汤:“这两天最大的收获是什么?”

小汤:“这两天最大的收获就是两个字:放下。”

老汤很诧异:“女儿,可以呀!你把佛家的精髓都掌握了。”

小汤哈哈大笑,两手一摊:“可是,老爸,我现在两手空空,拿什么放

下?”

这件事对我触动很大。当我在传播中华优秀传统文化，讲兵家、儒家、道家、佛家、易经时，我就非常小心，要关注、了解我的演讲对象，对合适的人讲合适的文化。比方说，对那些刚刚出道的年轻人，我就不能讲佛家、易经等太深奥的理论，要循序渐进、通俗易懂，要用九零后、零零后的语言和他们沟通，要给他们传播努力奋斗的竞争意识。

二、人生，没有弯路，只有阅历

有些高人能把深奥的道理用简单、朴素的语言表达出来，因为其功底深厚、很有阅历。

一代高僧弘一法师李叔同，他是“官二代”“富二代”，一出生起跑线就比常人前移了好几百米。他还一路狂奔，绝尘而去，成为音乐家、书法家、美学家、戏剧家，每一个名号都是许多人奋斗一辈子也无法企及的。什么世面他没有经历过？什么人他没有见识过？他的放下才是真放下。有些小和尚，没有饭吃，走投无路，被送到庙里做职业僧人，可怜的孩子什么都没有见过，等他长大后，你跟他说：注意呀，离女人远一点，女人是老虎！人家就会得出一个结论：老虎好！漂亮！

人来到这个世界，需要积极实践。人生，没有弯路，只有经历。

我非常喜欢陆游的一首诗：“山重水复疑无路，柳暗花明又一村”，这是一首很优美的风景诗。但不要仅把它当风景诗欣赏，还要站在哲学视角解读。我划着小船，摇啊摇啊，前方河道似乎中断，我不死心，继续前进，原以为到头了，在尽头拐个弯，角度变换，哇！突然发现一个非常漂亮的地方！如果当初放弃，能看到“柳暗花明又一村”的美景吗？生活也是一样，需要实践、需要体验。

站在场边评论容易，真正使人成长的是入场比赛。

第二节 “因敌制胜”:把握环境,做好加法

《虚实篇》说:“兵因敌而制胜”“能因敌变化而取胜者,谓之神。”运用到人生,就是要把握环境,做好加法。这是掌控人生主动权的第二重境界。

一、机动灵活,要有预案

“车到山前必有路”是一个伪命题。如果“必”有路,怎么会有阮籍“穷途之哭”?而且,有些路通往万丈深渊!这句话还暗藏危害,为什么?如果老受这种教育,老对这句话念念有词,就会觉得,所有事情最终都有解决方案,任何困难到时都会自动消失。但是,许多人都会经历一种困境,叫“山穷水尽、无路可走”,哪怕是一瞬间。有过吗?如果没有,说明人生还不够完整!总受“车到山前必有路”的影响,万一我们身处“山穷水尽确无路”的境地,就会迷惑痛苦、哭天抢地:老祖宗不是说“必有路”吗?天哪!我的路呢?就容易怨天尤人,甚至酿成悲剧。

我非常喜欢王维的两句诗:“行到水穷处,坐看云起时。”同样是划船,“山重水复疑无路”是喜剧,“疑无路”,看似没路,其实有路。但是,人生不会处处是喜剧,万一“行到水穷处”,确实没有路,弃舟登岸!“坐看云起时”,坐在岸上,仰望天空,哇!绚丽的云彩在天边升起,多么壮观,多么美丽!为什么一定要划船呢?河道断了,地上有路,地上没路,还可停下,休息休息,看看风景。

我很喜欢德诚禅师的一首诗,它描写深夜在船上垂钓的场景:“千尺丝纶直下垂,一波才动万波随,夜深水冷鱼不食,满船空载明月归。”夜晚,我在船上钓鱼,千尺长的丝线垂到水面。丝线一动一动,涟漪一圈一圈,很安静,画面感很强。夜深了,水慢慢变凉,没鱼上钩,鱼都去哪了?睡觉了,鱼也要休息。我原本是来钓鱼,但没一条鱼上钩,应该会失落吧?最后这句最为精彩,笔锋一转:“满船空载明月归”,船舱是空的,但船却是满

的，装满了什么？月光！抬头望去，一轮满月，挂在天空，那么皎洁，那么安详。我根本不是钓鱼，我是来赏月的！当想到是来赏月，还会为没钓到鱼而郁闷吗？

二、有选择才能优雅

(一)高级怨妇

怨妇是怎样炼成的？如果一天到晚只盯着一个老公，怎能不变怨妇？不要误解哈！我是说不能把全部注意力放在老公一个人身上。再好的东西，看得太久、太清楚，也会不美。同样，先生也要与太太保持距离，美女再美，拿放大镜贴近人家脸上看，毛孔老大老大，丑死了。

怨，是让别人的言行掌控自己的心情；怨，是把人生主动权交给外部世界。

中国文学有一种诗歌叫“怨妇诗”，谁写的？怨妇？不，怨妇写不出怨妇诗。大多是失意的男性诗人借怨妇之口写的。有一首著名的诗，我称之为中国“怨妇诗之首”，就是白居易的《琵琶行》。“浔阳江头夜送客，枫叶荻花秋瑟瑟，主人下马客在船，举酒欲饮无管弦，醉不成欢惨将别，别时茫茫江浸月。”有许多描写月亮的诗文，这首最经典，也最精炼，只有三个字：“江浸月”。月色下的江面，波光粼粼，一个大大的月亮，好像掉到水中，浸在江心，壮阔宏浑，用字简洁，很有气势。

正当他们借酒浇愁、伤感话别的时候，突然，江面传来了一阵美妙的琵琶声，他们赶紧把船划过去，想请那人出来再弹一曲。于是，出现了一个美妙的场景：“千呼万唤始出来，犹抱琵琶半遮面。”她半推半就地出场了。一曲下来，非常美妙，把小伙伴们都听傻了。

中场休息，琵琶女自我介绍，她曾是京城的艺术家，不仅琵琶弹得好，而且长得很漂亮。当年，多少王公贵族拜倒在她的石榴裙下，风光无限，是超级网红！然而，她没在高位及时出货，股价一直下跌。岁月是把杀猪刀，青春饭不好吃啊！“老大嫁作商人妇，商人重利轻别离，前日浮梁买茶去。”后来，家生变故，年纪大了，嫁给一个商人，估计那哥们没什么艺术细胞：“一天到晚弹琵琶，吵死了！不如弹棉花，还能赚点钱。”商人去做茶叶贸易，开拓市场，把她一人丢在家里，她孤苦伶仃，寂寞失落，伤感地弹起琵琶，怀念过去的时光，就把诸位吸引过来了！

怎样给怨妇分级？一哭二闹三上吊：“臭不要脸的，我不想活了！”那是低级怨妇；“别有忧愁暗恨生，此时无声胜有声”，这才是高级怨妇！这首诗的“诗眼”在结尾：“座中泣下谁最多，江州司马青衫湿！”大家都在哭。你们哭，只是擦擦眼泪，我哭，整个长衫都湿透啦！压抑无声、泪如雨下，这是怎样的一种哭呀！全篇没有一个“怨”字。

（二）为何白“市长”会怨、陶“县长”可踢凳子

白居易的经历和琵琶女的身世颇为类似，他曾是皇帝身边的红人，后来失宠，从繁华的长安被贬到偏远的九江。心情与钱多钱少、官大官小无关，与上坡下坡有关。一般人做了九江市长，亲朋好友，十里八乡都会来祝贺，白居易当市长却幽怨郁闷、伤心难过，为什么？他是走下坡路！所以，琵琶女的身世引起他的共鸣、勾起他的心事。他俩聊着聊着，就互相拨动了对方的心弦、触动了生命中最柔弱之处，就有了千古绝唱的感慨：“同是天涯沦落人，相逢何必曾相识”！

为什么白居易一贬就哭、就怨？他觉得人生只有一条路：做官。别无选择！当上升通道被堵、切断，他怎会不伤心难过？

千百年后，白居易青史留名，谁贬他没人在意。无人不识白居易，有谁关注皇帝？早知如此，白市长还会怨吗？

有一个人也在九江做过官，知名度也很高，他就是著名诗人陶渊明。陶县长太有个性了，一不开心就凳子一踢：老子不干了！他四次跳槽，最后一跳，在中国历史、文学史上留下了辉煌灿烂的篇章。为什么陶县长可以“不为五斗米折腰，挂冠而去”，一言不合就裸辞？虽然陶渊明在《归去来兮辞》中自谦家穷，但我觉得他是地主！他家有景观房，山景房：“采菊东篱下，悠然见南山”。

不管我们多么能干，不论多优秀，只有一条路，人生很被动。我反复强调：有选择才能优雅！这也是掌控人生主动权的关键之一。

三、要有选择，但要慎重抉择

当然，我对挂冠事件有不同意见：陶县长！您太任性、不冷静，您不愿向贪官低头，一生气就踢凳，一不爽就挂冠：不为五斗米折腰，不为稻粱谋！您有没有想过彭泽百姓？有没有问过父老乡亲？如果来一新县长，鱼肉百姓，怎么办？为了民众受点委屈，有什么大不了啊！

网上曾有一个帖，很火。一个90后女孩辞职不干，原因是单位出新规，不让快递小哥进办公室，要下楼收寄快递，她就生气了。她的辞职信慷慨激昂，有几句话我印象深刻："不上班，妈妈每月给我一万元零花钱，上班了，每月只拿五千元，收入减少一半也就忍了，还要受你们的气。"凳子一踢：老娘不干了！我感慨之余有些难过：现在父母挺不容易，辛辛苦苦为孩子创造了一片天地，他们可以饭来张口、没有生存之忧。结果，有些孩子一不开心就走人。

我常常跟年轻人说：父母奋斗一生，不是为了让你可以不负责任。父辈辛苦打下一片天地，让你没有后顾之忧，好比在你驾驶的飞机上备了降落伞，万一出事，跳伞逃生。飞行过程，遇到气流很正常，不能一颠簸就跳啊！要配降落伞，但别轻易跳。动不动就跳，哪有那么多飞机？

我身后有剑，但不轻率亮剑。沉得住气，受得了气。《孙子》反复强调"慎战"："非利不动，非得不用，非危不战""主不可以怒而兴师；将不可以愠而致战"，因为"怒可以复喜；愠可以复说"，但"亡国不可以复存；死者不可以复生"。有些事忍忍就过去了，冲动是魔鬼，受得了委屈，才能成大事。

我谨给青年朋友两点建议：人生要有选择；但要慎重抉择。

第三节 “我专而敌分”:宠辱不惊,做好减法

《虚实篇》说:“我专而敌分”“无所不备,则无所不寡”,运用到人生,就是:管理欲望,做好减法。这是掌控人生主动权的第三重境界。

一“宠辱若惊”与“宠辱不惊”

明朝洪应明所著励志书《菜根谭》有一名联:“宠辱不惊,闲看庭前花开花落;去留无意,漫随天外云卷云舒。”让人心旷神怡、备受鼓舞。如果不认真分析、没深刻理解、无解决方案,“宠辱不惊”很难做到,会放空炮。

“宠辱不惊”源自《道德经》,不过,老子没说“宠辱不惊”,恰恰相反,他说“宠辱若惊”:宠和辱都会让人受惊。宠,是别人赐予你想要的东西,去除你讨厌的东西;辱,是别人强加你不要的东西,夺掉你心爱的东西。被人宠,怎不惊喜?受人辱,怎不惊怒?宠辱不惊很难做到。

既然“辱”让人受惊、被人厌恶,怎么还有人自取其辱呢?因为他动不动就“展示底线”“不能而示之能”,结果,暴露自己的敏感部位、薄弱环节。

小时候,我个子矮但性格倔,经常和欺负我的高个子打架。虽不想打,但不服软,喜欢说:“动动我试试”。于是,大孩子“咚”一拳过来,嘴里还念念有词:“试试就试试”。我这就叫自取其辱:实力不行还挑战强敌。如果不是“引蛇出洞”,不能有效还击,就不要激怒对方。

受宠好不好?有人说:妃子被皇上宠幸,下属被领导宠信,当然好。受宠就好吗?老子发现了问题:“宠为下”。妃子能宠幸皇上吗?下属能宠信领导吗?只要受宠,地位、心理就已处下风。于是,老子让受宠者伤感不已:“得之若惊,失之若惊”,得到领导宠爱会非常诧异、惊喜:我好像没那么出色、没做出多大成绩,领导怎么会如此宠爱我呢?领导突然不喜欢、不理睬,又会非常诧异、惊慌:我好像没说错什么、没做错什么,领导怎么突然就对我不好了呢?老子补充道:“是谓宠辱若惊。”他没有解释受辱为什么会“惊”,受辱不好,这是常识,不需要赘述。老子重点提醒:受宠也

目，神清气爽，很受欢迎。

人生需要减法思维。不是每次应酬都需出席，不是什么事情都要亲为，不是所有机会都去抓住。没有减法思维，人会越来越累，非常痛苦。就像柳宗元《蝜蝂传》中那种虫子，只会背东西，不肯卸东西，只做加法，不做减法，结果，累死了，灭绝了。

要做减法训练，在夜深人静时反复问自己：什么是我最重要的？也要对孩子进行减法训练——“失火训练法”，经常问孩子：如果家里失火了，只能带走一件东西，带什么？一开始，孩子会纠结：好多东西要带。只准带一件！于是，帮助孩子建立“人生减法思维”：什么最重要？人生的选择是艰难、痛苦的，但必须做出选择。受过减法训练，出现紧急状况，不会手足无措，能够快速决策。

第三章

掌控人生主动权行践

第一节　人生的加减法

一、“加减法”——人生大智慧

（一）“智慧”的加减法

“智”：“日”加“知”。“日日知”，天天要知，每天进步一点点，代表人生加法。“慧”：“彗”加“心”。彗，“扫帚”，心上面一把扫帚：扫心，代表人生减法。

日日知，每天都要学习。学到的都是好东西吗？这是一个垃圾信息泛滥的时代！我们心里有很多垃圾，要经常扫，留下一颗干干净净的心。

当别人夸你有智慧时，那是一个巨大的表扬！潜台词是：你既会做人生加法，又会做人生减法。能真正做好加减法，这才叫人生智慧。

（二）“为学、为道”的加减法

老子说：“为学日益，为道日损”，读书、学习，就要每天读、天天学，增加知识，这是加法。人生，要先做加法。读书再多，如果不明白个中道理，有什么用？尤其是科技发达的今天，记忆再好，也拼不过百度吧？脑容量再大，也比不过电脑吧？为什么有百度、电脑我们还要学习？百度、电脑只是搜索引擎、数据库。

重要的不是记住知识、不是对事物分类，而是在纷纭复杂的大千世界找出规律，从知识的海洋中找出重要、有用的东西，并转化成文化。问道，才是学习的终极目标，这需要我们有抽象总结能力，要排除很多干扰项，就需要做减法。

掌握了人生的加减法，会处处主动。

二、生活充满加减法

(一)读书的加减法

读书的加减法：从薄到厚，再从厚到薄。这是读书的智慧。

花几个月读一本厚厚的书，一页一页读，就是从薄到厚的过程，不能偷懒，不可或缺，这叫读书的加法。当我们辛辛苦苦读完这本书，合上书的刹那，常常会有如释重负之感：终于读完了。很多人马上会把书放到书架上，到此为止。

德国心理学家艾宾浩斯“遗忘曲线”显示：人脑的最初遗忘速度很快，一天后的遗忘率达75%。所以，别对自己的记忆力盲目自信，“好记性不如烂笔头”，要及时做读书笔记，注意，不要大段地抄，没用。只要两三条，最好用自己的话总结。

我们还需一个重要环节：从厚到薄，这是读书的减法。辛苦读完一本书，别急着放回书架。静坐一小时、半小时，认真回忆：这本书读了那么长时间，最大的收获是什么？最有用的是什么？哪怕是三两点。上课也一样，要在夜深人静时回忆一下：听了一天课，重要知识点是什么？哪句话最触动？过段时间再复习一下，久而久之，这些知识就真正属于你，就被你“化”了。汉语了不起，文“化”，将所学知识融化到身体里。我给研究生们上完课，期末考试时常出一道题：您从本课程收获了什么？不超过三点。

为什么有些人读书效率很高？好像没怎么看书，但知识面广、很有文化，因为他用了读书的智慧。有些人看似辛苦读书，结果空空如也，因为他没用读书的智慧。

(二)企业的加减法

企业的加减法：从“有钱就赚”，到“有些钱不赚”，这是从商的智慧。

创业初期，企业求生存、谋发展，这时要做加法，有钱就赚，当企业发展到一定规模，就要慢慢做减法，有些钱不能赚，有陷阱。做大了，苍蝇蚊子就来了，很多诱惑出现了。有人问美国通用电气公司前总裁杰克·威尔逊：“你为什么能做这么多成功的投资？”他笑道：“重在能拒绝成千上万个看似很好的投资。”

懂得拒绝是了不起的能力，会做减法是重要的智慧，为什么很多企业做大后会轰然倒塌？原因在于它们不能管控自己，不会做减法。

(三)“大数据”加减法

2008 年，“大数据”概念问世，随后风靡全球。其实，老子“为学日益，为道日损”思想就是数据收集和数据挖掘理念。

建立数据库，把大量的数据收集起来，这就是“为学日益”，就是加法。不做分析处理，就成信息垃圾。只有在貌似杂乱无章的数据中找出内在规律，数据的价值才得以呈现，是“为道日损”，就是减法。数据搜集和数据挖掘就是“大数据”的加减法。

(四)武林高手的加减法

习武之人非常辛苦，要先练基本功，师父再一步一步教授武功要诀，这是练武的加法。

出师了，出山了，这时的标配是：背着明晃晃的宝剑闯荡江湖，到处扫视，“路见不平，拔刀相助”，这是第一阶段。刚刚出道，年轻气盛，千万注意，拔刀之前，先要评估：某人被打被杀，一定是好人、一定有理吗？

功夫见长，心情复归平静，就进入第二阶段：宝剑换成木剑。木剑虽不伤人但还背着，告诉大家，我是习武之人，别来惹我，我不惹你，也不会

"路见不平，拔刀相助"，剑已无锋，没法助人。

功力大长，进入第三阶段：木剑都不背了。手中无剑，心中有剑，别人知不知道我有武功不重要，我会仔细扫视、观察判断：哪些人眼露凶光？哪些人是坏人？遇到这种情况，我不跟他发生冲突，我什么武器都没了，我就撤退、回避，不得已才出手。

武功的最高境界是：手中无剑，心中无剑。我内心充满慈悲，慈，是对好人好；悲，是对坏人同情。常人不能理解、不能接受：可以对好人好，怎能同情坏人？慈悲心是佛的境界，佛站得高、看得远，看到坏人下场悲惨，死后还要下油锅，悲从中来：作孽啊！

从"路见不平，拔刀相助"到"手中无剑，心中无剑"，这就是武林高手必经的几个阶段，这就是武林高手、武圣、武神的减法。

三、为官的加减法

(一)子贡问怎样做领导

《论语》，"子贡问政"。一天，子贡问老师：怎样做一个好领导？"子曰：足食，足兵，民信之。"孔子回答：第一，让你管辖的国家丰衣足食，老百姓吃饱吃好；第二，要有强大的国防，保护好人民的生命财产安全；第三，老百姓诚信、信任政府。

孔子不容易啊！他的学生太聪明了，经常问一些深奥的问题，而且穷追不舍，不断问为什么？一般的老师是搞不定的。子贡又问："必不得已而去，于斯三者，何先？"这三个东西不得已要去掉一个，应该先去掉什么？"子曰：去兵"，孔子说：那就去掉强大的国防。

子贡又问："必不得已而去，于斯二者，何先？"你不是去掉"足兵"了吗？还剩两个："足食"和"民信之"，两个还要去掉一个，去哪个？这很难选择啊！

在"足食"和"民信之"中取舍，子贡满以为老师会选择"足食"。吃饱肚子和诚信、信任哪个更重要？很多人都认为是"吃饭"，民以食为天，人都饿死了，还玩什么啊？然而，孔子的回答让人瞠目结舌，直到现在很多人还困惑不解，孔子说："去食"，他怕人们不明白，还补了一句："自古皆有死，民无信不立。"

(二)孔子加减法的内在逻辑

我们来分析孔子加减法的内在逻辑，有几个关键点容易忽略，我读了很多遍《论语》才感悟到。

子贡问什么？"问政"。问怎样做好一个领导？他是站在领导者的视角，不是一般人的角度。请站好位。

注意"足"。"食"和"足食"差别很大！是吃饱和吃好的差别。食，满足生存的基本需求；足食，讲究荤素搭配，营养结构，吃胖了还要减肥。"兵"和"足兵"差别更大：兵，国防建设；足兵，强大的国防建设。保护祖国的海洋需要三五支航母群，这是国防建设，这叫"兵"；拥有几十支航母群，在全球游弋，看谁不顺眼就打谁，那叫"足兵"。兵，是运用防御性战略；足兵，是运用进攻型战略。

"足食，足兵，民信之"是做加法。做国家领导，首先要让人民"足食"；足食完成，再让国家"足兵"；足兵完成，再建设"民信之"的社会风气、诚信体系。

接下来的减法就合情合理了。三者中第一个"去兵"是去掉"足兵"，不是不要国防建设，而是不需太强大的国防建设，用防御性战略就行，不需进攻型战略，要裁军。军费开支太大会挤占民众消费开支。第二个"去食"也就容易理解，是去掉"足食"，不是让大家没饭吃、饿肚子，而是不求管好，但求管饱。太饱也不行，"吃饱了撑着"，会产生很多问题。

(三)关键是要重视"信"

孔子的重点在后面：信！非常重要！信，有两个含义。

信，人有信用、相互信任，否则，交易成本极高。举例：你给某人五百元钱，他给你五百元货，一手交钱，一手交货。如此人没诚信，问题就太大了，他收你五百元钱，又对你伸手："给钱！""刚刚不是给过吗？""什么时候给的？证据？”你确实拿不出证据啊！后果是：随时随地带着录像设备，买棵白菜都要先把摄像机架好，古代没这技术，岂不寸步难行？所以，“人无信不立”！没有诚信，人们无法交往，诚信危机转化成生存危机，导致人类社会崩溃，“少了一个马钉，输了一场战争，亡了一个国家”，连锁反应，后果严重！

信，老百姓对统治者信任。既然是“问政”，就要站在领导的角度思考，“民信”对当权者尤为珍贵，百姓的信任比“足兵、足食”更重要：当政者兵食俱全，但百姓不信任他、不跟他走，兵、食有什么用？政权瞬间会被颠覆。当然，老百姓也是信任危机的受害者，国家大乱，人民受苦，大家都在一条船上。

为政运用好了加减法，就会在国家治理上掌握主动。

孔子的教诲有很强的现实意义，今天面临的问题，孔子早有解决方案。经济建设和国防建设进入一定阶段以后，诚信、信任、信仰建设就非常重要！民众不信任，经济再发展、军事再强大，国家内乱，一切清零。就像苏联，曾经和美国匹敌的超级大国，顷刻之间土崩瓦解。中国改革开放后，经济突飞猛进，共产党仍然如履薄冰、危机意识很强、害怕失去民心，坚定不移地从源头反腐。

第二节　人生占优轨迹

一、汤氏“努力度—贡献度相关关系图”

人生占优轨迹是使个人和社会的效用之和最大化。

我反对自私自利，钱赚得再多，官当得再大，也不及格；我同意“全心全意为人民服务”的利他思想。但是在和平年代，“毫不为己，专门利他”的墨家思想有待商榷，因为难以持续。儒家有限自私的主张合情合理、可操作性强，可使社会总效用最大化。儒家的中庸思想与经济学、管理学的优化理论异曲同工。

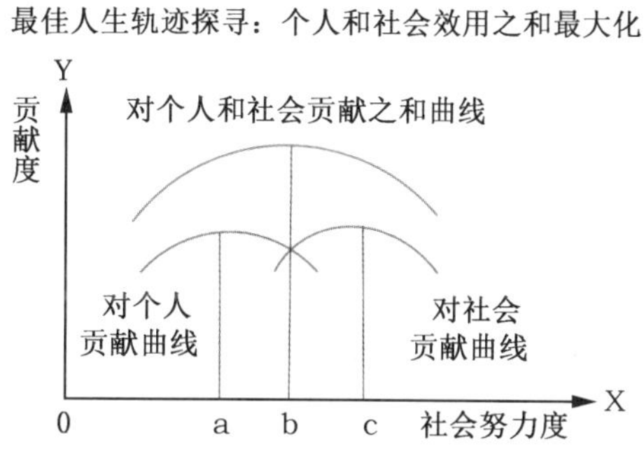

汤氏“努力度—贡献度相关关系图”

汤氏“努力度—贡献度相关关系图”横轴代表社会努力度，人的精力有限，为社会的努力度越大，为自己的努力度就越小，反之亦然。纵轴代表努力度所创造的贡献度，一个人可同时既为自己又为社会努力，于是，就得出两条贡献度曲线：左下方是对个人的贡献曲线，右下方是对社会的贡献曲线。

当社会努力度处于 a 点，为自己的努力度大，为社会的努力度小，对个人的贡献曲线达到顶点；当社会努力度处于 c 点，为社会的努力度大，为自己的努力度小，对社会的贡献曲线达到顶点；当社会努力度处于 b 点，为自己、为社会的努力度适中，虽然对个人和对社会的贡献曲线都没达到顶点，但最上面那条“个人—社会”总贡献曲线达到了顶点。

二、人尽其才理想轨迹探寻

（一）“学而优则仕”对中华民族影响巨大

经常有朋友问我：孩子马上大学毕业，要不要去考公务员？因为我对中国某个根深蒂固的观念不认同，很难回答。事关孩子前途，不能妄下结论，于是，我开启了常用的“套路”，反问：“孩子喜欢什么？”让孩子做自己喜欢的事，常常是占优策略。

历史和现实中有许多残酷的案例，结论是：官场弊端多，当官有风险，进场需谨慎！尽管如此，自古以来，“读书做官论”在中国很有市场，即使在一个多元的现代社会，仍有许多人趋之若鹜。为什么？因为“学而优则仕”对中华民族影响深远。其正面影响是几千年来，为中华民族培养了一大批优秀官员，使历朝历代公务员队伍强大、素质很高；其负面影响是形成了官本位思想，让人才过度集中在官场，不利于其他领域的人才培养。

(二)对“仕而优则学，学而优则仕”的误读

“学而优则仕”被误读多年，很多人以为这句话是孔子说的。其实，该句出自《论语》，是子夏说的：“仕而优则学，学而优则仕。”中华文化重视“位”，先后顺序很重要！是先“仕而优则学”，再“学而优则仕”。他告诫为官之人，不要做职业官员，而要不断学习、不断进步，学好以后，认真做官，去做好官，在“做官——学习——做官”中循环往复，不断提升。理论联系实践，实践升华为理论，理论又指导实践。这样，公务员队伍的素质会全方位、不断地提高。

长期以来，“学而优则仕”被掐头去尾、不问语境，孤零零地拎出来作为警句，让人们误认为这是对年轻人、对还未出仕的读书人说的：好好读书！读好了才可做官，读好了就去做官。这直接导致几千年来，千军万马挤独木桥，悲剧、喜剧周而复始，适不适合都去当官，造成人才的巨大浪费。时至今日，其影响犹在。公务员考试被称为“国考”，每个热门岗位，角逐者成千上万。

要纠正人们对“学而优则仕”的固化理解很难，我能做的就是让人们认识误读“学而优则仕”给社会带来的问题，并寻找解决方法。

(三)学而优则经，经而优则仕，仕而优则学

站在全社会的角度，倡导并践行“学而优则经，经而优则仕，仕而优则学”的理念，可以实现整个国家人才资源效用最大化。

“学而优则经。”“经”，泛指一切生产行为、市场行为等经济活动，包括除国家机关、事业单位之外的工业、农业、商业等经济领域。书读好了，最好不要马上进入公务员队伍、官僚机构，不要去挤做官这条路，应该投身

于国家经济建设，到农村去、到工厂去、到商界去，因为市场竞争、经济活动是一个大熔炉，可以让年轻人得到更多锻炼，让他们将所学知识贡献给社会各个行业，为国家创造百花齐放、繁荣昌盛的局面。

“经而优则仕。”在经济领域、市场舞台摸爬滚打后，会有一批批优秀人才脱颖而出，再从这些人才里优中选优，充实到公务员队伍中担任领导职务。这样做有两个好处：(1)这批人有过在经济领域中的实战经验，在政府决策尤其是经济战略决策中，不至于犯“拍拍脑袋就拍板”的错误。集权社会最大的浪费常常是因决策者失误造成的损失。(2)这些经济领域中的佼佼者，完成了资本原始积累，不太会为蝇头小利损害民众利益，更有可能因理想、情怀去为人民服务，容易做清官。

“仕而优则学。”“学而优则经”的“学”是学习、学生；“仕而优则学”的“学”是治学、学者。两者内涵不一样。在经济界拥有了重要成就、在官场上积累了丰富经验，应将其系统化，通过讲学、著书立说等方式传授给其他人，传递给下一代，为当今社会、人类文明留下宝贵的精神财富，否则，这些成就和经验将随时间推移而灰飞烟灭，对个人、对社会都甚为可惜。

“学而优则经，经而优则仕，仕而优则学”比人们通常理解的“仕而优则学”能更大限度地发挥人才的作用和效能，也会让人生更主动。如果孩子方向不明，我不赞成去挤公务员这座独木桥，不主张孩子过早踏入官场，而应该到广阔的经济领域去寻找适合的天地。如果孩子的志向是做官、进入公务员队伍，也无可厚非，但要注意：踏踏实实从小事做起，从基层做起；端正动机，不要只是做官，而是“仕而优则学，学而优则仕”，在“做官——学习——做官”中循环往复，不断提升。

三、学者三境界

能成为一个学者，除了自己的努力之外，还有许多机缘巧合，上天让我们成为学者，就给我们赋予了使命。学者的使命是什么？怎样做一个合格的学者？

(一)立书

一个人认真读书学习以后,最好先到社会经济领域去打拼,积累微观实践经验后,再去做官,为更多人服务,最后要成为学者。成为学者的第一步就是要把在经济领域打拼的成功经验、失败教训,把为人民服务过程中的成败得失总结、提炼,作为知识固化下来,留给后人参考、借鉴,于是,需要“立书”。

(二)立言

写书不难,写的书有没有人看才是一个大难题。这是一个信息泛滥的时代,全中国、全世界新版图书出版数量每年达几十万、上千万种,还有各种朋友圈的文章狂轰滥炸。你的书有人读吗?你的观点别人能记住吗?你的话能成为人们传诵的金句吗?

北宋晏殊当过宰相,知道这事的不多;他出版了十几本文集,读过的人寥寥无几。《浣溪沙·一曲新词酒一杯》让他在中国文学史上有了一席之地,“无可奈何花落去,似曾相识燕归来”让人们记住了他。唐代张若虚的诗在《全唐诗》中仅存两首,《春江花月夜》金句连连,“孤篇横绝全唐”,这奠定了他在中国文学史上的不朽地位。

书不在多,要有人读;话不在多,要能记住。

(三)立人

一个学者能否有影响,不仅仅取决于他个人,还取决于他的学生、传承者。

儒家对中华文化贡献巨大,这不是孔子一个人的功劳。同学们把孔老师的讲课笔记汇总整理成了《论语》,曾子写《大学》,子思写《中庸》,孟子有《孟子》,形成了著名的儒家经典:“四书”。四代师承,伟大的儒家思想体系才基本形成。

释迦牟尼讲学49年,没留下任何文字。他过世后,学生们怕老师的智慧日久被人遗忘,于是聚在一起“诵经”,回顾老师的语录,一开始只有八个人,后来扩展到八百人。四百多年后,渐渐形成完整、宏大的佛学体系，也有了“八大金刚”“八百罗汉”的传说。

老子说：“死而不亡者寿”，人虽逝世，但一直被人记起，这就是不朽。怎样才会被人铭记？优秀的思想文化方可传承！此外，还要有优秀的学生、优秀的传承者。“立人”非常重要！

第三节　我们翻越过的险峰，终将成为保护我们的屏障

一、人生之“坎”

（一）《易经》“坎卦”之悟

《彖》曰：“习坎”，重险也。水流而不盈。行险而不失其信，“维心亨”，乃以刚中也。“行有尚”，往有功也。天险不可升也，地险山川丘陵也，王公设险以守其国：险之时用大矣哉！

趋利避害是人的本能。坎坷，在很多人心中是运气不好的代名词，甚至是苦难的象征。我却从《易经》“坎卦”中发现了另一番天地：面对困难要有精诚的信念：“行险而不失其信”；精诚所至，金石为开：“往有功”；逾越过的坎坷、攀登过的险峰，终将成为保护我们的屏障：“天险不可升也，地险山川丘陵也，王公设险以守其国：险之时用大矣哉！”有些“壁垒”是老天为我们准备的：“天险、地险”；有些“壁垒”是我们主动制造的：“设险”，建造牢固的城墙。我们经历过的苦难和险阻，将成为竞争者的进入壁垒！

《孟子》名句：“天将降大任于是人也，必先苦其心志，劳其筋骨，饿其体肤，空乏其身，行拂乱其所为，所以动心忍性，曾益其所不能”“入则无法家拂士，出则无敌国外患者，国恒亡”，于是得出结论：“生于忧患，死于安乐”。这是人生的压舱石！在苦难的岁月给我们安慰：天将降大任；在安逸的日子让我们警醒：当心，危险！

“天将降大任”一定让人“受苦”，古往今来，没有例外。受得了这种苦难、经得起这类磨炼的人，就会把大批竞争者远远甩在后面，进入人生新天地。杜甫说：“文章憎命达”，文章好、命又好，哪有这个道理！北宋“三

苏”一开始是齐名的，后来，苏轼的知名度和文学贡献远大于弟弟苏辙。苏辙性格温和、谦虚谨慎，虽仕途起伏，但受罪不多。苏轼一生坎坷，“乌台诗案”差点丧命。正是人生的磨难，让他一次次登上创作的巅峰，不朽之作《赤壁赋》《念奴娇·赤壁怀古》就是他被贬黄州时写下的。

如果老天不降“大任”，不让我们“受苦”，怎么办？就要主动“吃苦”，努力为社会做点事情，向老天求点“小任”，至少可以建立保护自己的屏障、阻挡对手的壁垒。于是，我对“生于忧患，死于安乐”有了另一种理解：树立忧患意识，主动走出舒适区，寻找合适领域，努力做细做精，让人生更精彩，让生活有意义。

有些“忧患”是天降的：“苦其心志、劳其筋骨、饿其体肤、空乏其身、敌国外患”等；有些“忧患”意识是自己建立的：“卧薪尝胆、闻鸡起舞”等。

我们翻越过的险峰，终将成为保护我们的屏障！

(二)“刘耀粧人生银行理论”

刘耀粧关于吃苦、享福的“人生银行理论”：人生在世，吃苦就像往银行存钱，享福就像从银行取钱。吃苦越多，存钱越多；享福越多，取钱越多。如果吃苦比享福多，就给未来积存了福报；如果享福比吃苦多，就透支了未来的福报。吃苦享福守恒：人一辈子吃多少苦、享多少福总量相等，现在不吃苦，将来要吃回去；现在把福享完，将来就没有了。吃苦享福平衡：吃多大的苦就会享多大的福；享多大的福就要吃多大的苦。

刘耀粧是谁？她是一位语文老师、小学校长。她就是老汤的妈妈。

感恩妈妈这个理论！它对我影响极大！我每当轻松舒适时，就会戒慎惶恐：是不是透支了未来的幸福？我每当辛苦痛苦时，又有些许安慰：人生苦难总量又减少一份。

我创业初期，非常艰难，为省几元钱运输费，自己踩三轮车去送货，毕竟做过政府机关中层干部，我怕被熟人认出，将帽檐拉得很低。一次骑到半路，下起小雨，为不让货物淋湿，我把雨衣甚至把外套都脱下来，盖在货物上。没有当初的主动吃苦，怎能挖到人生的第一桶金？怎能“不为稻粮谋”从容淡定研究中华文化？没有当初的咬紧牙关、锲而不舍、吃尽苦头，怎能在紧张繁忙的同时拿下博士学位？怎能站上大学讲台传播中华文化？我要继续积蓄能量、砥砺前行，将来我也许又会庆幸今天的吃苦、努力。

有些“苦”是老天让我们“受”的；有些“苦”是我们主动“吃”的。无论被动“受”苦还是主动“吃”苦，都往人生银行“存入”了福报。

一位亲戚来上海看病，在我家住了一段时间。他想不通，为何受这么多苦？长身体时没饭吃：三年自然灾害；要读书时没书读：“文化大革命”；要工作时没工作：知识青年上山下乡；生孩子时只生一个：计划生育政策；好不容易找到一份工作，结果：下岗。这是他们五零后普遍遭遇的现象。最让他不能接受的是，熬到要拿退休金了，却得了重病。我用“人生银行理论”解释：“所有的苦都不会白受，你将为孩子积存巨大的福报。”他黯淡的眼神一下就亮了。几天后，他在医院过世。他太太告诉我：听过我的话后，他心情大好，虽然痛苦，但很有神圣感，安详地走完了人生最后的里程。

(三)让孩子吃苦

当今社会有句话危言耸听：“现在的孩子几乎没有童年！”因为学业繁重，压力太大。国穷家贫、食不果腹、国破家亡、颠沛流离，孩子才没有童年！很多成功者的回忆录，无不把童年、少年的苦难当作一种财富、资本。想让孩子幸福，别怕孩子吃苦！生活条件好了，不必故意让孩子在物质上吃苦，如果在学习上还不吃点苦，什么挫折都没经历过，既无生存压力，又无竞争压力，长大后怎么应对错综复杂的社会？不是没有童年，而是没有未来！没有吃苦耐劳的精神、强大的抗压能力，怎么实现“中国梦”？

一个昆虫学家观察蚕化蛹为蝶的全过程。蚕蛹变蝶之前，要咬破蚕茧，然后慢慢挣扎摩擦，过程痛苦且漫长。他看到蚕蛹非常不易，便起恻隐之心，把茧剪开，蚕顺利出来。结果，蚕没有化成蝶，反而死了。因为蚕在化蝶过程中，必须经过这个漫长的摩擦挣扎历程，才能慢慢地变成蝶，否则,它既化不成蝶,又活不回蚕。

中国的家长为了孩子可以付出一切,为了孩子的教育倾情奉献、全力投入。这是中华民族的核心竞争力,是中国最大的希望所在。注意,可以陪伴全过程,但别打扰孩子竞争,只要远远地看着,不能因为心疼,就像昆虫学家那样举起剪刀。

冯梦龙《古今谭概》中有个寓言发人深省:“翠鸟先高作巢以避患。及生子,爱之,恐坠,稍下作巢。子长羽毛,复益爱之,又更下巢,而人遂得而取之矣。”翠鸟一开始在很高的树枝上筑巢以躲避祸患。生了孩子,非常疼爱,担心掉下摔坏,就把巢筑得低一点。小鸟长出漂亮的羽毛,愈加爱惜,又把巢筑得更低,于是被人很方便地拿下。这不正是有些父母活生生的写照吗?辛苦挣了点钱,害怕孩子吃苦,让他变成纨绔子弟,既害了孩子,辛苦积攒的家业也付之东流。

二、中华民族伟大复兴必须翻越的险峰

(一)中国崛起打乱了美国割韭菜的节奏

1. 全球韭菜是怎样被割的

孙子曰:“知彼知己,百战不殆。”了解真相,发现本质。愈演愈烈的中美贸易摩擦是美国挑起、中国应战。我试着分析中美关系的前世今生、中美贸易摩擦的来龙去脉。

中美两国曾经联合抗日;中国经济高速发展得益于改革开放及美国主导的经济全球化。

美国要做世界毫无争议的老大,谁军事力量、经济实力接近它,就会成为其打击目标。美苏争霸四十多年,两国似乎一样强大,其实不然。世界银行数据显示,四十年来,苏联国内生产总值(GDP)最好排名才全球第四。因为苏联军事力量接近美国,所以美国费尽心机让苏联解体。从 20 世纪 80 年代开始,美国的系列组合拳把日本经济打趴。日本是美国的小弟,军事实力很弱,但因其 GDP 达到美国的一半,照打不误。

战争是政治的延续，政治是经济的延续。我从金融角度分析中美冲突之源。美国是怎样通过美元霸权收割全世界？三部曲：一、量化宽松；二、加息缩表；三、收割韭菜。我用通俗易懂的语言来讲解，用大家熟悉的炒股打比方。

首先，美国大量发行美元，降低利率。美元源源不断地从美国流出。钱多了，有人开始炒股，各股普涨，世界经济一片繁荣，人们一开始犹豫不决、等待观望，看到先行者都赚钱了，按捺不住，进场了，甚至把老本都拿出来。看着大家的钱掏得差不多了，美国开始第二步操作：停止发行美元，提高利率。大家一看，炒股收益率太低，存钱更合算，于是，把股市里的钱纷纷拿出来存到美国，美元源源不断地流回美国。股价大跌，哀鸿遍野，人们开始还赚了点钱，结果不仅吐出来，连本都亏了。于是，世界经济危机发生。在这个时候，美国通常还会制造一些政治事件、军事事件，提醒全球：美国是资金最安全的避风港，以加速美元回笼，并让人们抛售手中的优良资产。看着股价跌到位了，美国开始第三步操作：抄底，购买那些跌得很惨的股票。股市又慢慢上涨，世界经济开始复苏。美国又开始下一轮三部曲，每轮时间大约十年，结果美国赚得盆满钵满，世界为之打工。美国为何屡试不爽？世界为何无奈接受？因为美国有强大的军事实力、高科技等综合国力做后盾。

2. 中国，不断翻越险峰

遵循着这个规律，看看中国这几十年怎样在美国主导的国际社会夹缝中求生存，跌跌撞撞，茁壮成长。中国，翻越了一座又一座险峰。

1988 年，美国加息缩表，世界经济危机爆发。1989 年，中国发生政治风波，10 年改革开放成果差点毁于一旦。以美国为首的西方世界全面围堵中国，中华民族又一次到了“最危险的时候”。1991 年，苏联解体，整个过程中，美国运用了一系列高超的兵法。1992 年，当邓小平同志向世界宣告中国改革开放的决心和诚意时，美国为何接受？因为这时进入量化宽松时期，世界经济复苏，中国市场巨大，极具吸引力，日本、欧洲开始与中国接触。美国要控制这个市场，纳入管辖范围，不能全给小弟，于是解除对中国的封锁。

1998年，美国加息缩表，亚洲金融风暴爆发，亚洲遭到洗劫。中国内地金融没开放，躲过一劫，但中国香港在劫难逃。所幸1997年香港刚刚回归祖国，中国内地全力支持，中国香港奋力抵抗，有了“港币保卫战”。最后，中国香港赢了汇市，输了股市，打个平手。许多人以为中国只是“人争一口气，佛争一炷香”，为争面子不惜代价，加上中国体量不大，这一行动没引起美国太多注意。1999年，美国发动科索沃战争，沉重打击了欧元。美国2001年反恐、2003年发动伊拉克战争。那段时间，中国韬光养晦做得很好。2001年，中国正式加入世界贸易组织，经济发展进入快车道，有人说那是美国欺人太甚后有点理亏，放我们一马。不，重要的是进入量化宽松阶段，美国需要市场，中国主动开放，双方达成共识。

2008年，美国国内发生次贷危机，但被美国成功化解，并转化为世界经济危机，美国生病，全球吃药。美国在国内这么忙乱的情况下，还不忘在2011年发动了一场利比亚战争。美国加息缩表，回收钞票时，突然发现，中国市场上的美元回收不畅：外汇管制，许多美元出不去，美国又没割到中国的韭菜。而且，中国已经存有大量美元。当美国开始新一轮印钞，世界经济复苏、繁荣，中国又跟着一起发展。近二十年，中国经济高歌猛进，一路上扬。2010年，中国GDP超过日本成为世界第二，工业生产总值超过美国成为世界第一。2017年，中国GDP为12.7万亿美元，达美国的65.5%。科技实力、军事实力也日益强大，华为5G技术领先美国。美国不仅没有割到中国的韭菜，还让中国占了便宜，美国不干了：这怎么行?！要在下一轮割韭菜前夕遏制中国，而且很着急，吃相很难看。因为升息缩表、收割韭菜有时间窗口，就像农村“双抢”：抢收抢种，错过季节，损失巨大。

2018年，美国发起中美贸易摩擦。

3. 美国从后台来到前台

开始，美国想通过日本、菲律宾、印度等事件压制中国，坐收渔翁之利，结果，都被中国用《孙子》“不战而屈人之兵”“上兵伐谋”给化解了。从钓鱼岛到南海再到洞朗，中国周边曾不太平。钓鱼岛事件是日本右翼捣乱，把钓鱼岛国有化，还高调宣传。中国被迫还击，开始定期巡航。美国本想让中日闹起来、打一架，结果闹而不打，中国还占上风。美国怂恿菲律宾闹事，搞“南海仲裁”，结果偷鸡不成蚀把米，白白浪费三千多万美元。后来，菲律宾醒了：都怪美国挑唆，本来风平浪静，偏要激怒中国。美国忽悠印度：印度很棒！马上超过中国。印度被吹晕，在洞朗发起挑衅。2017年，正值中国人民解放军建军90周年，在朱日和阅兵，这是大型野战实弹训练基地。看到中国可能真要打，印度就撤了。美国没办法，只有赤膊上阵，从后台来到前台。

当“Make America Great Again”遇上“中国梦”，第一强国“让美国再次伟大”，第二强国要“中华民族伟大复兴”，两个“伟大”相遇，会发生什么？我们发出“宽广的太平洋容得下中美两国”的友好声音，对方没回应。

围堵中国在美国形成共识。我们的一位老友，曾是中美建交的策划者和执行者，他建议美国调整战略：“联俄治华”。瞧瞧美国当权者观点：“我们被中国韬光养晦所骗，再不遏制就来不及了”“中国是现行国际法则的修正主义”“中国将成为军国主义”“中国和伊斯兰国家是美国最大的敌人”“未来五年，中美在南海必有一战”，他们磨刀霍霍。奥巴马搞“亚太再平衡”，把美国60%多的兵力调集到亚太地区围堵中国；搞“跨太平洋伙伴关系协定”，把中国排除在世界经贸之外。特朗普搞“印太战略”，形成更大的包围圈，蛮横无理发起贸易战。

中美贸易摩擦宣告世界格局进入新阶段，其过程与结果将极大影响国际政局与经济形势。我不敢预言中国有多少胜算，但有一点可以确定：中国，不同于日本经济发达但军事受制，不同于苏联军事强大却经济乏力。这次，美国遇到的抵抗是前所未有的强。

(二)中美贸易摩擦中的《孙子》逆操作:“守”“拖”

1. 进攻型战略还是防御性战略?

《孙子》说:“守则不足,攻则有余”,防守的最好战绩是立于不败之地,打个平局;要取得胜利,必须进攻。怎么进攻?《孙子》说:“十则围之,五则攻之”,十倍于敌的兵力,围而不打,每天鼓角震天,喊声动地,敌人恐慌,不出几天,就会投降。五倍于敌,就要抓紧攻城,速战速决,敌人会负隅顽抗,威吓无效。用《孙子》逆操作:敌人的兵力少于我的五倍,我就可以深沟高垒、坚守阵地、顽强抵抗。

《孙子》说:“上兵伐谋,其次伐交,其次伐兵,其下攻城,攻城之法为不得已。”万不得已,才去攻城。为什么攻城是下策?“杀士三分之一,而城不拔者,此攻之灾也。”自己的军队损失三分之一,城还没攻下来,这是攻城的灾难。运用《孙子》逆操作:如果地形好,敌我力量相差不大,防守,是一个很好的战略。

中美贸易摩擦中,美国是进攻型战略,我们是防御性战略:“守”!

怎样保家卫国、打好“保卫战”?主要看对手最可能在哪几个地方向我进攻?

基辛格名言:“控制了石油,就控制了国家;控制了粮食,就控制了人类;控制了货币发行权,就控制了全世界。”所以,全球的石油、世界货币发行权都被美国牢牢控制。美国还处心积虑要控制中国的粮食,要求中国政府削减对农业的补贴,扩大对美国农产品进口。美国是对农业补贴最多的国家!反过来不让别国政府补贴,真是:“只许州官放火,不许百姓点灯”!如果在这个领域退让,中国粮食市场就会被美国控制,他一不开心就可断我的粮,这比断我芯片供应危险得多,14亿人没饭吃那是天大的事。所以,这道防线要坚守。打个比方,一个一万人的群体,有1%的粮食缺口,换言之:有一百人会饿死。当这个消息传出去,粮食会涨多少?理论上会非理性无限上涨,直到一百人因买不起粮食而饿死,粮价才会回归理性。所以,饥饿引起的恐慌比饥饿本身还恐怖。

金融是国家的经济命脉，不能被人断了经脉，所以，我们要守好这道防线，否则，就会被美国一茬一茬地收割韭菜。与此同时，我们也要非常清楚，美元霸权才是美国最核心的国家利益，如果没有准备，别去触犯，更不要挑战，不过，谈判时打开天窗说亮话：我不碰你敏感部位。如果要碰，那就变成进攻型战略了，就围绕他这个核心利益谋划、进攻，正如《孙子》说："先夺其所爱，则听矣"，打蛇打七寸。

2. 速战速决还是打持久战？

"速战速决"是《孙子》的重要观点，因为耗时越长，消耗越大，最后会胜而不利。注意，速战速决一般适用于进攻型战略。中美贸易摩擦，我们用防御性战略，要运用《孙子》逆操作：打持久战，用时间换空间："拖"。当贸易摩擦给美国的经济带来重创时，美国对中国的施压就不得不减弱。当中国的企业坚持到美国下一轮量化宽松时，寒冬结束，冲突可能就此告一段落。

怎样打持久战？《计篇》说："道者，令民与上同意也。"百姓和领导同心同德，就有道，容易取胜。百姓掌握实情，理解政府，才能团结。当年抗日，我们让日本帝国主义淹没在中国人民的汪洋大海当中。今天的贸易冲突，同样要打一场人民战争。美国发动贸易战给中国人民上了一堂爱国主义教育课，让那些飘飘然的国人清醒，让人民团结起来。

《孙子》开篇就说："兵者，国之大事，死生之地，存亡之道，不可不察也。"战争事关国家生死存亡，希望中美回到谈判桌前，可以斗而不破，不要漫天要价，了解双方底线，最好互不伤及。贸易战虽无炮火连天，但也伤筋动骨。一旦拖入冷战，大量财力投到军备，经济受损，生活质量下降。万一发生军事冲突，后果不堪设想，惨状历历在目：有些政客将内部矛盾转移成外部矛盾，使经济冲突演变成军事冲突，酿成人类灾难。

老子告诫："兵者，不祥之器，非君子之器，不得已而用之"；孙子苦口婆心劝导：慎战。我们要向世界表达中华民族热爱和平的传统，传播老子、孙子不想打仗的愿望，但一定要让侵略者知道"不得已"三个字的分量！

一位美籍华人说：美国把中国作为头号对手，各大媒体都在谈论中国，一开始很不舒服，转念一想：这说明祖国强大了！华为，一个中国企业，居然惊动美国总统启用国家力量打压。换个角度，华为人是不是值得骄傲？

中美贸易摩擦不可避免，这是实现“中国梦”的必经之路。处理好中美关系是中华民族伟大复兴必须翻越的险峰。毛泽东同志说：“无限风光在险峰！”让我们一起来见证这个伟大的时刻，也一起为之贡献我们每个人的力量！

我们翻越过的险峰，终将成为保护我们的屏障！

第四章

现代城市的《孙子》“地形、地势”分析

《孙子》的主线是“形、势、胜”。十三篇中有四篇谈“地”,《九变篇》谈怎样灵活运用“地利”。《行军》《地形》《九地》三篇着重论述“地形、地势”,四篇的字数占全篇40%左右,足见孙子对“地”的重视。

我以上海为例,就《孙子》“地形、地势”理论对现实的指导做案例分析。

第一节　“地形、地势”理论与住房

置业是永恒的话题。人生的选择很有限,我们不能选择父母、妻子、孩子等。房子是有限可选的东西之一,对生活影响巨大,连房子都选不好就不对了。《孙子》的“地形、地势”理论对指导我们选房很有帮助。

一、大环境“地形、地势”分析

(一)“地形、地势”的故事

讲个关于黄浦江的“地形、地势”故事。

上海曾有一条沟,泥沙淤结,洪水泛滥。战国时,春申君化害为利,把这条臭水沟疏浚成上百公里的河,为纪念他,人们把这条河称为春申江,

又称黄浦江，她在淀山湖和长江之间静静流淌了 2 200 多年。这就是黄浦江的“地形”。

19 世纪 40 年代，一群外国人在黄浦江与苏州河交汇处搞房地产开发，取名叫“外滩”；20 世纪 90 年代，一群中国人在对面的湾区搞更大的房地产开发，取名叫“陆家嘴”。于是，这段江变成全世界最贵的江。这就是黄浦江的“地势”。

(二)北京“城”、上海“滩”

为什么叫北京“城”、上海“滩”？而不叫上海“城”、北京“滩”？北京、上海的“城”“滩”物理地形，影响并造就了“城文化”“滩文化”。北京与上海也因其独特的环境、不同的物理地形，形成了独特的文化、不同的战略地势。

北京叫“城”，因为里面住着皇帝，要有城墙保护君臣，还要让君臣的生活舒适、方便。因此，所有资源都集中在城里。上海叫“滩”，以前这里一片汪洋，泥沙积聚渐成滩涂。上海每年都围海造田，面积日长夜长。我调侃说，长江太神奇了！上游几千元一亩的土，运到入海口就变成几千万元一亩的地。

有城必有墙，是城必须围，围城里就富，围城外就穷。墙，保护了城里人的安全，但城里人进出也不方便。这就是“城文化”。滩，没有边界。上海和周边城市的边界在哪？看不清。所以，离上海越近的城市经济越发达，最典型的就是苏锡常：最富的是苏州，离上海最近；接下来是无锡；再就是常州；再下来是镇江。按理，镇江距离南京最近，应该更发达，然而并没有。这就是上海的特点，没有边界，开放胸怀，典型案例是连自己的奉贤、金山、崇明等区都没有地铁，却把地铁连到了江苏昆山。所以，大家都愿贴近上海，“接轨大上海”的标语随处可见。这就是“滩文化”。

京沪有两条环线极具可比性：京五环、沪外环都是 99 公里，都在 2003 年通车。京六环 188 公里，沪郊环 189 公里，都在 2009 年通车。沪外环和京五环环内房价差不多，都很高，然而，北京六环附近房价比周边城市高很多；而上海郊环附近房价和周边城市差不多，甚至更低。“城文化”和“滩文化”的效果非常显著。

二、小环境的“地形”考量

小区环境以及房子位置、房型、设计装修等室内环境是“地形”；这些因素对身心健康会产生影响。风水不是迷信，而是建筑地形与身心健康的关联。

为什么要“坐北朝南”？皇宫布局、皇帝宝座都坐北朝南，后来引申为人求我叫“朝南坐”，带点贬义。真实原因是房子朝南，冬暖夏凉，阳光充足。

为什么要“前有照后有靠”？“照”是水，开阔；“靠”是山，安全。古代，人们通常临水而居，用水方便，水还可以调节空气湿度。南临水，有水保障南面空旷，开阔；北靠山，挡着北风吹不过来，暖和。上海不缺水，缺山，所以，未来可以关注一下靠山的房子，可能会因稀缺而更有价值。山水有讲究，要“水缓山圆”。河不能太宽，水不能太急，河宽水急，镇不住宝、留不住财是迷信，因为水流湍急，河宽浪高，寒风呼啸，冬天很冷。山不能太陡峭，危峰兀立、怪石嶙峋、暗含杀气是迷信，因为山高容易滚石头、发洪水、泥石流等，不安全。

为什么“前不种樟，后不种桑”？“樟、桑”与“瘴、丧”同音，不吉利，那是迷信。樟树是常绿植物，树冠会越长越大，如果种在别墅南面，严重影响阳光。其实，不仅是樟树，所有大型常绿植物都不宜种在南面院子里。如果在别墅北面种桑树，由于阳光不充足，桑树惹虫，影响环境，因此，所有惹虫的果树都不宜栽在北面院子。

为什么“门对门，是非生”？邻里和睦与社会风气、个人修养有关，和邻居家大门对着大门，怎么就容易发生口角？其实，这是个隐私问题，两家同时开门，双方家里一目了然。所以，中国传统建筑中，大门口常设有“屏风”。

为什么“床对厕，不可测”？床不能对着厕所的门，“晦气”是迷信。污浊的空气影响身体健康才是真正的原因。

三、对房子价值影响最大的是“地势”

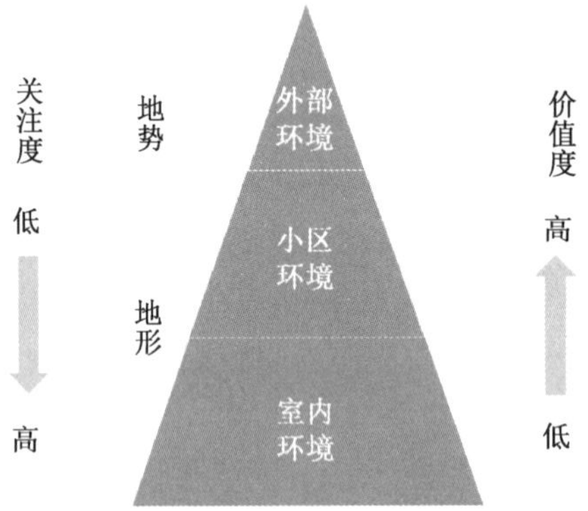

房产“环境—价值”相关关系图

人们选房关注点常在装修、房型、小区，更多关心房子的“地形”。如上图所示，关注度常常从下而上：先关注室内环境；再关注小区环境；最后关注外部环境。而房子价值度的大小则是从上而下：外部环境价值最大；小区环境价值次之；室内环境通过装修、设计可以调整，可控度最大，对房子价值影响最小，房屋及装修还要折旧。外部环境是“地势”，小区和室内环境是“地形”。研究《孙子》后会发现，“地形、地势”与“军形、兵势”有个共同之处：地形、军形变化不大；地势、兵势变化很大。地形、军形有形；地势、兵势无形。无形常比有形重要，房子价值也一样。

房子所在地区的现状和发展前景等外部环境是“地势”，这才是房子价值的决定因素。再好的房子，小区坐落在荒郊野岭，房价也不高；市中心的“老、破、小”仍然很贵，原因就在于此。所以，选房，除了关注房子的地形，更要关注房子的地势。地势因其无形性及变化性考验购房者的智慧，要有发展的眼光，要能综合考量。

室内、小区、外部三者条件都好，既有地形，更有地势的房子才是真豪宅，会因其稀缺性越来越贵。

第二节　用“地形、地势”分析法选房——以上海为例

一、不可复制地段的“地形、地势”

(一)“丢石子的故事”

经常有人问我：上海房价这么高了，还能买吗？20 多年了，同一个问题一直有人问。1998 年，我刚到上海买房，很多人就问我，哪里的房子会涨？我说：“打开上海地图，拿一颗石子，丢在哪，哪儿就涨。”同学、朋友常聊起我“丢石子的故事”，感慨不已。房地产暴利时代已经过去，上海房市也已过了普涨的年代，不能在地图上乱扔石子了。但是，在各种约束条件下选一个性价比高的自住房仍然有迹可循。

购房要关注地段的“不可复制性”。上海人民广场地区有一个著名建筑：上海国际饭店，上海这座城市的坐标原点就在该饭店大堂内，这就是上海的“零距离”。人民广场地区是上海的物理中心：地形；也是上海的心理中心：地势。比如，在距上海原点二十公里处有个楼盘卖得不错，如果它的卖点仅仅是距人民广场只有二十公里，请问：以人民广场为圆心，以二十公里为半径，可以建多少楼盘？这就叫地段的可复制性。试问：谁能复制一个外滩？谁能复制一条南京路、淮海路？文化因素，是地段重要的不可复制性。

上海内环内面积约 120 平方公里，只占全市面积的 1.89%，很多不可复制地段都在其中。如果实在还要“丢石子”，就把石子往地图中央扔吧。

(二)汤氏“交通火炉原则”

地段的不可复制性还有一个重要因素就是交通：轨道交通、公共交通和快捷交通等。要分析房子离地铁口、公交站有多远？开车离高速道路出入口有多远？离交通枢纽有多远？等等。我做了大量调研，并总结规律，得出购房的“交通火炉原则”。冬天，在壁炉前烤火，不能离得太近，会

太热；不能离得太远，会太冷。要与火炉保持恰当的距离，这是取暖的“火炉原则”。买房，交通是重要因素，交通的“火炉原则”：与交通枢纽距离要适中，不能太近，太嘈杂；不能太远，不方便。例如，即使政府对火车站附近大力整治、改造，结果发现，离火车站很近的房子还是卖不出好价钱。所以，房子离大型枢纽不能太近，不要在飞机航道正下方买房，飞机起降时很吵，要与航道垂直。距离适中是定性分析，我特地做了定量研究，得出了“0.5、1、2、3、8 结论”。“0.5”，房子距离公交站 0.5 公里左右为佳；“1”，离地铁口 1 公里左右为佳；“2”，离高速路、高架出入口 2 公里左右为佳，房子不要靠近高速路、高架桥；“3”，离中型交通枢纽 3 公里左右为佳；“8”，离大型交通枢纽 8 公里左右为佳。

二、上海地铁黄金线

谈到地段，人们经常问：“附近有哪条地铁？离地铁口多远？”要买房，为什么不先认真研究地铁？

上海有二十多条地铁，每条线的含金量各不一样。我演讲时经常会问：上海的黄金地铁线是哪几条？听众纷纷回答，有说 X 号、有说 Y 号，不一而足。我又问：为什么是 X、Y 号呢？有人回答：“离我家近。”也对。他家旁边的地铁，使用频率最高，当然是他家的黄金线。站在整个城市发展的角度，本着科学的态度，全面分析、综合考量，分享一下我的研究成果：上海黄金地铁线排序。

上海地铁第一黄金线是 4 号线，4 号线是环线，而且在内环以内，和绝大部分地铁有换乘点，有的还两次相交，如果住在 4 号线沿线，只要换两次地铁，几乎可以到达上海的各个地方，如果到不了，说明那地方太偏。

上海地铁第二黄金线是 2 号线，2 号线东连浦东机场，西接虹桥机场、虹桥火车站，还串起内环一颗颗珍珠：中山公园、静安寺、南京西路、人民广场、南京东路、外滩、陆家嘴、世纪大道、世纪公园等。东西向最核心的地铁线无疑是 2 号线。

南北向的有：1 号线，北连上海火车站，南连上海南站，串起的珍珠有：人民广场、淮海路、徐家汇等；3 号线，北连上海火车站，南连上海南站，串起的珍珠有：中山公园、徐家汇等；8 号线串起的世博园和五角场这些年发展迅猛。南北向没有绝对的优势线路，相比而言，1 号线含金量高一些。

综合分析，上海轨道交通发达、便利、含金量高的地区有两个：一个是中山公园站地区，4 号、2 号、3 号线在这里交汇；另一个是世纪大道站地区，4 号、2 号、9 号、6 号线在这里交汇。

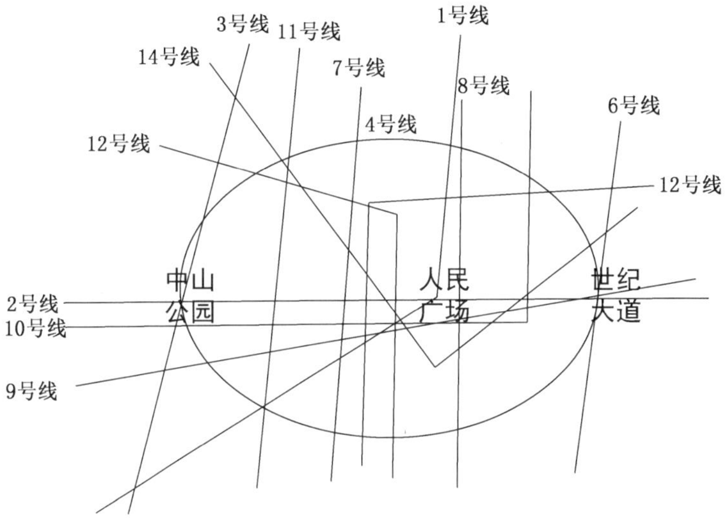

地铁 4 号线与各线相交示意图

三、《孙子》的启示：先研究，再出手

研究《孙子》等中华优秀文化，让我养成一个习惯：探寻事物的规律。

我不是买房专业户，但有一种研究精神，我常常盯着上海地图一看就是半小时、一小时，太太很好奇："你傻傻地盯着地图这么久干什么？要去哪？我告诉你怎么走。"现在有百度地图、高德地图，随便选两个点，会跳出好几条可选路线。我盯着地图一直看，不是要去哪里，而是在思考；我在大街小巷转，不是迷路、逛街，而是在调研。我是在看上海哪些地方金光闪闪！同样是涨，别的地方涨两倍，你的房子涨五倍；同样是跌，别的地方大跌，你的房子抗跌，这才体现实力。上海遍地是黄金，就看我们怎么捡。这就是上海的“地势”。

问我该在哪买房的人远比问我《孙子》的多。可我真不是教房地产的老师。我建议：先看烂几张地图，再做决定。《计篇》说：“多算胜，少算不胜，而况于无算乎！”

有些人平常买一棵白菜都要货比三家，拿出一生的积蓄买房时，被售楼小姐一鼓动，居然出手很快、马上下单。2002 年，我买房时看了 80 多套，到后来头晕眼花、无法取舍。于是，我设计了一套模型，整理出一张“选房定量分析表”。这大大提高了看房效率，避免了很多干扰因素和一时冲动。

选房定量分析表

参数 楼盘	交通(15%)			地段(24%)				小区(19%)				室内(13%)				价格(14%)		升值潜力(15%)	总分值
	轨交(6%)	快捷(5%)	公交(4%)	文化(7%)	商业(7%)	自然环境(6%)	其他，安全等(4%)	绿化(5%)	停车(4%)	邻居(4%)	其他，管理等(6%)	朝南(5%)	房型(4%)	通风(3%)	其他，房龄等(1%)	单价(7%)	总价(7%)	综合分析(15%)	
1																			
2																			
……																			

注：1. 以上参数和权数可根据个人偏好进行调整。2. 这是参数比较表，打分以某套中意的房子为基准，其他房子与之对比分析，容易得出客观的分数。

第三节　从“地形、地势”看上海的昨天、今天

一、上海的故事

温故而知新，先看看上海城市的源头、发展沿革，回顾过去，分析今天，展望未来。请看上海城区示意图，中间曲线是黄浦江。

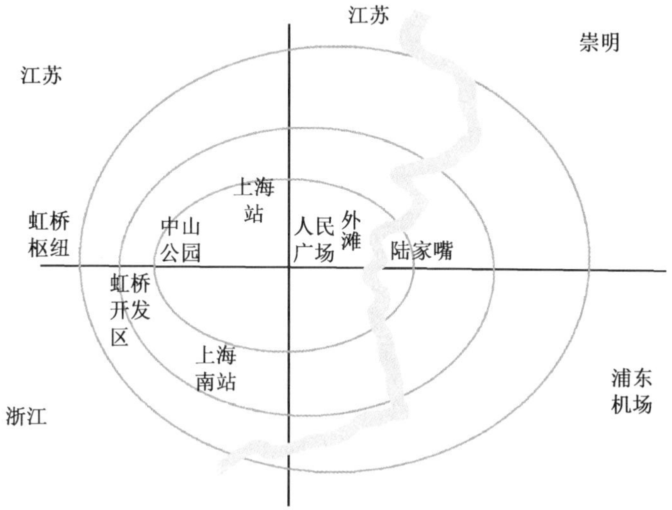

上海城区示意图

很早以前，这张图以东地区是一大片浩渺的水面。后来，泥沙冲积，慢慢地形成今天的上海，黄浦江把上海划成了浦西、浦东。千百年来，从发展变化来看，浦西成熟，浦东落后，当初有“宁要浦西一张床，不要浦东一套房”之说，这是上海的昨天。如果用变化、发展的眼光去买房就发了。现在，浦东不少地方房价比浦西还贵。

我来“痛说革命家史”，讲一个上海发展的故事。上海城市规划一度是往浦西南北方向发展。当时，朱镕基任市长，他是性情中人，也是高人，他一看规划图很生气：上海怎么能这样布局？如果往南北纵向发展，城市

就变成长条形，一个很大的问题就是交通拥堵。现在没按这样发展，南北高架都堵得不行了。正好赶上邓小平南方讲话，在邓公支持下，上海果断开发浦东。浦东一发展，上海整座城市就圆了，城市布局就工整了。

上海改革开放的步伐一开始比较慢，因为上海是中国的钱袋子、国家财政的主要来源。1980～1981 年，上海财政每年上缴 156 亿元，占中央财政收入的 16％，整个广东省才缴 10 亿元。上海要是出乱子，整个中国经济就出大问题了。所以，中央高层的“保守派”对“改革派”说：摸着石头过河可以，哪里都可以“摸”，就是不能“摸”上海。于是，先“摸”广东，就有了 1979 年深圳的改革开放、先行先试。邓公南方讲话时，自我批评说，中国的改革开放没让上海走在前面是他的失误。其实，这不是他的责任，当时阻力太大。深圳成功了，可以“摸”上海了。1992 年上海迎来了“春天”，虽然迟到，博观约取，厚积薄发。

有一段往事，很多人都不太清楚。上海有一个最早的开发区，也是中国最早的 14 个开发区之一：虹桥开发区。1979 年规划，1983 年建成，在内环以西、延安西路两侧的一小块地方，面积只有 0.65 平方公里。

如果一直发展浦西，扩展虹桥开发区，江浙、全国的投资者都会把钱投到这里，不会投往浦东那个偏僻的地方，为什么要舍近求远？老上海人的概念中，到了中山公园地区就算进了上海。这样，人流到了中山公园、虹桥开发区附近就会止步，没人过江。所以，上海果断地把虹桥开发区建设停下来，举全市之力发展浦东。

二、东进！东进！

我用《孙子》的“地形、地势”来分析浦东。从“地形”角度分析，浦东并非有利地形。《地形篇》说：“可以往，难以返，曰挂”；用交通理论解释，浦东是个死角，会产生“口袋效应”：浦东东临大海，进得来，出不去。怎样把一个交通死角变成一块热土，把不利的物理地形变成有利的战略地势，这就考验上海人民的智慧。

上海先把通往浦东的大桥、隧道修好，让水阻变通途，强力改造浦东的地形。一开始，过黄浦江隧桥都要收钱，一收钱无形中就把浦东划到了上海市区之外，让人感觉一过江就是乡下。2000 年 5 月 1 日，上海在财政收入并不宽裕的情况下，果断取消黄浦江大桥、隧道的收费，让浦东浦西真正连为一体，努力提升浦东的地势。

浦东虽有陆地“口袋效应”，但是可以发展海运、航空。上海就把国际机场放在浦东最东面，机场靠海，服务区域减半，这让江浙人民不开心。国际机场本在虹桥，可方便了，现在却要越过整个上海到最东面去赶飞机。为什么要这样？硬生生地把人流往东边拉，如果没人，再漂亮的城市也是“鬼城”。建造洋山深水港、东海大桥，打开海上通道。打通崇明，连通苏北。就这样，浦东不利的“挂”式地形，被上海人民改变成《地形篇》中“我可以往，彼可以来”的“通”式地形。而且，政府部门把很多重大项目都放在浦东。将各大金融机构都往浦东拉、往陆家嘴推，给出很多优惠，要求各金融机构将总部设在这边。原来，许多金融机构的总部都在外滩，好几家银行总部在外滩本有非常漂亮、很有历史文化底蕴的办公楼。不行，到浦东去，到陆家嘴去，到上海最需要的地方去。把迪士尼、自贸区放在浦东，把自贸区新片区放在浦东临港。这样做让浦东的地势不断提高。上海必须把浦东建设好、发展好以后，城市的圆才真正形成。如果仅让市场布局，让资金、项目自由流动，城市的协调发展就会受阻，上海的城市就会一直西移，会让浦东边缘化。

浦东开发，给了朱镕基一个重大的机遇，他也抓住了这个历史机遇。上海会记住他，中国会记住他，朱镕基对上海的贡献很大，后继者都在完善他的这张蓝图。上海未来的巨幅画卷等待新一代、大手笔的领导人去绘制。

2010 年，上海世博会让全世界把目光聚焦上海，也把浦东推上一个新台阶，为黄浦江畔的浦东留出了很大的腾挪空间。未来十年，这一带还将有一波机会。如果错过了浦东开发，请不要错过上海世博会，如果错过了世博会，那我们聊聊明天吧。

今天，“夕阳无限好，只是近黄昏”；明天，上海的热土会在哪里？

第四节　立足“地形、地势”，展望上海的明天

我们展望未来，探讨上海的明天在哪里。

一、“地形、地势”：上海下一个重要机遇在大虹桥

我用《孙子》“地形、地势”理论来研究虹桥枢纽、未来可能出现的虹桥新区，分析其优越的物理地形、重大的战略优势。我先分析其地形，用 1、2、3、4、7、9、48、72、150 等数字来简单介绍虹桥枢纽。这些数据来自虹桥商务区。

1 条磁悬浮，磁悬浮因种种原因搁置了，但磁悬浮所有的站台、轨道等位置都留着，为将来的发展留下了空间；2 个航站楼，在市区有 2 个航站楼的城市，全世界非常少有；3 条高铁；4 种立体交通；7 条地铁线路；9 种交通工具；48 条公交线路；72 种换乘方式；每天有 150 万人从这里经过。世界卫生组织定义，100 万人以上的城市就是大城市，换言之，每天有 1.5 个大城市的人口在这里转一圈，人流会带来信息流、资金流。因此，这里将成为世界级的交通中心、商务中心、会展中心。

虹桥枢纽是迄今为止独一无二的融高铁与航空于一体的交通枢纽，是全球最大的交通枢纽之一。我描述一下上海大虹桥未来的盛况。江浙、全国、全世界的商务人员会在这里聚集，参加各种商务活动，这里将有很多商务住宅、办公楼宇、娱乐及消费中心。大型交通枢纽让人们聚集后可快速疏散。上海周边城市将聚集许多现代制造业，但总部、研发中心、营销机构会设在大虹桥，各种信息、资金、人才汇聚于此，要到工厂、现场去，有高速公路、高铁、飞机等交通工具，方便、迅捷。因为交通发达、环境舒适、群英荟萃，这里将会成为世界最大的商务中心，人流量、繁华度将远高于其他地区。这里将是长三角、全中国乃至全世界的一个高度发达的

聚散地。到了这里就到了上海。当然，做金融还是要去浦东，陆家嘴金融中心的地位不易撼动。

在虹桥枢纽旁有个建筑群：上海国家会展中心，其中商务部占55%的股份、上海占45%的股份，这是全球最大的会展综合体。未来中国核心的会展业务将向这里汇集，很多极具特色的展会将在这里呈现。你去那里看过汽车展吗？开始要做布展等前期工作；结束要做撤展等后续工作。十天左右的展览，会聚集半个多月的人流，而且大多是商务人士、舍得花钱的主。有人形容：会展中心是一架在城市上空撒钱的飞机。这里能聚集大量高端商务人流，将带动很多相关产业的发展，吸引许多相关企业入驻。世界级会展中心已初具规模，大虹桥的地势正在形成。

2018年11月5日，首届中国国际进口博览会暨虹桥国际经贸论坛在上海国家会展中心举行，以后将每年举办一次。进博会是新时代中国主场外交和对外开放的亮丽名片；虹桥国际经贸论坛也有望成为全球国际贸易话语权的风向标，与达沃斯世界经济论坛齐名。这里不仅是中国的平台，还是世界的平台。世界的目光将持续投向上海、投向大虹桥。

二、“地势”：大虹桥与浦东联动

大虹桥是长三角、全中国乃至全世界的大虹桥。上海砸巨资开发浦东，而大虹桥建设只需杠杆，只要把基础、环境建设好，全国、全世界都会往这里投钱，这就是“1∶20效用”：有良好的商务环境，政府每花一亿元搞基础设施，社会就有二十亿元投向这里。

能否把类似的虹桥枢纽在浦东复制？上海在思考这个问题，准备在浦东机场附近复制类似的枢纽。但要注意以下几点：(1)虹桥枢纽的先发优势、地理优势，会产生巨大的虹吸效应，在两个类似的枢纽中选择，社会资金会不会偏向虹桥，结果又变成浦东是上海的浦东，主要靠上海人自己在那干？(2)交通枢纽不是把机场、车站等硬件设施建得多大、多好，关键是人流量，光浦东机场的人流无法形成大型交通枢纽，在机场附近建高铁站，还要思考怎样充分发挥高铁的效用。(3)要建立两个枢纽的便捷高速通道，例如，磁悬浮或高铁，实现15分钟之内的联通，让两个枢纽合二为一，上海的世界级枢纽地形、地势就会形成。

大虹桥还会产生巨大的规模效应，带动周边发展。上海要做好这方面的宣传并拿出实际行动，这样就会得到周边省市的支持和拥护。首届进博会上，习近平同志发表主旨演讲，宣布支持长江三角洲区域一体化发展并上升为国家战略。长三角区域一体化发展首次列入国家战略。这宣告长三角联动进入新时期，大虹桥进入高速发展轨道，长三角城市群迅速崛起。该地区会成为长三角的核心，乃至世界关注的中心。

“大河无水小河干，大河有水小河满。”大虹桥快速、健康发展，能带动周边城市的发展，更能促进浦东发展，上海的资金效率会大大提高。浦东会出现地盘不够、发展局限的约束；而大虹桥与江浙相连，站在国家战略的层面看，能搭建更大的舞台，空间无限。

我用《孙子》“地形、地势”理论分析上海，得出结论：上海大发展的昨天在浦西、今天在浦东、明天在大虹桥。上海要为实现“中国梦”担负起更多责任，在这张伟大的蓝图中，大虹桥地区有得天独厚的优良“地形”、有时代和国家不断加持的强大“地势”，未来，这里有无限的想象空间。

结束语

龙马精神

美好的时光总是短暂的，我很想跟大家分享下去，但是，“天下没有不散的宴席”。

龙马精神

八四叟 汤静之

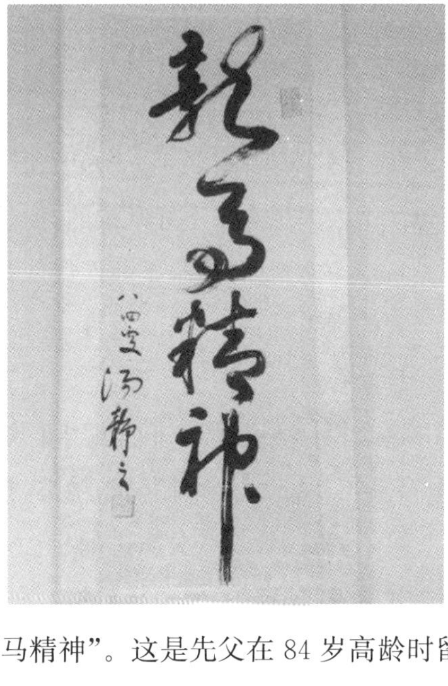

临别之前，我送大家四个字“龙马精神”。这是先父在 84 岁高龄时留给我的。当时，自己年轻气盛，也没有问父亲想和我说什么。后来，他老人家过世了，我就把这幅字裱起来挂在我的办公室，每天睹物思人，看到它就仿佛看到父亲的音容笑貌。

什么是“龙马精神”？我查过谷歌，问过度娘，看过很多解释，但是没有一个让我满意。有一天，我站在这幅字前凝神端详，突然，灵光乍现，就像禅宗的“顿悟”，我顿时知道父亲要说什么。

什么是龙？龙是中华文化的图腾，绝大部分人都没看到过，就算看到，也是“神龙现首不现尾”，虚无缥缈，似有似无。什么是马？马就在我们身边，真真切切、实实在在，做牛做马。我突然明白：龙，代表崇高远大的理想；马，代表脚踏实地的精神。没有崇高远大的理想，我们走不远；没有脚踏实地的精神，我们走不到。龙，也代表战略目标；马，也代表战略执行。既有战略目标又有战略执行，我们才能夺取全面胜利。所以，既要有龙的理想又要有马的精神，我们才能一步一步地走向成功的顶点，才能“致人而不致于人”，才能掌控人生主动权。

“龙马精神”还体现在“幸”字：幸＝一＋辛。一：目标专一、崇高远大，龙的理想；辛：辛辛苦苦、踏踏实实，马的精神。这样，就会走上幸福之路、遇到幸运之神。

我已过“知天命”之年。“知天命”后常常就听天由命了，但是，我还有理想。个人理想本来不好乱说的，但是，我为什么要把理想公之于众？目的是希望大家来监督我，不断地促使我前进。

我的理想是：在未来的岁月，为传播中华优秀文化而奋斗终身！直至我一息尚存！

这个目标大不大？非常远大！难不难？非常艰难！这就是龙的目标。怎样实现？我必须用马的精神，脚踏实地，认真实施。怎么传播？

第一，我珍惜每一次演讲的机会，就算是一小时、半小时我都认真准备。我就像打磨艺术品一样打磨我的课程，我的 PPT 一直在修改，每次上讲台前我都要反复备课，我要将最好的东西呈现给大家；我沐浴更衣，保持仪式感和内心的庄重。课堂上，我密切关注学生的眼神，讲课穿插各种段子，调动课堂气氛，吸引学生注意，引发大家对中华文化的兴趣。我把每次上课都当作演出，把每个讲台都当作道场，声情并茂、竭尽全力感染观众。说不定就遇到知音，未来和我一起传播，万一遇到呢？天使常常是化了妆出现在我们面前，我不能错过身边的天使！

第二，我和女儿一直坚持把我们的对话记录下来：六零后老汤和九零后小汤，一对热爱读书、热爱生活、热爱中华文化的父女共同探讨与思想碰撞。我俩努力用大家喜闻乐见的方式，尽量用九零后、零零后的语言传播中华优秀文化。我在小汤创办的微信公众号“舶兰书院”里开了一个“栏目”：“汤博士人生感悟系列”，十天一期，逢五必发、个人原创。我从2014年5月5日开始，一直坚持到现在，阅读人数越来越多，吸引了一大批热爱中华优秀传统文化的“粉丝”，我还会继续坚持做下去。

而且，这本书我会一直修改、完善、推广，争取让更多人受益。

只要我们锲而不舍地传播，“星星之火，可以燎原”，中华优秀文化一定会在祖国大地绽放异彩！

请大家督促我，帮助我。谢谢！

致谢

经过多个日日夜夜高强度的连续奋战、反复修改，该书终于交稿了。

感谢我的母校上海财经大学！早在1999年财大369校区，该书就在酝酿。上海财经大学是我的福地，在这里，我完成了硕士、博士教育，这里还给我提供了重要舞台：商学院讲台。我已为上海财经大学MBA连续上课多年，书中许多内容来自我的课件。我读博时，女儿汤落雁也考进该校国际金融本科，我们父女同校两年，其间探讨切磋。

多年前朋友就建议：你的课讲得生动有趣，又有深度，为什么不整理成书，让更多人受益？受孔子“述而不作”的影响，一直没能成作。我每次读《孙子》都有新的感悟，每次讲课都有新的收获，我就像雕琢艺术品一样，不断打磨、改进课程内容。该书旨在传播《孙子》的优秀理念，重点分析哪些思想、金句对现实生活有何指导。站在这个角度，我还是“述”不是“作”。2017年，上海财经大学百年校庆是该书面世的重要推动力。百年庆典，终身一遇，我该给母校献什么礼呢？思来想去，就献上拙著吧！

感谢我的父亲汤静之、母亲刘耀粧！他俩都是语文老师，因此我从小受中华传统文化熏陶。家母经常讲一些朗朗上口的金句，其中不少是她的原创。家父曾是国民党的文职军官，后率部起义来到陈赓麾下，他熟读四书五经，深谙《孙子》。知识分子的孤傲清高让他蒙冤受屈，但他身上中华文化的气质怎么藏也藏不住。我长大了，突然发现：他和我说的许多话，都是老子、庄子、孙子、孔子说过的……

感谢南怀瑾大师！他孜孜不倦地传播中华文化的精神永远激励我前进！第一次拜见他，这颗种子就在我心中发芽，并茁壮成长。我要向他学习，为传播中华优秀文化而奋斗终生！他逝世那天我发过此愿。

感谢陈明哲教授！百忙之中拨冗为我写序。他锲而不舍地在动态竞争领域耕耘，他的"精一"精神永远值得我学习。

感谢上海国家会计学院前任院长夏大慰教授、院长李扣庆教授！他们是我的恩师，是我前进道路上里程碑式的人物。

我致力于用通俗易懂的语言、喜闻乐见的方式传播中华优秀文化，如果没人围观，再好的思想也会束之高阁。感谢上苍！担心我一人搞不定，派来一位天使和我共同完成他赋予的使命，六零后老汤、九零后小汤一起努力，共同探索。我最开心的就是听到女儿呼唤："爸！聊聊！"书中很多观点都是我们父女俩东一句西一句聊出来的。

感谢我的太太罗彩兰！她说，最幸福的事就是"煲"她这两锅"汤"。她无微不至地照顾我们父女俩，多次听我的课，我问：不厌吗？她说：每次都有新收获。她为我整理讲课录音，提出改进意见。

长兄如父，我的成长凝结着大哥汤超仁辛劳的汗水，感激之情，无以言表。他是一位书法家，亲自为本书题写书名。

感谢我博士导师陈启杰教授的严格！感谢我上海财经大学的班主任薛丽萍老师的帮助！感谢为本书做出贡献的：肖蕾、陈晰、范斌翔等。

感谢我生命中所有的恩人、贵人！

汤超义

2019 年 9 月于舶兰书院

参考书目

1. 孙武. 孙子兵法——宋本十一家注孙子[M]. 杭州:西泠印社出版社,2005 年 11 月.

2.(春秋)孙武撰,(三国)曹操等注,杨丙安校理. 十一家注孙子[M]. 北京:中华书局,2012 年 3 月.

3. 骈宇骞等译注. 武经七书[M]. 北京:中华书局,2007 年 7 月.

4.(春秋)孙武撰,(三国)曹操注,郭化若今译. 孙子兵法[M]. 上海:上海古籍出版社,2006 年 7 月.

5. 爱新觉罗·毓鋆讲述,陈絅整理. 毓老师说孙子兵法[M]. 上海:上海三联书店,2015 年 1 月.

6. 华杉. 华杉讲透《孙子兵法》[M]. 南京:江苏凤凰文艺出版社,2015 年 6 月.

7. 陈曦译注. 孙子兵法[M]. 北京:中华书局,2011 年 10 月.

8. 陈明哲. 动态竞争[M]. 北京:北京大学出版社,2009 年 6 月.

9. 南怀瑾. 论语别裁[M]. 上海:复旦大学出版社,2002 年 6 月.

10. 南怀瑾. 原本大学微言[M]. 上海:复旦大学出版社,2003 年 4

月.

11. 毛泽东. 毛泽东选集[M]. 北京:人民出版社,1991 年 6 月.

12. 中共中央党史研究室. 中国共产党的九十年[M]. 北京:中共党史出版社,2016 年 6 月.

13.(宋)朱熹注. 四书集注[M]. 北京:北京古籍出版社,2006 年 6 月.

14. 黄寿祺,张善文译注. 周易译注[M]. 上海:上海古籍出版社,2007 年 4 月.

15. 陈鼓应. 老子注译及评价[M]. 北京:中华书局,1984 年 5 月.

16.(美)罗伯特·清崎,萧明翻译. 富爸爸穷爸爸[M]. 海口:南海出版社,2001 年 4 月.

17. 汤超义. 掌控人生主动权——孙子兵法与人生战略[M]. 上海:上海财经大学出版社,2018 年 1 月.